住房城乡建设部土建类学科专业『十三五』规划教材

建筑装饰工程清单与计价

（建筑装饰工程技术专业适用）

本教材编审委员会组织编写

张翠竹　主编

伍娇娇　副主编

张晓波

李进　主审

U0291580

中国建筑工业出版社

图书在版编目（CIP）数据

建筑装饰工程清单与计价：建筑装饰工程技术专业适用／张翠竹主编 ．—北京：中国建筑工业出版社，2019.2（2023.4 重印）

住房城乡建设部土建类学科专业"十三五"规划教材

ISBN 978-7-112-23079-2

Ⅰ．①建… Ⅱ．①张… Ⅲ．①建筑装饰－工程造价－高等学校－教材 Ⅳ．① TU723.32

中国版本图书馆CIP数据核字（2018）第289900号

编制家装预算、编制招标工程量清单、编制投标报价作为装饰工程计量与计价课程的三大技能，是装饰工程计量与计价的核心。本教材将这三大技能作为三个阶段，且编制招标工程量清单和编制投标报价中的所有案例前后衔接。

在教材内容的排排上也有很大的突破。教材内容以精装工程为教学背景，将家装预算首次定义为"通俗的计价模式"编入教材，增加了防水工程和拆除改造工程，并且将各种规范文件上的分散数据进行集中整理，如砂浆配合比、机械台班费用构成、材料损耗率等，便于查阅。

本教材为精装案例式教材，实践案例已经占据教材篇幅的80%以上，对每一道案例都进行了精心的设计和讲解，杜绝"对规范复制粘贴"这种简单的编写方式。

为更好地支持本课程的教学，我们向使用本书的教师免费提供教学课件，有需要者请与出版社联系，邮箱：jckj@cabp.com.cn，电话：（010）58337285，建工书院：http://edu.cabplink.com。

责任编辑：杨 虹 周 觅

责任校对：党 蕾

住房城乡建设部土建类学科专业"十三五"规划教材

建筑装饰工程清单与计价

（建筑装饰工程技术专业适用）

本教材编审委员会组织编写

张翠竹 主 编

张晓波 伍娇娇 副主编

李 进 主 审

*

中国建筑工业出版社出版、发行（北京海淀三里河路9号）

各地新华书店、建筑书店经销

北京雅盈中佳图文设计公司制版

北京云浩印刷有限责任公司印刷

*

开本：787×1092毫米 1/16 印张：18 字数：375千字

2019年7月第一版 2023年4月第五次印刷

定价：**42.00**元（赠教师课件）

ISBN 978-7-112-23079-2

（33157）

编审委员会名单

编写人员名单

主　编：张翠竹

副主编：张晓波　伍娇娇

参　编：丁礼勇　邝美华　黄　治　李　锐　吕慧娟
　　　　刘　琛　刘　娜

前　言

我国住房和城乡建设部颁布《建设工程工程量清单计价规范》GB 50500—2013、《房屋建筑与装饰工程工程量计算规范》GB 50854—2013以后，新的规范无论从形式到内容都有着很大的变化，补充增加了大量的新内容。与此同时，为了与新计价规范更好的衔接，全国各地均对执行新计价规范及计量规范进行了一系列的准备工作，许多地区重新修编了地区计价定额及费用定额等，如湖南省颁布了《湖南省建设工程计价办法》(2014)和《湖南省建筑装饰装修工程消耗量标准》(2014)，对整个湖南地区的计价领域是一场大的变革。

本教材的编写特点如下：

一、教材结构特色

1. 将三大技能作为教材的三个阶段编写

装饰工程计量与计价课程的最终教学目的，是为了让学生掌握三大技能，即编制家装预算、编制招标工程量清单、编制投标报价。教材的编写紧紧围绕这三大技能而展开，分别作为三个阶段编写。传统教材的编写，在结构上一般以知识点为章节，这是本教材与传统教材在结构上的最大创新。

2. 阶段三与阶段二中的教学案例无缝对接

在实际工程中，工程量清单（阶段二）与投标报价（阶段三）是独立编制的，同时又有衔接上的紧密性。本教材"阶段三"投标报价的所有案例均是在"阶段二"工程量清单的案例的基础上进行的，案例前后衔接连贯，与实际工程中的模式保持一致，学生也更容易理解。由于案例的前后衔接连贯大大增加了编写的难度，在市面上的教材中，工程量清单和投标报价往往是独立编写，学生也很难理解二者之间的逻辑关系。

二、教材内容特色

1. 教材内容以精装修工程为教学背景

目前市面上的装饰装修工程预算类教材，在案例的编写上选用的是粗装和简装（因精装图纸的收集和整理难度较大）。这不仅不利于学生在专业知识应用和提升上的需求，也很难适应社会发展需要。本教材从精装修的构造、材料、施工技术等多个视角对建筑精装修清单编制和计价进行应用分析，填补了我国目前精装修工程清单计价的研究空白。

2. 将家装预算首次定义为"通俗的计价模式"编入教材

在编者所接触的装饰预算教材中，至今没有一本将家装预算编入教材。在预算员、造价工程师等资格考试中也没有将家装预算纳入考试的范畴。而家装却占据了装饰市场的半壁江山。其原因可能是因为编写装饰预算教材的人员多为专业的工程造价教师和专家,家装预算在市场上大多为室内设计人员自行编制。正是因为如此,越是专业能力强的造价人员,越难接触到家装预算,才会形成家装预算在教材中无人提及的处境。本教材将家装预算编入教材,在国内的教材市场上屈指可数,满足了建筑装饰工程技术专业的岗位技能需求。

3. 将防水工程和拆除改造工程纳入教材

教材的编写人员由于受简装和预算定额中章节的限制,普遍认为装饰工程由楼地面、墙柱面、天棚、门窗、油漆涂料裱糊和其他工程六大分部工程构成,防水工程属于建筑工程范畴不属于装饰工程,拆除改造更是很少有教材中提起过。而实际工程中,防水工程和拆除改造工程在精装工程中的应用非常的普遍。目前这两项重要的分项工程在市面上的教材中少有提及。本教材打破常规,将室内防水、拆除改造工程视为装饰装修工程的重要组成部分编写在书中。填补了这一内容在装饰预算教材中的空白。

4. 将分散的数据集中整理(附录1~附录4)

在装饰预算的学习过程中,还会运用到很多数据,且大部分数据分散在各种规范和文件中。这类资源篇幅不大,但相当分散,且不便于复印给学生学习。本教材的编写人员对它们进行了分类整理,作为附属部分放在教材末尾,使教学更方便,学习查找也更方便。主要有:

附录1　装饰工程常用砂浆配合比表;

附录2　装饰工程常用机械台班费用构成表;

附录3　装饰工程材料损耗率表;

附录4　主要材料预算(市场)单价一览表。

三、教材表现形式特色

1. 杜绝规范的复制

预算类教材有一个共同的弊病:规范占据了教材大量的篇幅。很多教材都习惯将完整的规范按教学章节拆开,最后编写而成。这样编者们的编写工作量小了,但应用指导性也大大降低。由于规范占据了教材的大量篇幅,指导性的案例也就很少了。

编者认为,规范应当完整地呈现在学生面前。因此教材中拒绝复制粘贴规范。在装饰预算中最常用的规范和定额为《房屋建筑与装饰工程工程量计算规范》GB 50854—2013、《××省建筑装饰装修工程消耗量标准》(2014)。建议教师在教学过程中提供给学生。

2. 案例式教材

本教材为货真价实的精装案例式教材,实践案例已经占据教材篇幅的80%以上。每一道案例都体现了编写人员的用心。为了能让每一道案例突出不同的知识点,并且在难度和规模上能让学生接受,案例的图纸都是在实际工程的图纸上进行了修改或重新绘制。案例的数量请见表 0-1。本教材案例部分计算结果为约数，应用"≈"，在工程中普遍直接使用"="得出结果，省略约等步骤，特此统一说明。

实训案例分布表　　　　　表0-1

章　节	案例	文件汇编
第1章　装饰工程造价概述	1	—
第2章　装饰工程预算定额指标的确定	24	—
第3章　装饰工程预算定额的应用	7	—
第4章　装饰工程工程量清单的编制	43	1
第5章　装饰工程工程量清单计价的编制	42	1
附录5　实训施工图	×××多媒体报告厅装修施工图	

本书由湖南城建职业技术学院张翠竹主编，负责教材大纲的规划和主体内容的编写，湖南城建职业技术学院张晓波、伍娇娇负责第三阶段章节的改编和汇总。邝美华（郴州职业技术学院）、黄治（湖南交通职业技术学院）、李锐（湖南交通职业技术学院）、吕慧娟（长沙环保职业技术学院）、刘琛（湖南工程职业技术学院）、刘娜（湖南城建职业技术学院）为教材的编写提供了大量的教学素材。特别感谢丁礼勇（湖南省农林工业勘察设计研究总院）提供真实的现场施工案例和施工工艺技术方面的指导意见。全书由张翠竹统稿定稿。

本教材料适用于高等职业技术院校建筑装饰工程技术、建筑室内设计、环境艺术设计、工程造价等专业，也可用作培训机构及相关技术人员上岗的参考用书。

由于编者水平有限，书中难免有错误和不足之处，恳请读者批评指正（邮箱：6531938@qq.com）。

编者

目　录

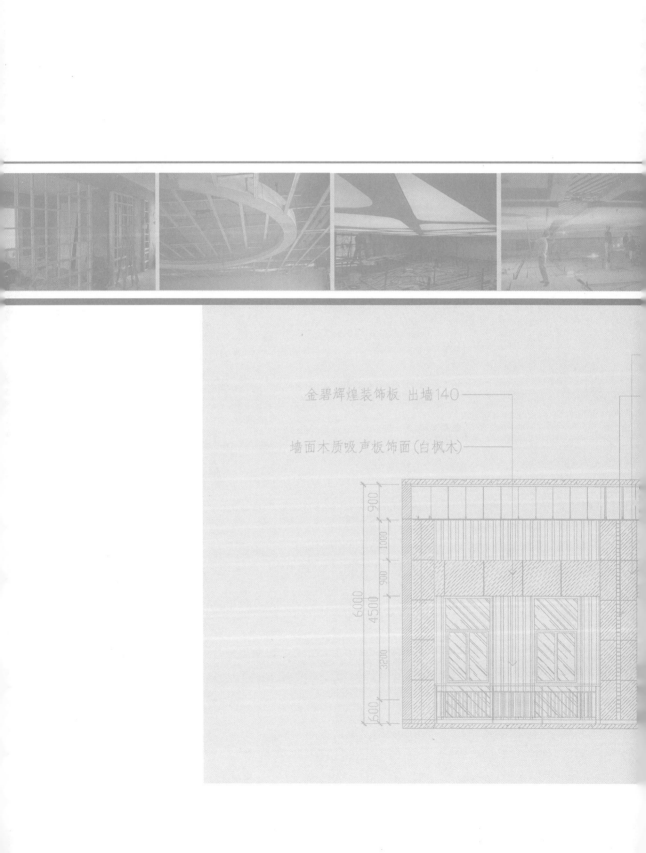

金碧辉煌装饰板 出墙140

墙面木质吸声板饰面(白枫木)

900
1000
900
6000
4500
3200
600

装饰工程清单
与计价基础知识

辉煌装饰板 出墙140

墙面木质吸声板饰面（白枫木）

大理石铝塑板出墙面100

不锈钢栏杆安装

木质踢脚线铺贴

900

4500

6000

600

530

一、知识目标

知识要点	教学内容	要求
建设项目概述	建设项目的概念、层次划分、建设程序	对造价基础知识有所了解，掌握定额在工程建设程序中的作用
工程造价文件	建设程序中所产生的造价文件及其作用	
工程定额的分类	定额的种类，各种定额的作用	
计价模式	清单计价模式与"通俗计价"模式	了解两种模式的区别、通俗（家装）预算的编制方法

二、能力目标

（一）预算员资格考试

考试要求	主要内容
工程造价的构成	1. 熟悉我国建设工程造价的构成与计算； 2. 掌握设备及工器具购置费的构成与计算； 3. 掌握建筑工程费、安装工程费的构成与计算； 4. 熟悉工程建设其他费用构成内容及有关规定； 5. 熟悉预备费、建设期利息的计算
工程造价计价依据	1. 了解建设工程定额的分类、作用和特点； 2. 了解建筑安装工程人工、机械台班、材料定额消耗量的确定方法； 3. 了解建筑安装工程预算定额和概算定额的编制原则和方法； 4. 掌握人工、材料、机械台班单价的组成和编制方法； 5. 掌握分部分项工程单价的编制方法，熟悉费用定额的构成； 6. 了解工程造价资料积累的内容、方法及应用

（二）实践技能

能力要点	教学内容	要求
编制通俗（家装）预算文件	1. 通俗预算工程量的计算要求； 2. 通俗预算定额项目划分； 3. 通俗预算定额单价的构成； 4. 通俗预算定额的应用	1. 了解通俗预算定额项目划分的规律； 2. 了解通俗预算定额单价的构成； 3. 掌握通俗预算工程量计算的一般要求； 4. 掌握通俗预算定额的应用
计算资源消耗量指标	1. 人工消耗量指标的计算； 2. 材料消耗量指标的计算； 3. 机械台班消耗量指标的计算	熟悉资源消耗量指标的计算方法
资源单价的确定	1. 人工工资单价的构成； 2. 材料预算单价的计算； 3. 机械台班预算单价的计算	了解人工工资单价构成 掌握材料单价计算方法 掌握台班单价的计算
定额消耗量指标的应用	1. 直接套用； 2. 换算套用，定额的增减项、品种、规格不同换算、砂浆配合比换算、定额系数换算、抹灰厚度不同换算	熟悉《××省建筑装饰装修工程消耗量标准》（2014），并能掌握定额运用的基本方法

三、实训任务

项目	任务	知识体系
综合实训1 编制通俗（家装）预算文件	根据家装或小型公装施工图和通俗预算定额，编制通俗预算文件	1.工程量的常规计算方法； 2.工程量的常规计算要求； 3.通俗预算定额项目划分； 4.通俗预算定额单价的构成； 5.通俗预算定额的应用； 6.EXCEL办公软件的运用

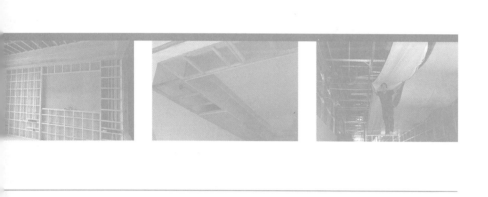

1

第1章　装饰工程造价概述

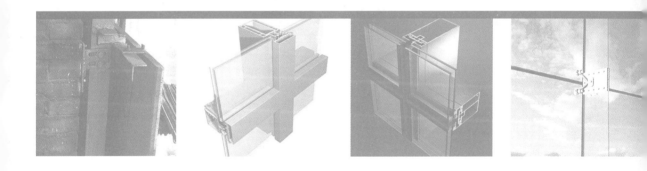

1.1 装饰工程基础知识

建筑装饰装修工程是指通过使用建筑装饰材料对建筑物、构筑物的外表和内部进行美化、修饰等处理，以起到保护主体结构、完善使用功能、美化空间和渲染环境的作用，是建筑物、构筑物的重要组成部分。

建筑装饰装修工程是由装修和装饰两个部分组成。二者的概念是不同的，但目前尚无统一的区分标准。我们从通常意义上理解可作以下区分：

(1) 装修：建筑物主体结构完成后，为保护主体结构、满足使用需求而进行的建造活动，装修后的房子可保证房屋使用的基本条件，如传统意义上的装修，对结构部位进行初步保护，完善使用功能等。随着人们生活质量的提高，仅进行粗装修便使用的房屋越来越少。

(2) 装饰：又分为硬装和软装。硬装指以满足使用功能为基础，以美学原理为依据，以各种现代装饰材料为载体，运用正确的施工技巧，通过精工细作而实现的艺术作品，通常是不可移动与变化的，如二次精装等；软装指在硬装完成之后，为了满足功能、美观以及烘托空间氛围，附加在建筑物表面或者室内的装饰物及设置、设备，通常是可以移动与变化的，如窗帘、沙发等各种家具或陈设。

装饰工程不仅满足使用者对功能的需求，而且美化空间，渲染环境，还承载着装饰设计师的设计思想。人们习惯性认为装饰工程包含了装修的范畴。

特别提示：

通常建筑的主体结构完工以后，要分别对建筑的外部和内部进行装饰装修。建筑施工图对建筑的各个立面都有明确的图纸和标注，建筑的外部装饰装修应与建筑设计施工图相符合。而建筑的内部装修分为两种情况：①无独立的装饰施工图纸，根据建筑施工图对内部装修的描述（通常用文字或表格进行简装描述）进行装修。如地面找平，墙面、天棚抹灰等。这种情况下，土建和装饰一般为一起发包，由同一家施工单位完成施工。待工程全部完工交付使用后，根据实际使用要求，由业主另行二次装修。②有独立的装饰施工图纸，主体结构完成后，直接进入精装施工，这种情况下，土建和装饰亦分开发包。

1.1.1 建设项目概述

1. 建设项目的含义

建设项目指按照一个总体设计进行施工的、经济上实行独立核算、由独立法人的组织机构负责建设并运营、可以形成生产能力或使用价值的一个或几个单项工程的总称。工业建筑中，一般以一个工厂为一个建设项目；民用建筑中，以一个事业单位为一个建设项目，如一所医院、一所学校等。

2. 建设项目的层次划分

我国每年都要进行大量的基本建设，为了准确确定各个基本建设项目的建设费用，就必须对整个基本建设项目进行科学分析、研究及合理划分为简单的、便于计算的基本构成项目。所以建设项目按照建设管理和合理确定工程造价的需要由大到小依次划分为建设项目、单项工程、单位工程、分部工程、分项工程五个项目层次（图1-1）。

1）建设项目

建设项目一般指在一个总体设计或初步设计范围内，由一个或若干个相互有内在联系的单项工程组成，建成后在经济上可以独立核算经营，在行政上又可以统一管理的工程单位，在一个设计任务书的范围内，按规定分期进行建设的项目，仍算作一个建设项目。一般以一个企业（或联合企业）、事业单位或独立工程作为一个建设项目，如一座工厂、一所学校、一所医院等，均为一个建设项目。

2）单项工程

单项工程又称工程项目，是建设项目的组成部分。一般指具有独立设计文件的、建成后可以单独发挥生产能力或效益的一组配套齐全的工程项目。单项工程的施工条件往往具有相对的独立性，因此一般单独组织施工和竣工验收。一个建设项目可能是一个单项工程，也可能包含若干个单项工程。如：工业建设项目中的各个生产车间、生产辅助办公楼、仓库等，民用建设项目中的某幢住宅楼等都是单项工程。

3）单位工程

单位工程是单项工程的组成部分。单位工程是指具有独立设计文件，可以独立组织施工，但建成后一般不能独立发挥生产能力和使用效益的工程。如学校办公楼是一个单项工程，而该办公楼的土建工程、装饰工程、电气照明工程、给水排水工程等则属于单位工程。

4）分部工程

分部工程是单位工程的组成部分。分部工程是按照工程结构的专业性质或部位划分的，即单位工程的进一步分解。当分部工程较大或较复杂时，可按材料种类、施工特点、施工程序、专业系统及类别等分为若干子分部工程。如土建工程中的土石方工程、桩与地基基础工程、砌筑工程、混凝土与钢筋混凝

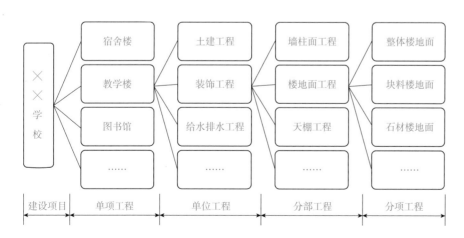

图1-1 某学校建设项目层次划分示意

土工程等；装饰工程中的门窗工程、楼地面工程、墙柱面工程、天棚工程、油漆涂料与裱糊工程等均属于分部工程。

5）分项工程

分项工程是分部工程的组成部分。分项工程是指在一个分部工程中，按不同的施工方法、不同的材料和结构构件的规格，对分部工程进一步划分，直到用较简单的施工过程就能完成，以适当的计量单位就可以计算其工程量的基本单元。分项工程是工程量计算的基本元素，是计算装饰工程造价最基本的单位。一般而言，它没有独立存在的意义，它只是一种基本构成要素，是为了便于计算装饰工程造价而设定的一种产品。如楼地面工程中的水泥砂浆楼地面、大理石楼地面、块料楼地面、木楼地面等；天棚工程中的天棚抹灰、纸面石膏板吊顶、艺术造型天棚等。

一个建设项目通常由一个或若干个单项工程组成，一个单项工程由若干个单位工程组成，而一个单位工程又是由若干个分部工程组成，一个分部工程可以划分为若干个分项工程。合理地划分分部分项工程，是正确编制工程造价的一项十分重要的工作。

特别提示：

从装饰工程造价的角度去分析，分项工程是最基本的单元。在编制标底、招标控制价、投标报价以及其他预算文件时，所计算的工程量，均为分项工程的工程量。从施工组织技术的角度去分析，分项工程不是最基本的单位，它还可以划分为若干个施工过程和工序。如大理石楼地面是一个分项工程，它又可以划分为清理基层、调运砂浆、试排弹线等。从施工质量验收的角度去分析，分项工程又可以划分为若干个检验批。

3．工程建设程序

工程建设程序是指建设项目从策划、评估、决策、设计、施工到竣工验收、投入生产或交付使用的全过程中，各项工作必须遵循的先后次序和科学规律。工程建设程序是工程建设过程客观规律的反映，是建设工程项目科学决策和顺利进行的重要保证。建设项目是一个庞大的系统工程，涉及面广，需要各个环节、各个部分协调配合才能顺利完成。建设程序是人们长期在工程项目建设实践中得出来的经验总结，不能任意颠倒，但可以合理交叉。建设项目只有踏踏实实地按照建设程序执行，才能加快建设进度、提高工程质量、提高投资效益（图 1-1）。

1）决策阶段

决策阶段，又称为建设前期工作阶段，主要包括编报项目建议书和可行性研究报告两项工作内容。

（1）项目建议书

对于政府投资工程项目，编报项目建议书是项目建设最初阶段的工作。其主要作用是为了推荐建设项目，以便在一个确定的地区或部门内，以自然资源和市场预测为基础，选择建设项目。项目建议书经批准后，可进行可行性研究工作，但并不表明项目非上不可，项目建议书不是项目的最终决策。

（2）可行性研究

建设项目可行性研究工作是项目建议书经批准后进行的一项较为细致的工作，主要从项目建设的必要性、市场分析、社会效益、经济效益、资源利用效率、环境影响评价、融资方案、风险分析等方面进行分析、比较和论证，编制可行性研究报告。为投资决策和筹措资金提供依据，也是编制初步设计文件的依据。

可行性研究报告要有预见性、客观公正性、可靠性和科学性，可行性研究报告经批准后，建设项目才算得上真正"立项"。未经认可批准的项目，不得进行后续工作。

（3）建设地点选择

建设项目建设地点的选择是项目投资的重要环节，如果选址不当将会造成建设项目的"先天不足"，给日后的生产运营和服务功能带来难以弥补的缺陷，直接影响项目的正常生产、运营和效益。

2）勘察设计阶段

（1）勘察阶段

勘察工作是在选择合适的建设地点后，由具备专业资质和能力的勘察企业接受项目业主委托，对建设地点的水文、地质情况进行较为详细的勘察，勘察报告作为设计工作的基本依据，要求客观准确。复杂工程分为初勘和详勘两个阶段。

（2）设计阶段

一般划分为两个阶段，即初步设计阶段和施工图设计阶段，对于大型复杂项目，可根据不同行业的特点和需要，在初步设计之后增加技术设计阶段。

初步设计是设计的第一步，如果初步设计提出的总概算超过可行性研究报告投资估算的10%以上或其他主要指标需要变动时，要重新报批可行性研究报告。

初步设计经主管部门审批后，建设项目被列入国家固定资产投资计划，方可进行下一步的施工图设计。

施工图一经审查批准，不得擅自进行修改，必须重新报请原审批部门，由原审批部门委托审查机构审查后再批准实施。

3）建设准备阶段

建设准备阶段是在开工建设之前需要做好准备工作，主要内容包括：组建项目法人、征地、拆迁、"三通一平"乃至"七通一平"；组织材料、设备订货；办理建设工程质量监督手续；委托工程监理；准备施工图纸；组织施工招投标，择优选定施工单位；办理施工许可证等。按规定作好施工准备，具备开工条件后，建设单位申请开工，进入施工安装阶段。

4）施工阶段和生产准备阶段

（1）施工阶段：建设工程具备了开工条件并取得施工许可证后方可开工。承包商根据施工合同约定，在保障工程质量、工期、成本、安全和环保等目标的前提下，完成工程建设任务。

（2）生产准备阶段：对于生产性建设项目，在其竣工投产前，建设单位应适时地组织专门班子或机构，有计划地做好生产准备工作，包括招募工人、培训生产人员；组织有关人员参加设备安装、调试、工程验收；落实原材料供应；组建生产管理机构，健全生产规章制度等。生产准备是由建设阶段转入经营的一项重要工作，是项目建设和运营的桥梁，充分的生产准备工作有利于项目正常投产和提高投资效益。

5）竣工验收阶段

建设项目按照设计文件和施工合同的要求全部完成后，由项目业主组织相关单位和人员进行竣工验收。竣工验收是工程建设的最后一个环节，是全面考核建设成果、检验设计和施工质量的重要步骤，也是建设项目转入生产和使用的标志。验收合格后，建设单位编制竣工决算，项目正式投入使用。

6）考核评价阶段

建设项目后评价是工程项目竣工投产、生产运营一段时间后，由专业机构在对项目的立项决策、设计施工、竣工投产、生产运营等全过程进行系统的全面评价的一种技术经济活动，是固定资产管理的一项重要内容，也是固定资产投资管理的最后一个环节。通过项目的后期评估，可以肯定成绩、总结经验、吸取教训、提出建议，进而改进工作，有利于提高投资决策水平和投资效益。

1.1.2　工程造价的表现形式

工程计价活动是一项长期复杂的工作，旨在通过一系列的计价行为能够合理、准确地确定工程的建造价格，同时有效地控制工程成本，以提高工程项目的投资效益。根据编制阶段、编制依据和编制目的的不同，工程造价有不同的表现形式，主要分为投资估算、设计概算、施工图预算、施工预算、竣工结算、竣工决算（图1-2）。

1. 投资估算

投资估算是指在项目建议书和可行性研究阶段，由建设单位（投资人）或其委托的咨询机构根据项目建议书或可行性研究报告，以估算指标和类似工

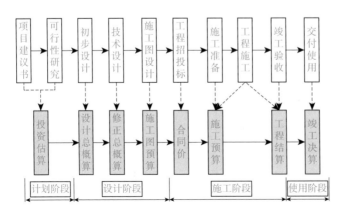

图1-2　工程建设程序与造价文件

程的相关资料等数据作为估算依据，对拟建工程所需投资预先测算和确定工程造价的过程。投资估算是项目决策、筹资和控制造价的重要指标。

2. 设计概算

在设计阶段，设计概算是在投资估算的控制下，由设计单位根据初步设计图样及说明，以概算定额（或概算指标）、各项取费标准、设备、材料的价格等资料为依据，编制和确定的建设项目从筹建到交付使用所需全部费用文件，是设计文件的重要组成部分。设计概算是工程项目投资的最高限额。

3. 施工图预算

1) 施工图设计

施工图预算是设计阶段控制施工图设计的重要依据，施工图设计比初步设计、技术设计更详细、具体，施工图预算编制一般采用体现当地社会平均水平的预算定额，因而施工图预算较设计概算更准确、更符合工程项目的建设资金需要。原则上施工图预算不超过设计概算，特殊情况下，也可作为调整项目投资计划的依据。

2) 招标控制价

实行招投标的工程，由建设单位（招标人）或委托相应的造价咨询机构编制招标文件，其中招标工程量清单是招标文件的重要组成部分。同时，招标人还应编制招标控制价，作为投标报价的上限。招标控制价一般采用体现当地社会平均水平的预算定额。

3) 投标价

实行招投标的工程，由招标人编制招标工程量清单，由若干个施工企业（投标人）根据招标人编制的招标工程量清单进行计价。投标人在进行计价时，应该严格按照招标文件的要求，采用工程量清单计价模式对招标工程量清单进行计价。投标报价是投标文件的重要组成部分，投标人根据自己的消耗水平和市场因素综合考虑。可采用体现社会水平的预算定额，也可采用体现自己企业水平的企业定额，企业定额体现了社会先进水平，在投标中更具有竞争优势。

4) 承包合同价

承包合同价是指在工程招投标阶段，招标人根据招标控制价，通过对各投标单位编制的投标报价进行评标、定标，确定中标价后，最终与中标单位就中标价签订承包合同。中标价原则上应等于合同价，招标人与中标人不得对合同中实质性内容的进行议价。

特别提示：

对于非招投标的项目，通常情况下由施工企业根据拟建项目的施工图设计文件和预算定额，结合市场因素，采用定额计价模式计算工程项目的预算价格，确定承包合同价。

4. 施工预算

施工预算是在工程施工阶段，施工企业依据施工图纸和企业施工定额编制的施工成本计划，主要用于指导施工生产，是施工企业内部文件。通过施工图预算（承包合同价）和施工预算进行两算对比，控制施工生产成本，以实现施工企业的利润最大化。

5．工程结算

工程结算又分为中间结算和竣工结算。

1）中间结算指施工方在工程实施过程中与业主办理的工程进度款结算，由施工方根据承包合同的有关内容和已经完成的合格工程数量计算工程价款，由业主核实后支付。中间结算可按月结算、年终结算或按工程形象进度分阶段进行结算等。工程的中间结算价实际上是工程在实施阶段已经完成部分的实际造价，是承包项目实际造价的组成部分。

2）竣工结算指不论是否进行过中间结算，承包商在完成合同规定的全部内容验收合格后，按合同中约定的结算方式、计价单价、费用标准等，核实实际工程数量，汇总计算承包项目的最终工程价款。

6．竣工决算

竣工决算是指在工程竣工验收交付使用后，由建设单位编制的建设项目从筹建到竣工验收、交付使用全过程中实际支付的全部建设费用。竣工决算是整个建设项目的最终价格，是作为建设单位财务部门汇总固定资产的主要依据。

1.1.3　装饰工程造价构成

根据建标〔2013〕44号《建筑安装工程费用项目组成》规定，分别按从工程费用构成要素、工程造价形成顺序两个方面进行划分。

1．按费用构成要素划分

建筑安装工程费按照费用构成要素划分：由人工费、材料（包含工程设备，下同）费、施工机具使用费、企业管理费、利润、规费和税金组成。其中人工费、材料费、施工机具使用费、企业管理费和利润包含在分部分项工程费、措施项目费、其他项目费中（图1-3）。

1）人工费：是指按工资总额构成规定，支付给从事建筑安装工程施工的生产工人和附属生产单位工人的各项费用。内容包括：

（1）计时工资或计件工资：是指按计时工资标准和工作时间或对已做工作按计件单价支付给个人的劳动报酬。

（2）奖金：是指对超额劳动和增收节支支付给个人的劳动报酬。如节约奖、劳动竞赛奖等。

（3）津贴补贴：是指为了补偿职工特殊或额外的劳动消耗和因其他特殊原因支付给个人的津贴，以及为了保证职工工资水平不受物价影响支付给个人的物价补贴。如流动施工津贴、特殊地区施工津贴、高温（寒）作业临时津贴、高空津贴等。

（4）加班加点工资：是指按规定支付的在法定节假日工作的加班工资和在法定日工作时间外延时工作的加点工资。

（5）特殊情况下支付的工资：是指根据国家法律、法规和政策规定，因病、工伤、产假、计划生育假、婚丧假、事假、探亲假、定期休假、停工学习、

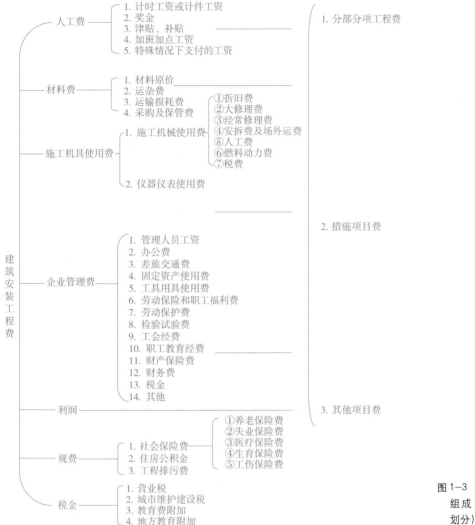

图 1-3 装饰工程费用
组成（按构成要素
划分）

执行国家或社会义务等原因按计时工资标准或计时工资标准的一定比例支付的工资。

2）材料费：是指施工过程中耗费的原材料、辅助材料、构配件、零件、半成品或成品、工程设备的费用。内容包括：

（1）材料原价：是指材料、工程设备的出厂价格或商家供应价格。

（2）运杂费：是指材料、工程设备自来源地运至工地仓库或指定堆放地点所发生的全部费用。

（3）运输损耗费：是指材料在运输装卸过程中不可避免的损耗。

（4）采购及保管费：是指为组织采购、供应和保管材料、工程设备的过程中所需要的各项费用。包括采购费、仓储费、工地保管费、仓储损耗。

工程设备是指构成或计划构成永久工程一部分的机电设备、金属结构设备、仪器装置及其他类似的设备和装置。

3）施工机具使用费：是指施工作业所发生的施工机械、仪器仪表使用费或其租赁费。

（1）施工机械使用费：以施工机械台班耗用量乘以施工机械台班单价表示，施工机械台班单价应由下列七项费用组成：

①折旧费：指施工机械在规定的使用年限内，陆续收回其原值的费用。

②大修理费：指施工机械按规定的大修理间隔台班进行必要的大修理，以恢复其正常功能所需的费用。

③经常修理费：指施工机械除大修理以外的各级保养和临时故障排除所需的费用。包括为保障机械正常运转所需替换设备与随机配备工具附具的摊销和维护费用，机械运转中日常保养所需润滑与擦拭的材料费用及机械停滞期间的维护和保养费用等。

④安拆费及场外运费：安拆费指施工机械（大型机械除外）在现场进行安装与拆卸所需的人工、材料、机械和试运转费用以及机械辅助设施的折旧、搭设、拆除等费用；场外运费指施工机械整体或分体自停放地点运至施工现场或由一施工地点运至另一施工地点的运输、装卸、辅助材料及架线等费用。

⑤人工费：指机上司机（司炉）和其他操作人员的人工费。

⑥燃料动力费：指施工机械在运转作业中所消耗的各种燃料及水、电等。

⑦税费：指施工机械按照国家规定应缴纳的车船使用税、保险费及年检费等。

（2）仪器仪表使用费：是指工程施工所需使用的仪器仪表的摊销及维修费用。

4）企业管理费：是指建筑安装企业组织施工生产和经营管理所需的费用。

（1）企业管理费内容包括：

a. 管理人员工资：是指按规定支付给管理人员的计时工资、奖金、津贴补贴、加班加点工资及特殊情况下支付的工资等。

b. 办公费：是指企业管理办公用的文具、纸张、账表、印刷、邮电、书报、办公软件、现场监控、会议、水电、烧水和集体取暖降温（包括现场临时宿舍取暖降温）等费用。

c. 差旅交通费：是指职工因公出差、调动工作的差旅费、住勤补助费、市内交通费和误餐补助费，职工探亲路费，劳动力招募费，职工退休、退职一次性路费，工伤人员就医路费，工地转移费以及管理部门使用的交通工具的油料、燃料等费用。

d. 固定资产使用费：是指管理和试验部门及附属生产单位使用的属于固定资产的房屋、设备、仪器等的折旧、大修、维修或租赁费。

e. 工具用具使用费：是指企业施工生产和管理使用的不属于固定资产的工具、器具、家具、交通工具和检验、试验、测绘、消防用具等的购置、维修和摊销费。

f. 劳动保险和职工福利费：是指由企业支付的职工退职金、按规定支付给离休干部的经费，集体福利费、夏季防暑降温、冬季取暖补贴、上下班交通补贴等。

g. 劳动保护费：是企业按规定发放的劳动保护用品的支出。如工作服、手套、防暑降温饮料以及在有碍身体健康的环境中施工的保健费用等。

h. 检验试验费：是指施工企业按照有关标准规定，对建筑以及材料、构件和建筑安装物进行一般鉴定、检查所发生的费用，包括自设试验室进行试验所耗用的材料等费用。不包括新结构　新材料的试验费，对构件做破坏性试验及其他特殊要求检验试验的费用和建设单位委托检测机构进行检测的费用，对此类检测发生的费用，由建设单位在工程建设其他费用中列支。但对施工企业提供的具有合格证明的材料进行检测不合格的，该检测费用由施工企业支付。

i. 工会经费：是指企业按《工会法》规定的全部职工工资总额比例计提的工会经费。

j. 职工教育经费：是指按职工工资总额的规定比例计提，企业为职工进行专业技术和职业技能培训，专业技术人员继续教育、职工职业技能鉴定、职业资格认定以及根据需要对职工进行各类文化教育所发生的费用。

k. 财产保险费：是指施工管理用财产、车辆等的保险费用。

l. 财务费：是指企业为施工生产筹集资金或提供预付款担保、履约担保、职工工资支付担保等所发生的各种费用。

m. 税金：是指企业按规定缴纳的房产税、车船使用税、土地使用税、印花税等。

n. 其他：包括技术转让费、技术开发费、投标费、业务招待费、绿化费、广告费、公证费、法律顾问费、审计费、咨询费、保险费等。

(2) 企业管理费的确定

企业管理费的计算公式：企业管理费＝计费基础 × 企业管理费率

企业管理费率的确定有以下三种情况：

①以分部分项工程费为计算基础

$$企业管理费费率(\%)=\frac{生产工人年平均管理费}{年有效施工天数 \times 人工单价} \times 人工费占分部分项工程费比例(\%)$$

②以人工费和机械费合计为计算基础

$$企业管理费费率(\%)=\frac{生产工人年平均管理费}{年有效施工天数 \times (人工单价+第一工日机械使用费)} \times 100\%$$

③以人工费为计算基础

$$企业管理费费率(\%)=\frac{生产工人年平均管理费}{年有效施工天数 \times 人工单价} \times 100\%$$

注：上述公式适用于施工企业投标报价时自主确定管理费，是工程造价管理机构编制计价定额确定企业管理费的参考依据。

5）利润：是指施工企业完成所承包工程获得的盈利。利润按以下方式确定：

（1）施工企业根据企业自身需求并结合建筑市场实际自主确定，列入报价中。

（2）工程造价管理机构在确定计价定额中利润时，应以定额人工费或（定额人工费＋定额机械费）作为计算基数，其费率根据历年工程造价积累的资料，并结合建筑市场实际确定，以单位（单项）工程测算，利润在税前建筑安装工程费的比重可按不低于5％且不高于7％的费率计算。利润应列入分部分项工程和措施项目中。

6）规费：是指按国家法律、法规规定，由省级政府和省级有关权力部门规定必须缴纳或计取的费用。包括：

（1）社会保险费

①养老保险费：是指企业按照规定标准为职工缴纳的基本养老保险费。

②失业保险费：是指企业按照规定标准为职工缴纳的失业保险费。

③医疗保险费：是指企业按照规定标准为职工缴纳的基本医疗保险费。

④生育保险费：是指企业按照规定标准为职工缴纳的生育保险费。

⑤工伤保险费：是指企业按照规定标准为职工缴纳的工伤保险费。

（2）住房公积金：是指企业按规定标准为职工缴纳的住房公积金。

（3）工程排污费：是指按规定缴纳的施工现场工程排污费。

其他应列而未列入的规费，按实际发生计取。

7）税金：是指国家税法规定的应计入建筑安装工程造价内的营业税、城市维护建设税、教育费附加以及地方教育附加。

税金计算公式：

$$税金＝税前造价 \times 综合税率（\%）$$

综合税率的计算公式：

（1）纳税地点在市区的企业

$$综合税率(\%)＝\frac{1}{1-3\%-(3\%\times7\%)-(3\%\times3\%)-(3\%\times2\%)}-1$$

（2）纳税地点在县城、镇的企业

$$综合税率(\%)＝\frac{1}{1-3\%-(3\%\times5\%)-(3\%\times3\%)-(3\%\times2\%)}-1$$

（3）纳税地点不在市区、县城、镇的企业

$$综合税率(\%)＝\frac{1}{1-3\%-(3\%\times1\%)-(3\%\times3\%)-(3\%\times2\%)}-1$$

（4）实行营业税改增值税的，按纳税地点现行税率计算。

2. 按造价形成顺序划分

建筑安装工程费按照工程造价形成由分部分项工程费、措施项目费、其他项目费、规费、税金组成。分部分项工程费、措施项目费、其他项目费又分别包含人工费、材料费、施工机具使用费、企业管理费和利润（图1-4）。

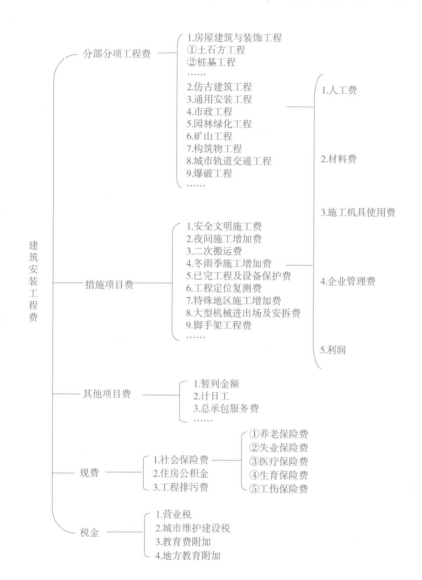

图1-4 装饰工程费用组成（按造价形成划分）

1）分部分项工程费：是指各专业工程的分部分项工程应予列支的各项费用。

（1）专业工程：是指按现行国家计量规范划分的房屋建筑与装饰工程、仿古建筑工程、通用安装工程、市政工程、园林绿化工程、矿山工程、构筑物工程、城市轨道交通工程、爆破工程等各类工程。

（2）分部分项工程：指按现行国家计量规范对各专业工程划分的项目。如房屋建筑与装饰工程划分的土石方工程、地基处理与桩基工程、砌筑工程、钢筋及钢筋混凝土工程等。

$$分部分项工程费 = \Sigma（分部分项工程量 \times 综合单价）$$

式中：综合单价包括人工费、材料费、施工机具使用费、企业管理费和利润以及一定范围的风险费用（下同）。

2）措施项目费：是指为完成建设工程施工，发生于该工程施工前和施工过程中的技术、生活、安全、环境保护等方面的费用。根据国家计量规范规定，措施项目费的计算分为应予计量的措施项目和不宜计量的措施项目两种。对于应予计量的措施项目，其计算公式为：

$$措施项目费 = \Sigma（措施项目工程量 \times 综合单价）$$

对于不宜计量的措施项目费，应根据计费基础 × 相关费率计取。

（1）安全文明施工费

①环境保护费：是指施工现场为达到环保部门要求所需要的各项费用。

②文明施工费：是指施工现场文明施工所需要的各项费用。

③安全施工费：是指施工现场安全施工所需要的各项费用。

④临时设施费：是指施工企业为进行建设工程施工所必须搭设的生活和生产用的临时建筑物、构筑物和其他临时设施费用。包括临时设施的搭设、维修、拆除、清理费或摊销费等。

$$安全文明施工费 = 计算基数 \times 安全文明施工费费率（\%）$$

计算基数应为定额基价（定额分部分项工程费 + 定额中可以计量的措施项目费）、定额人工费或（定额人工费 + 定额机械费），其费率由工程造价管理机构根据各专业工程的特点综合确定。

（2）夜间施工增加费：是指因夜间施工所发生的夜班补助费、夜间施工降效、夜间施工照明设备摊销及照明用电等费用。

$$夜间施工增加费 = 计算基数 \times 夜间施工增加费费率（\%）$$

（3）二次搬运费：是指因施工场地条件限制而发生的材料、构配件、半成品等一次运输不能到达堆放地点，必须进行二次或多次搬运所发生的费用。

$$二次搬运费 = 计算基数 \times 二次搬运费费率（\%）$$

（4）冬雨季施工增加费：是指在冬季或雨季施工需增加的临时设施、防滑、排除雨雪，人工及施工机械效率降低等费用。

$$冬雨季施工增加费 = 计算基数 \times 冬雨季施工增加费费率（\%）$$

（5）已完工程及设备保护费：是指竣工验收前，对已完工程及设备采取的必要保护措施所发生的费用。

$$已完工程及设备保护费 = 计算基数 \times 已完工程及设备保护费费率（\%）$$

上述（2）～（5）项措施项目的计费基数应为定额人工费或（定额人工费 + 定额机械费），其费率由工程造价管理机构根据各专业工程特点和调查资料综合分析后确定。

(6) 工程定位复测费：是指工程施工过程中进行全部施工测量放线和复测工作的费用。

(7) 特殊地区施工增加费：是指工程在沙漠或其边缘地区、高海拔、高寒、原始森林等特殊地区施工增加的费用。

(8) 大型机械设备进出场及安拆费：是指机械整体或分体自停放场地运至施工现场或由一个施工地点运至另一个施工地点，所发生的机械进出场运输及转移费用及机械在施工现场进行安装、拆卸所需的人工费、材料费、机械费、试运转费和安装所需的辅助设施的费用。

(9) 脚手架工程费：是指施工需要的各种脚手架搭、拆、运输费用以及脚手架购置费的摊销（或租赁）费用。

3）其他项目费

(1) 暂列金额：是指建设单位在工程量清单中暂定并包括在工程合同价款中的一笔款项。用于施工合同签订时尚未确定或者不可预见的所需材料、工程设备、服务的采购，施工中可能发生的工程变更、合同约定调整因素出现时的工程价款调整以及发生的索赔、现场签证确认等的费用。

暂列金额由建设单位根据工程特点，按有关计价规定估算，施工过程中由建设单位掌握使用、扣除合同价款调整后如有余额，归建设单位。

(2) 计日工：是指在施工过程中，施工企业完成建设单位提出的施工图纸以外的零星项目或工作所需的费用。计日工由建设单位和施工企业按施工过程中的签证计价。

(3) 总承包服务费：是指总承包人为配合、协调建设单位进行的专业工程发包，对建设单位自行采购的材料、工程设备等进行保管以及施工现场管理、竣工资料汇总整理等服务所需的费用。

总承包服务费由建设单位在招标控制价中根据总包服务范围和有关计价规定编制，施工企业投标时自主报价，施工过程中按签约合同价执行。

4）规费：同前

5）税金：同前

认知训练 1

一、选择题

1. 建筑装饰装修工程属于（　　）。

A. 单项工程　　　B. 分项工程　　　C. 单位工程　　　D. 分部工程

2. 一个学校中的教学楼图书馆工程属于（　　）。

A. 建设项目　　　B. 单项工程　　　C. 单位工程　　　D. 分部工程

3. 建安工程造价中的税金不包括（　　）。

A. 营业税　　　　　　　　　　　B. 所得税

C. 城乡维护建设税　　　　　　　　　　D. 教育费附加

4. 下列项目费用（　　　）属于其他项目清单中的内容。

A. 暂例金额　　　　　　　　　　　　B. 材料购置费

C. 总承包服务费　　　　　　　　　　D. 零星工作项目费

E. 赶工措施费　　　　　　　　　　　F. 不可抗力造成的停工损失费

5. 工程量清单计价方法的特点是：（　　　）。

A. 满足竞争的需要　　　　　　　　　B. 提供了一个平等的竞争条件

C. 有利于工程款的拨付和工程造价的最终确定

D. 不利于实现风险的合理分担　　　　E. 有利于业主对投资的控制

6. 某工程有独立设计施工图纸和施工组织设计，但建成后不能独立发挥生产能力，此项工程应属于（　　　）。

A. 分部工程　　　　B. 分项工程　　　　C. 单项工程　　　　D. 单位工程

7. 在国家有关部门规定的基本建设程序中，各个步骤（　　　）。

A. 次序可以颠倒，但不能进行交叉

B. 次序不能颠倒，但可以进行合理交叉

C. 次序不能颠倒，但不能进行交叉

D. 次序可以颠倒，但可以进行合理交叉

二、思考题

1. 建设项目划分为几个层次？请举例说明。

2. 简述建设项目的建设程序，并说明与建设的各阶段对应的造价文件是什么？有何意义？

3. 装饰工程造价按费用构成要素由哪几部分组成？按造价形式由哪几部分组成？

4. 工程造价的费用组成中，哪些是竞争性的费用，哪些是不竞争的费用？为什么？

1.2　装饰工程计价模式

1.2.1　工程量清单计价模式

工程量清单计价模式是国际上通用的计价法，自 2003 年《建设工程工程量清单计价规范》GB 50500—2003 颁布以后，我国开始大力推行工程量清单计价模式，逐步与国际惯例接轨。2013 年 7 月 1 日颁布的《建设工程工程量清单计价规范》GB 50500—2013 中第 3.1.1 条、第 3.1.2 条、第 3.1.3 条规定：使用国有资金投资的建设工程发承包，必须采用工程量清单计价；非国有资金投资的建设工程，宜采用工程量清单计价；不采用工程量清单计价的建设工程，应执行本规范除工程量清单等专门性规定外的其他规定。从条款中可以看出，国家加大了推行工程量清单计价的力度。各地区响应国标的要求，相应颁布了本地区的计价规定。

《湖南省建设工程计价办法》（2014）第63条规定：本省行政区域内的建筑工程、装饰工程、安装工程、市政工程、（包括城市轨道交通工程）、仿古建筑及园林景观工程的工程计价不论资金来源,必须采用本办法工程量清单计价。可见湖南地区已全面推行工程量清单计价。

工程量清单计价模式：在建设工程招投标活动中，由招标人按国家规范向投标人提供工程量清单，由投标人根据工程量清单自主报价，经评审合理低价中标的计价模式。即投标人采用"综合单价法"对工程量清单进行自主报价的一种计价模式。这种计价模式有利于降低工程造价，合理节约投资，增加了招标、投标的透明度，能进一步体现招投标过程中的公平、公正、公开的原则。

（1）工程量清单——由招标人提供，由分部分项工程量清单、措施项目清单、其他项目清单、规费、税金清单构成。由具有编制能力的招标人或受其委托，具有相应资质的工程造价咨询人编制。

（2）工程量清单计价——投标报价，由投标人根据工程量清单的内容运用综合单价法进行自主报价。由分部分项工程费、措施项目费、其他项目费、规费、税金五大块构成（表1-1）。

单独装饰工程投标报价汇总表（清单计价参考）　　表1-1

序号	工程内容	计费基础说明	备注
1	直接费用	1.1+1.2+1.3	人工费、材料费、机械费为可竞争费
1.1	人工费		
1.1.1	其中：取费人工费	取费人工单价为60元/工日	
1.2	材料费		
1.3	机械费		
2	费用和利润	2.1+2.2+2.3+2.4	
2.1	管理费	1.1.1	可竞争费
2.2	利润	1.1.1	
2.3	总价措施项目费	2.3.1+2.3.2	
2.3.1	其中：安全文明施工费	1.1.1	不可竞争费
2.3.2	冬雨季施工增加费	1+2.1+2.2	
2.4	规费	2.4.1+2.4.2+2.4.3+2.4.4+2.4.5	
2.4.1	工程排污费	1+2.1+2.2+2.3	
2.4.2	职工教育和工会经费	1.1	不可竞争费
2.4.3	住房公积金	1.1	
2.4.4	安全生产责任险	1+2.1+2.2+2.3	
2.4.5	社会保险费	1+2.1+2.2+2.3	
3	建安费用	1+2	
4	销项税额	3×税率	不可竞争费
5	附加税费	（3+4）×费率	

序号	工程内容	计费基础说明	备注
6	其他项目费	6.1+6.2+6.3+6.4	
6.1	暂列金额	由招标人计算，投标人直接将其计入总造价	不可竞争费，需计取销项税和附加税
6.2	暂估价	由招标人填写，投标人按要求将其计入总造价	
6.3	计日工	由招标人估量，投标人计价。结算时，建设单位和施工企业按施工过程中的实际发生的量（签证）计价	可竞争费，需计取销项税和附加税
6.4	总承包服务费	建设单位在招标控制价中根据总包服务范围和有关计价规定编制，施工企业投标时自主报价，施工过程中按签约合同价执行	
	建安工程造价	3+4+5+6	

注：1.计费基数一般为取费人工费、取费人工费+取费机械费、分部分项工程费等，根据工程的实际情况或者地方上的规定确定计费基数和费率。如安全文明施工费的计费基础和费率由工程造价管理机构根据各专业工程的特点综合确定。

2.单独发包的装饰装修工程及安装工程，其安全文明施工费按75%计取，其余25%并入建筑工程安全文明施工费内计算，由建筑工程施工单位按规定统一使用。

综合单价：分部分项工程费和可计算工程量的措施项目费，应采用综合单价计价程序分别计算人工费、材料费、施工机具使用费、企业管理费和利润；不可计量的措施项目费以及其他项目费，一般都是以费率和直接估价的方式计算，虽然无法计算出具体的人工费、材料费、施工机具使用费、企业管理费和利润，但其计算结果应该要包括这五项费用。也可以说，分部分项工程费、措施项目费、其他项目费的费用构成就是人工费、材料费、施工机具使用费、企业管理费和利润，并且应考虑一定范围内的风险因素。

【案例1-1】湖南省某市的办公楼单独装饰工程，其中人工费1471873.26元，预算人工工资单价按120元／工日，取费人工工资单价按60元／工日，材料费2700003.49元，机械费13522.02元，其他项目费中暂列金额30万元，安全文明施工费率为10.7025%，以取费人工费为计费基础，冬雨季施工增加费0.16%，以直接费、管理费和利润之和为计费基础，按湖南省现行的规费和税金标准(采用一般计税法)，工程量清单计价模式计算该装饰工程投标报价。

解：装饰工程投标报价的计算如下（表1-2）。

装饰工程单位工程费汇总表　　　　表1-2

序号	工程内容	计费基础说明	费率（%）	金额（元）
1	直接费用	1.1+1.2+1.3		4185398.77
1.1	人工费			1471873.26
1.1.1	其中:取费人工费			735936.63
1.2	材料费			2700003.49
1.3	机械费			13522.02

序号	工程内容	计费基础说明	费率 (%)	金额（元）
2	费用和利润	2.1+2.2+2.3+2.4		808814.60
2.1	管理费	1.1.1	26.48	194876.06
2.2	利润	1.1.1	28.88	212538.64
2.3	总价措施项目费			86112.12
2.3.1	其中:安全文明施工费	1.1.1	10.7025	78763.62
2.4	规费	2.4.1+2.4.2+2.4.3+2.4.4+2.4.5		315287.78
2.4.1	工程排污费	1+2.1+2.2+2.3	0.40	18715.66
2.4.2	职工教育经费和工会经费	1.1	3.50	51515.57
2.4.3	住房公积金	1.1	6.00	88312.40
2.4.4	安全生产责任险	1+2.1+2.2+2.3	0.20	9357.99
2.4.5	社会保险费	1+2.1+2.2+2.3	3.15	147386.16
3	建安费用	1+2		4994213.37
4	销项税额	3×税率	10.00	499421.34
5	附加税费	(3+4)×费率	0.36	19777.08
6	其他项目费			331188.00
	建安工程造价	3+4+5+6		5844599.79

1.2.2 通俗计价模式

通俗的计价模式是针对家装和小型公装等非政府资金项目的工程计价形式。由于业主的投资项目的规模较小，这一类工程成本控制直接由业主本人担任，所以这一类工程的造价文件必须一目了然、通俗易懂，即使业主没有任何的专业知识，也能看得懂并且会计算，因此，将这类计价形式称为通俗的计价模式，按照通俗计价模式编写的预算文件称为通俗的预算文件，装饰市场上最常见的为家装预算和小型的公装预算。

1. 通俗预算的编写依据

通俗预算主要指家装预算和小型的公装预算。一般是由装饰公司的设计师或预算员，在方案设计阶段必须编写的预算文件，其主要编写依据如下：

（1）方案设计平面布置图；

（2）装饰企业内部的预算定额；

（3）材料市场价格；

（4）业主的其他要求。

2. 通俗预算定额

（1）通俗预算定额项目的划分

通俗预算定额即装饰企业内部使用的工程预算模板。一般可以将预算定额的主体内容划分为两级。第一级按空间划分，如一套工程预算模板可以划分为客厅、餐厅、卧室等可能存在的所有空间；第二级是在第一级空间划分的基础上，详细地列出各个空间中可能存在的所有分项工程和措施项目，如地面砖铺贴、木地板铺贴、墙面乳胶漆等。

（2）通俗预算定额中的单价

通俗预算定额中的单价是指各分项工程和措施项目的单价，是完成单位的实体工程或措施项目所需要的一切费用，包括人工费、材料费、机械费、企业管理费、利润、规费、税金以及一定范围内的风险费用，是通俗预算定额中的核心要素。单价按构成要素去计算具有相当专业的计算过程和较为复杂的步骤，必须具有一定的造价知识的专业人员来完成。对于小型装饰公司和业主而言，一般不具备详细计算单价构成的能力。本着一切从业主能理解的角度出发，这种计价模式的单价通常没有详细的计算过程和构成分析，一般是由企业的管理层根据企业自身的情况、人材机资源的市场价格以及装饰企业之间的竞争情况，根据多年的经营管理和施工经验估算出每一个分项工程的单价，且可根据市场情况随时调整。

（3）通俗预算定额的应用

计算公式如下：

$$预算工程造价 = \Sigma （工程量 \times 单价）$$

工程量主要是计算实体工程和措施项目的施工数量。由于业主不是专业人员，对工程量计算规则没有严格的规格，一般按照对工程量的常规理解以及业主的接受程度来计算工程量，具有一定的主观性和随意性。

单价是分项工程和措施项目的单价，是完成单位的实体工程或措施项目所需要的一切费用，包括人工费、材料费、机械费、企业管理费、利润、规费、税金以及一定范围内的风险费用。

预算工程造价即装饰工程中所有分项工程或措施项目所需要的一切费用之和。

特别提示：

表1-3为某装饰公司的家装预算定额，将装饰工程按空间和类别划分为基础工程、客餐厅走道、主卧室、次卧室、书房、厨房、卫生间、阳台、楼梯主体、安装工程、其他工程等工程项目（第一级划分），在每个工程项目中详细地列出有可能产生的所有分项工程和措施项目（第二级划分）。

表1-3中各分项工程的单价为材料单价和人工单价之和。事实上单价是指完成单位的实体工程或措施项目所需要的一切费用，包括人工费、材料费、机械费、企业管理费、利润、规费、税金以及一定范围内的风险费用。但为了便于没有任何专业知识的业主能更好地理解，装饰公司一般会将这些复杂的费用构成尽可能以一种最简单、最让业主接受的方式进行表达，就如表中仅仅只列出材料单价和人工单价，其实表中的材料单价和人工单价就已经包含了上述中的一切费用。

表1-3中的工程量用零表示，在应用定额时，只需要将实际的工程量计算出来填入即可。工程量乘以单价等于各分项工程的合价，最后将所有的分项工程合价汇总相加，再按公司的具体情况计取一定的管理费便得出该工程的总造价。

序号	编号	项目名称	单位	工程量	材料	人工	单价	合计	材料工艺及说明
一		基础工程							
1	1-1	拆除门窗、门窗框	m²	0.00	4	8	12	0.00	拆除原门窗、门窗框，并用1：3水泥砂浆批荡
2	1-2	拆墙	m²	0.00	2	16	18	0.00	拆墙、装袋，不包清运
3	1-3	拆混凝土结构（墙、柱、楼梯等）	m³	0.00	30	170	200	0.00	拆除混凝土、钢筋、装袋，不包清运
……	……	……	……	……	……	……	……	……	……
53	1-53	水泥砂浆找平	m²	0.00	6	6	12	0.00	1：3水泥砂浆厚度20mm，厚度每增加5mm单价增加2元
		小计						0.00	
二		客餐厅、走道							
1	2-1	夹板吊平顶	m²	0.00	50	40	90	0.00	30×40木龙骨，5厘板面，环氧树脂填缝、细布条封缝，防潮聚酯漆二遍（不含批灰、涂料、布线）
2	2-2	夹板造型吊顶	m²	0.00	75	50	125	0.00	工程量按投影面积×1.3计算，30×40木龙骨，5厘或9厘板面，环氧树脂填缝、细布条封缝，防潮聚酯漆二遍（不含批灰、涂料、布线）
……	……	……	……	……	……	……	……	……	……
84	2-87	家私索色	m²	0.00	35	25	60	0.00	批灰、打磨，补腻子，喷涂。按面板及线条面积计算。
		小计						0.00	
三		主卧室							
1	3-1	夹板吊平顶	m²	0.00	50	40	90	0.00	30×40木龙骨，5厘板面，环氧树脂填缝、细布条封缝，防潮聚酯漆二遍（不含批灰、涂料、布线）
2	3-2	夹板造型吊顶	m²	0.00	75	50	125	0.00	工程量按投影面积×1.3计算，30×40木龙骨，5厘或9厘板面，环氧树脂填缝、细布条封缝，防潮聚酯漆二遍（不含批灰、涂料、布线）
……	……	……	……	……	……	……	……	……	……
87	3-85	床（1.00m宽，高低床）	个	0.00	1150	850	2000	0.00	15mm木芯板框架结构，内贴红榉板饰清水漆二遍，3mm榉木板（樱桃板）饰面，榉木线条收口，批灰、打磨，油底漆四遍，哑光面漆二遍（床加抽屉80元/个，普通三节滑轨）
		小计						0.00	
四		次卧							
1	4-1	夹板吊平顶	m²	0.00	50	40	90	0.00	30×40木龙骨，5厘板面，环氧树脂填缝、细布条封缝，防潮聚酯漆二遍（不含批灰、涂料、布线）
2	4-2	夹板造型吊顶	m²	0.00	75	50	125	0.00	工程量按投影面积×1.3计算，30×40木龙骨，5厘或9厘板面，环氧树脂填缝、细布条封缝，防潮聚酯漆二遍（不含批灰、涂料、布线）

序号	编号	项目名称	单位	工程量	材料	人工	单价	合计	材料工艺及说明
四		次卧							
……	……	……	……	……	……	……	……	……	……
86	4-86	写字桌（50cm以下宽）	m²	0.00	270	180	450	0.00	15mm木芯板框架结构，内贴红榉板饰清水漆二遍，3mm榉木板（樱桃板）饰面，榉木线条收口，批灰、打磨、油底漆四遍，哑光面漆二遍，普通三节滑轨
		小计						0.00	
五		书房							
1	5-1	夹板吊平顶	m²	0.00	50	40	90	0.00	30×40木龙骨，5厘板面，环氧树脂填缝、细布条封缝，防潮聚酯漆二遍（不含批灰、涂料、布线）
2	5-2	夹板造型吊顶	m²	0.00	75	50	125	0.00	工程量按投影面积×1.3计算，30×40木龙骨，5厘或9厘板面，环氧树脂填缝、细布条封缝，防潮聚酯漆二遍（不含批灰、涂料、布线）
……	……	……	……	……	……	……	……	……	……
81	5-81	写字桌（50cm以下宽）	m	0.00	270	180	450	0.00	18mm木芯板框架结构，内贴红榉板饰清水漆二遍，3mm榉木板（樱桃板）饰面，榉木线条收口，批灰、打磨、油底漆四遍，哑光面漆二遍，普通三节滑轨
		小计						0.00	
六		厨房							
1	6-1	铝扣板吊顶	m²	0.00	65	30	95	0.00	厚0.8mm国产"欧陆"牌铝扣板（56元/m²），配套龙骨，铝角收边（不含布线）
2	6-2	条扣板吊顶	m²	0.00	85	25	110	0.00	木龙骨基层，国产"欧陆"牌条扣板（54元/m²），配套龙骨，收边
……	……	……	……	……	……	……	……	……	……
25	6-25	地柜（高800以内、厚500~600有门）	m	0.00	740	160	900	0.00	优质18厘板基层，合资九厘背板，内衬合资防火板，防潮人造板柜门，PVC胶条封边，合资烟斗合页，限四个抽屉/套，普通三节抽屉轨，不含拉手、拉篮五金等。奇星人造石台面340元/m（柜门板、台面板不同可据实调差价）
		小计						0.00	
七		卫生间							
1	7-1	铝扣板吊顶	m²	0.00	65	30	95	0.00	厚0.8mm国产"欧陆"牌铝扣板（56元/m²），配套龙骨，铝角收边（不含布线）
2	7-2	条扣板吊顶	m²	0.00	85	25	110	0.00	木龙骨基层，国产"欧陆"牌条扣板（54元/m²），配套龙骨，收边
……	……	……	……	……	……	……	……	……	……
21	7-21	门扇安装	扇	0.00	55	95	150	0.00	安装人工，含合页、包安锁，批灰、打磨，聚酯漆，二底三面，每增加一遍6元/m²（不含门、门锁、拉手）
		小计						0.00	

序号	编号	项目名称	单位	工程量	材料	人工	单价	合计	材料工艺及说明
八		阳台							
1	8—1	乳胶漆	m²	0.00	9	8	17	0.00	仕全兴6600乳胶漆，双飞粉批灰批灰三遍，打磨，单色乳胶漆三遍，添加"神之光1号"空气净化宝（调色单价增加：浅色加20%，深色加40%）
2	8—2	乳胶漆	m²	0.00	19	10	29	0.00	多乐士五合一，添加"神之光1号"空气净化宝。（双飞粉批灰批灰三遍，打磨，单色乳胶漆三遍）2色以上加收20%
……	……	……	……	……	……	……	……	……	……
25	8—25	阳光棚	m²	0.00	240	80	320	0.00	25×38不锈钢管骨架，焊接、压型，铝合金压条压缝，防水防渗处理，阳光板铺面安装。按阳光板展开面积计算
		小计						0.00	
九		楼梯主体（一层）							
1	9—1	铁花护栏（扁铁）	m	0.00	150	30	180	0.00	1m以下，包安装、油漆；不含实木扶手及实木立柱（具体工艺材料按现场实际施工图确定）
2	9—2	铁花护栏（锻铁）	m	0.00	250	30	280	0.00	1m以下，包安装、油漆；不含实木扶手及实木立柱（具体工艺材料按现场实际施工图确定）
……	……	……	……	……	……	……	……	……	……
10	9—10	实木整体踏步板（30~50mm厚）	m²	0.00	360	160	520	0.00	榉木实木板现场定制，加工、磨光，安装、固定。批底灰、打磨，聚酯漆，二底三面（具体工艺材料按现场实际施工图确定）
		小计						0.00	

备注：楼梯地面施工项目按展开面积套同类项目×1.4系数；楼梯墙面、天花施工项目按展开面积套同类项目×1.15系数。扶手、立柱规格不同则另换算

十		安装工程							
1	10—1	安装插座、插座	个	0.00	0	2	2	0.00	人工、辅料
2	10—2	安装洗面盆	个	0.00	0	30	30	0.00	人工、1：2.5水泥砂浆、玻璃胶（不含下水配件）
……	……	……	……	……	……	……	……	……	……
13	10—13	安装别墅灯具	套	0.00	120	700	820	0.00	工程直接费用超过5万元以上的工程，按工程直接费用的1%收取，人工、辅料（不含灯具配件）
		小计						0.00	
十一		其他工程							
1	11—1	垃圾清理费	套	0.00	0	500	500	0.00	垃圾清理、装袋，搬运至一楼物业部门指定位置堆放。工程直接费用超过5万元以上的工程，按工程直接费用的1%收取

序号	编号	项目名称	单位	工程量	材料	人工	单价	合计	材料工艺及说明
十一		其他工程							
2	11-2	材料运输费	套	0.00	0	500	500	0.00	工程直接费用超过5万元以上的工程，按工程直接费用的1%收取
3	11-3	材料搬运费	套	0.00	0	500	500	0.00	工程直接费用超过5万元以上的工程，按工程直接费用的1%收取。五层以上含五层无电梯搬运者，此项按每层每平方增1元
		小计						0.00	
十二		工程直接费						0.00	
十三		工程管理费及税金						0.00	工程直接费×13%
十六		工程总造价						0.00	工程直接费＋管理费+税金
工程补充说明									
1	此报价不含物业管理处所收任何费用，管理处所收费用由甲方承担								
2	施工中项目和数量如有增加或减少，则按实际施工项目及数量据实结算								
3	水电工程数量为估算，以现场实际施工的数量为准结算								
4	预算内所有柜门为平开门。如设计为推拉门，则另外计算价格（推拉门吊轮及吊轨不含在推拉门报价中，应另外计算价格）								
5	本预算中15厘板为精品福汉15厘板（每张101元），18厘板为精品福汉18厘板（每张105元），12厘板为合资12厘板，9厘板为合资9厘板，5厘板为合资5厘板，3厘板为进口3厘板，内衬红榉面板（31元/张），饰清水漆二遍。榉木板45元/张，樱桃板47元/张，红胡桃39元/张，白枫板60元/张								
6	公司工程采用优质环保材料；水电材料使用国标材料；热水管使用保温套管；电路套管暗埋；框架板使用福汉木芯板；内衬红榉面板，饰清水漆二遍；面板使用不锈钢蚊钉；抽屉滑道采用滚珠轨；木制品与墙接触处有防潮处理；天花铝扣板使用0.8mm产品								
7	本预算不包拉手、把手、门锁、抽屉锁、小五金、工艺玻璃、洁具、灯具、瓷片、石材、地板、开关、插座、空开及漏电保护开关等								

表1-3中的材料工艺及说明一般是按常规的施工工艺、材料和做法对分项工程和措施项目逐项进行描述。也可以根据业主的要求进行调整。另外施工工艺、材料和做法的调整对分项工程或措施项目单价是否造成影响，需由装饰公司根据市场的实际情况与业主协商，最终达成一致。

1.2.3 两种模式比较分析

按工程量清单计价模式确定的工程造价，体现了工程造价的规范性、统一性和合理性。有利于促进施工企业改进技术、加强管理、提高劳动效率和市场竞争。按通俗的计价模式确定的工程造价虽有一定的随意性和估算性，但因其最终目的是为了能直接让非专业的业主本人理解，便于装饰公司与业主本人沟通，也体现出很强的市场竞争机制，直接与市场竞争接轨。因此，通俗的计价模式在一定的范围内存在有其自身的合理性。两种模式的特征比较见表1-4。

工程量清单计价模式与通俗的计价模式比较　　　　表1-4

内容	工程量清单计价模式	通俗的计价模式
适用范围不同	使用国有资金投资的装饰工程、非国有资金投资的中大型工程、招投标工程	小型的自有资金工程，如家装工程、小型的公装工程
计价前提不同	招标人向投标人提供统一的工程量清单	装饰公司定额和施工方案图
编制人员不同	造价工程师或预算员	设计师或预算员
工程量计算主体不同	招标人：计算清单工程量 投标人：计算定额工程量	装饰施工企业计算工程量
工程量计算依据不同	以官方发布的工程量计算规则为计算依据	按照对工程量的常规理解以及业主的接受程度来计算工程量
计价依据不同	以官方发布的计价文件为计价依据	根据自己企业的实际情况自行计价，单价的确定带有估算性
项目设置不同	项目设置具体详细，如天棚吊顶作为一个清单项目，又可细分为龙骨、基层、面层三个工程内容，合为天棚工程一个分部分项工程清单	项目设置简单直观明了，尽量避免太多复杂的专业名词和术语
工程风险不同	招标人编制清单工程量，投标人自主报价，招标人承担量的风险，投标人承担价的风险	工程量由施工方计算，单价也由施工方确定，故施工方一般要承受量和价的风险
审核的主体不同	业主委托的专业造价人员	业主本人

认知训练2

湖南省某市的办公楼单独装饰工程，其中人工费890万元，预算人工资单价按115元/工日，取费人工工资单价按60元/工日，材料费1950万元，机械费18万元，其他项目费中暂列金额40万元，安全文明施工费率为10.7025%，以取费人工费为计费基础，冬雨季施工增加费0.16%，以直接费、管理费和利润之和为计费基础，按湖南省现行的规费和税金标准（采用一般计税法），工程量清单计价模式计算该装饰工程投标报价。并将结果填入表1-5。

综合实训一　编制通俗（家装）预算文件

任务要求：根据家装或小型公装施工图和通俗预算定额，采用EXCEL软件编制通俗预算文件。

资料准备：（1）教师提供完整的家装或小型公装预算案例若干套；

（2）教师提供装饰公司的家装预算定额；

（3）教师提供纸制或CAD家装施工图，或者学生自己绘制的家装施工图；

（4）电脑机房或学生自带电脑中需安装EXCEL办公软件。

装饰工程单位工程费汇总表　　　　　　　　　　　　表1-5

序号	工程内容	计费基础说明	费率(%)	金额(元)
1	直接费用	1.1+1.2+1.3		
1.1	人工费			8900000
1.1.1	其中:取费人工费			
1.2	材料费			19500000
1.3	机械费			180000
2	费用和利润	2.1+2.2+2.3+2.4		
2.1	管理费	1.1.1	26.48	
2.2	利润	1.1.1	28.88	
2.3	总价措施项目费			
2.3.1	其中:安全文明施工费		10.7025	
2.4	规费	2.4.1+2.4.2+2.4.3+2.4.4+2.4.5		
2.4.1	工程排污费	1+2.1+2.2+2.3	0.40	
2.4.2	职工教育经费和工会经费	1.1	3.50	
2.4.3	住房公积金	1.1	6.00	
2.4.4	安全生产责任险	1+2.1+2.2+2.3	0.20	
2.4.5	社会保险费	1+2.1+2.2+2.3	3.15	
3	建安费用	1+2		
4	销项税额	3×税率	10.00	
5	附加税费	(3+4)×费率	0.36	
6	其他项目费			
	建安工程造价	3+4+5+6		

涉及知识点：

（1）装饰工程预算计价模式的概念、编制软件、编制依据、编制人员、编制特征、适用范围；

（2）通俗预算的编制方法；

（3）通俗预算定额的应用；

（4）工程量的常规计算方法。

主要步骤：

识图	熟悉预模板	确定要计算的施工项目	计算工程量	检查、打印
•熟悉、理解施工图，对施工项目做到心中有数	•对预算模板中的施工项目内容做到心中有数。	•根据施工图，确定预算模板中的施工项目，对于模板中没有的施工项目，应进行补充或参照类似施工项目确认其单价和施工做法。	•对确定的施工项目逐项计算工程量。	•检查漏项和错项；计算出总造价，打印报表。

2

第2章 装饰工程预算
定额指标的确定

2.1 装饰预算定额概述

2.1.1 装饰工程定额的概念

1. 定额的概念

定额就是规定的数额或额度，是社会物质生产部门在生产经营活动中，根据一定时期的生产水平和产品的质量要求，为完成一定数量的合格产品所需消耗的人力、物力和财力的数量标准。由于不同的产品有不同的质量要求和安全规范，因此定额不单纯是一种数量标准，而是数量、质量和安全要求的统一体。

2. 装饰工程定额的概念

装饰工程定额是指在正常施工条件下，在合理的劳动组织、合理地使用材料和机械的条件下，完成装饰工程单位合格产品所必须消耗的人工工日、材料用量、机械台班及其资金的数量标准。

1) 正常施工条件：是指绝大多数施工企业和施工队伍，在合理的组织施工情况下所处的施工条件；

2) 合理的劳动组织、合理地使用材料和机械：是指应该按照定额规定的劳动组织条件来组织生产，施工过程中应该遵守国家现行的施工规范、规程和标准等；

3) 单位合格产品：是指按定额子目中所规定计量单位的质量符合验收标准的装饰工程产品。

装饰工程定额是在一定的社会生产力发展水平条件下，完成装饰工程中的某项合格产品与各种生产要素消耗之间特定的数量关系，属于生产消费定额性质。它反映了在一定的社会生产力水平条件下建筑安装工程的施工管理和技术水平。

3. 定额水平

定额所反映的资源消耗量的大小称为定额水平，是衡量资源消耗量高低的指标，它反映了当期的生产力发展水平。定额水平受一定时期的生产力发展水平的制约。一般来说，生产力发展水平高，则生产效率高，生产过程中的资源消耗就少，定额所规定的资源消耗量就相应地降低，则定额水平高；反之，生产力发展水平低，则生产效率低，生产过程中的消耗就多，定额所规定的资源消耗量就相应地提高，称为定额水平低。目前定额水平有平均先进水平和社会平均水平两类。

2.1.2 建设工程定额的分类

建设工程定额的种类繁多，根据不同的划分方式有不同的名称。

1. 按定额构成的生产要素划分

生产过程是劳动者利用劳动手段对劳动对象进行加工的过程。显然生产活动包括劳动者、劳动手段、劳动对象三个不可缺少的要素。劳动者指生产活动各专业工种的工人；劳动手段是指劳动者使用的生产工具和机械设备；劳动对象是指原材料、半成品和构配件。按此三要素分类可分为劳动定额、材料消耗定额、机械台班消耗定额。

1）劳动定额也称人工定额，它反映生产工人劳动生产率的平均水平。根据表现形式可分为时间定额和产量定额。

时间定额：指在正常施工条件下，合理的劳动组织与合理的使用材料的条件下，某工种、某等级的工人以社会平均熟练程度和劳动强度，完成质量合格的单位产品所需要消耗的劳动时间（表2-1）。时间定额以"工日"或"工时"为单位。如工日/m²、工日/m³、工日/t等，1个工日按一个工人工作8小时计算。

产量定额：指在正常施工条件下，合理的劳动组织与合理的使用材料的条件下，某工种、某等级的工人以社会平均熟练程度和劳动强度，在单位时间里完成质量合格的产品数量。产量定额的单位是产品的单位。如m²/工日、m³/工日、t/工日。

《建设工程劳动定额—装饰工程》LD/T 73.1~4—2008摘录　　　　表2-1

大理石、花岗岩面层时间定额

工作内容：基层清扫、刷洗、水泥砂浆打底、弹线、选砖、切砖、磨砖、浸水、贴砖（板）、擦缝、清理净面以及面砖、大理石板打边磨细等全部操作过程。

单位：10m²

定额编号	BA0188	BA0189	BA0190	BA0191	BA0192	BA0193	BA0194	BA0195	序号
项目	楼地面（mm）						楼梯	台阶	
	≤800×800		>800×800		拼花	碎拼			
	单色	多色	单色	多色					
综合	1.630	1.720	1.720	1.810	2.890	2.723	3.170	2.331	一
镶贴块料	1.000	1.090	1.090	1.180	2.260	2.093	2.313	1.701	二
辅助用工	0.630	0.630	0.630	0.630	0.630	0.630	0.857	0.630	三

注：辅助用工包括调运砂浆、运块料等。

【案例2-1】某大厅粘贴800mm×800mm单色大理石地面共320m²，每天有18名专业工人投入施工，试计算完成该项工程的施工天数。

解：从表2-1中知完成10m² 800mm×800mm单色大理石地面所需的综合工日为1.63工日，320m²大理石地面铺贴所需劳动量=1.63×320/10=52.16工日。

施工天数=52.16/18≈2.9天≈3天

【案例2-2】某住宅楼楼梯贴花岗岩，楼梯总面积280m²，计划5天内完成，求完成该楼梯花岗岩铺贴需要安排的人数。

解：从表2-1知完成10m²花岗岩楼梯铺贴所需的综合工日为3.17工日，

产量定额=10m²/3.17工日≈3.155m²/工日

所需总工日数 =280/3.155=88.748 工日

需要的工人数 =88.748/5 ≈ 17.75 ≈ 18 人

【案例 2-3】 某吊顶工程测时资料表明,每完成 1m² 吊顶需消耗基本工作时间 20min,辅助工作时间、准备与结束时间、不可避免中断时间、休息时间分别占工作延续时间的比例为 4%、2%、1%、13%,试计算吊顶项目的时间定额和产量定额。

解:假定每平方米吊顶需要时间定额为 x,则

X=20+(4%+2%+1%+13%)x

=20+0.2x

=20÷(1-0.2)=25min/m²=25÷60÷8=0.052 工日 /m²

产量定额 =1÷0.052=19.23m²/ 工日

2)材料消耗定额

材料消耗定额是指在正常施工条件和合理使用材料的情况下,完成单位质量合格的产品所必须消耗材料的数量标准。材料包括原材料、成品、半成品、构配件等资源的统称。材料消耗定额在很大程度上可以影响材料的合理调配和使用。重视和加强材料定额管理,制定合理的材料消耗定额,是组织材料的正常供应,保证生产顺利进行,合理利用资源,减少积压、浪费的必要前提。

3)机械台班消耗定额

机械台班消耗定额简称机械定额。它是指在正常施工条件下,施工机械运转状态正常,并合理地、均衡地组织施工和使用机械时,机械在单位时间内的生产效率。按其表示形式的不同可分为机械时间定额和机械产量定额。

机械时间定额:在合理组织施工和合理使用机械的条件下,某种类型的机械为完成符合质量要求的单位产品所必须消耗的机械工作时间。单位以"台班"或"台时"表示。如台班 /m²、台班 /m³、台班 /t 等,1 个台班按一个台机械工作 8 小时计算。

机械产量定额:在合理组织施工和合理使用机械的条件下,某种类型的机械在单位机械工作时间内,应完成符合质量要求的产品数量。机械产量定额的单位是产品的单位。如 m²/ 台班、m³/ 台班、t/ 台班。

【案例 2-4】 某工程现场采用 400L 的混凝土搅拌机,每一次循环中需要的时间分别为装料 1min,搅拌 3min,卸料 1.2min,中断 0.5min,机械正常利用系数为 88%,试计算该搅拌机的时间定额(台班 /m³)和产量定额(m³/ 台班)。

解:混凝土搅拌机每循环一次,即生产 400L 混凝土,400L=400×0.001=0.4m³,

搅拌机每搅拌一罐混凝土所需时间 =1+3+1.2+0.5=5.7min

搅拌机工作 1 h 的产量 =0.4×(60÷5.7)=4.21m³

搅拌机工作 1 台班的产量定额 =4.21×8×88%=29.64m³/ 台班

搅拌机工作 1 台班的时间定额 =1÷29.64=0.034 台班 /m³

特别提示：

机械利用系数是指机械在施工作业班内对作业时间的利用率。

机械利用系数 = 机械净工作时间 / 机械工作班时间

2. 按编制程序和用途划分

1）施工定额

施工定额是指在正常施工条件下，为完成单位质量合格的产品所消耗的人工、材料、机械台班的数量标准。以施工过程或工序为测定对象，是施工企业为组织生产和加强管理在企业内部使用的一种定额，属于企业生产性定额。施工定额由劳动定额、材料消耗定额、机械台班消耗定额三个相对独立的部分组成，是基础性质的定额，是施工企业控制施工成本的重要依据。一般情况下，施工预算是以施工定额为依据编制的。施工定额是编制预算定额的基础。

2）预算定额

预算定额是指在编制施工图预算时，以工程中的分项工程为测定对象，为完成规定计量单位的分项工程所消耗的人工、材料、机械台班的数量标准，是一种计价性质的定额。预算定额一般是将施工定额中的劳动定额、材料消耗定额、机械台班消耗定额，经合理计算并考虑其他一些合理因素，通过对施工定额的综合扩大而编制的。在编制标底、招标控制价、投标报价所采用的是预算定额。同时预算定额是编制概算定额的依据。

3）综合预算定额

综合预算定额是编制单位工程初步设计概算和施工图预算、招标工程标底及投标报价的依据，也是承发包双方编制施工图预算、签订工程承包合同以及编制竣工结算的依据，具有概算定额和预算定额的双重作用，一般用于总承包项目中造价文件的编制。

4）概算定额

概算定额是指生产一定计量单位的合格的扩大分项工程或结构构件所需要的人工、材料和机械台班消耗的数量标准及费用标准。其项目划分的粗细与扩大初步设计的深度相适应，是在预算定额的基础上的综合扩大。概算定额是计价性质的定额，其水平一般为社会平均水平，可作为编制概算指标及估算指标的依据。

5）概算指标

概算指标比概算定额更为综合和概括。它是对各类建筑物或构筑物以面积或体积为计量单位所计算出的人工、主要材料、机械消耗量及费用的指标，是在初步设计阶段编制工程概算、计算和确定工程的初步设计概算造价和计算人工、材料、机械台班需要量时所采用的一种定额。概算指标一般是在概算定额和预算定额的基础上进一步的综合扩大而编制的，与初步设计的深度相适应。

6）估算指标

估算指标是在项目建议书和可行性研究阶段编制投资估算、计算投资需要量时使用的一种定额。它比概算指标更为综合扩大，非常概略，往往以单独的单项工程或完整的工程项目为计算对象，是一种计价性定额。估算指标是在各类实际工程的概预算和决算资料的基础上通过技术分析编制而成的，主要用于编制投资估算和设计概算、进行投资项目可行性分析、项目评估和决策，也可进行设计方案的技术经济分析，考核建设成本。

7）工期定额

工期定额是指在一定生产技术和自然条件下，完成某个单项（或群体）工程平均需用的标准天数，包括建设工期和施工工期两个层次。建设工程是指建设项目或独立的单项工程在建设过程中耗用的时间总量，一般用月数或天数表示，它从开工建设时算起到全部完成投产或交付使用时停止，但不包括由于决策失误而停（或缓）建所延误的时间。施工工期一般是指单项工程或单位工程从开工到完工所经历的时间。施工工期是建设工程一部分。工期定额是评价工程建设速度、编制施工计划、签订承包合同、评价优质工程的可靠依据，因此编制和完善工期定额具有积极意义。

3．按定额编制单位

1）全国统一定额

是由国家建设行政主管部门根据全国各专业工程的生产技术与组织管理情况而编制的、在全国范围内执行的定额。如《全国统一安装工程预算定额》、《全国统一建筑工程预算定额》、《全国统一建筑装饰装修工程消耗量定额》等。

2）地区定额

按照国家定额分工管理的规定，在国家建设行政主管部门统一指导下，由各省、直辖市、自治区建设行政主管部门根据地区工程建设特点、各地区不同的气候条件、资源条件和交通运输条件等，对国家定额进行调整、补充编制的，在其管辖的行政区域内执行的定额。各省、市、自治区的都有本地区的预算定额，如《湖南省建筑装饰装修工程消耗量标准》是湖南省的装饰预算定额。

3）行业定额

按照国家定额分工管理的规定，由各行业部门根据本行业情况编制的、只在本行业和相同专业性质使用的定额。如《建筑工程定额》、《公路工程预算定额》、《矿井建设工程定额》等。

4）企业定额

企业定额是由施工企业根据本企业的人员素质、机械装备程度和企业管理水平，参照国家、行业或地区定额自行编制的，只限于本企业内部使用的分项工程人工、材料、机械台班消耗的数量标准。企业定额反映企业管理水平的高低，其定额水平一般高于国家现行定额水平，才能满足生产技术发展、企业管理和市场竞争的需要。

5）补充定额

补充定额是随着设计、施工技术的发展，当现行定额项目缺项或不能满足实际生产需要时，由施工企业根据现场实际情况提供测定资料与建设单位或设计单位协商议定，进行定额补充。并报当地造价管理部门批准或备案。经进一步修订后，可以作为正式统一定额的备用补充资料。

2.1.3 装饰工程预算定额在工程建设中的作用

装饰工程预算定额是一种计价性的定额。在工程委托承包的情况下，它是确定工程造价的评分依据。在招标承包的情况下，它是计算标底和确定报价的主要依据。所以，预算定额在工程建设定额中占有很重要的地位。

从编制程序看，施工定额是预算定额的编制基础，而预算定额则是概算定额或估算指标的编制基础。可以说预算定额在计价定额中是基础性定额。

其主要作用和用途主要有：

1. 预算定额是编制施工图预算，确定和控制项目投资、建筑安装工程造价的基础。

2. 预算定额是对设计方案进行技术经济比较，进行技术经济分析的依据。

3. 预算定额是编制施工组织设计的依据。

4. 预算定额是工程结算的依据。

5. 预算定额是施工企业进行经济活动分析的依据。

6. 预算定额是编制概算定额和估算指标的基础。

7. 预算定额是合理编制标底、招标控制价、投标报价的基础。

特别提示：

目前，湖南省现行的装饰工程预算定额是《湖南省建筑装饰装修工程消耗量标准》（2014 版），这是计价性质的定额，反应的是湖南省地区定额的平均水平，是湖南省地区施工企业编制企业定额的重要参考依据，也是湖南省地区招标人编制标底、招标控制价的重要依据。对于没有企业定额的投标人或施工单位来说，本定额也可作为投标报价和施工图预算的依据。

认知训练 3

一、选择题

1. 根据建筑安装工程定额编制式的原则，按平均先进水平编制的是（   ）。

A. 预算定额　　　　B. 企业定额　　　　C. 概算定额　　　　D. 概算指标

2. 对于施工周转材料，能计入材料定额消耗量的是（   ）。

A. 一次使用量　　　B. 摊销量　　　　　C. 净用量　　　　　D. 回收量

3. 在编制预算定额时，对于那些常用的、主要的、价值量大的项目，分项工程划分宜细；次要的、不常用的、价值量相对较小的项目则可以放粗，这符合预算定额编制的（   ）。

A. 平均先进性原则　　　　　　　　B. 时效性原则

C. 保密原则　　　　　　　　　　　D. 简明适用的原则

4. 关于预算定额，以下表述正确的是（　　　）。

A. 预算定额是编制概算定额的基础

B. 预算定额是以扩大的分部分项工程为对象编制的

C. 预算定额是概算定额的扩大与合并

D. 预算定额中人工工日消耗量的确定不考虑人工幅度差

5. 计时观察法最主要的三种方法是（　　　）。

A. 测时法、写实记录法、混合法

B. 写实记录法、工作日写实法、混合法

C. 测时法、写实记录法、工作日写实法

D. 写实记录法、选择测时法、工作日写实法

6. 确定机械台班定额消耗量时，首先应（　　　）。

A. 确定正常的施工条件　　　　　　B. 确定机械正常的生产率

C. 确定机械工作时间的利用率　　　D. 确定机械正常的生产效率

二、思考题

1. 建筑装饰工程定额的概念及其特征是什么？

2. 根据建筑项目的建设程序，各阶段编制造价文件需要什么定额？为什么？

3. 时间定额和产量定额的概念是什么？它们有什么关系？举例说明。

4. 什么是施工定额？施工定额与预算定额有什么不同？

三、计算题

1. 办公楼粘贴 1200mm×1200mm 多色花岗岩地面共 430m²，每天有 11 名专业工人投入施工，试计算完成该项工程的施工天数。

2. 台阶面粘贴花岗岩装饰，台阶总面积 42m²，计划 1 天内完成，求完成该台阶花岗岩铺贴需要安排的人数。

2.2　装饰工程预算定额消耗量的确定

2.2.1　人工消耗量的确定

人工消耗量是指完成一定计量单位分项工程或结构构件所必需的各种用工数量，用工日表示。如水泥砂浆找平层 20mm：综合人工 3.8 工日 /100m²，指完成 100m² 质量合格的 20mm 厚的水泥砂浆找平层需要消耗掉 3.8 工日的人工用量。包括基本用工和其他用工两部分组成。

1. 基本用工：指完成某一项合格分项工程所必须消耗的技术工种用工。按技术工种相应劳动定额计算，以不同工种列出定额工日。即

$$基本用工 = \Sigma（工序工程量 × 劳动定额）$$

2．其他用工：

1）辅助用工：指技术工程劳动定额内不包括而在预算定额内又必须考虑的用工。如材料加工用工（筛砂子、洗石子）、机械土石方工程配合用工、电焊点火用工等。

2）超运距用工：指预算定额的平均水平运距超过劳动定额规定水平运距部分。

3）人工幅度差：指在劳动定额中未包括，而在计价定额中又必须考虑的用工，其内容包括：

各工种间的工序搭接及交叉作业相互配合所发生的停歇用工；

施工机械的转移及临时水、电线路移动所造成的停工；

质量检查和隐蔽工程验收工作的影响；

班组操作地点转移用工；

工序交接时对前一工序不可避免的修正用工；

施工中不可避免的其他零星用工。

3．人工消耗量的计算方法

预算定额人工消耗量＝基本用工＋其他用工

　　　　　　　　　＝基本用工＋辅助用工＋超运距用工＋人工幅度差

人工幅度差＝（基本用工＋辅助用工＋超运距用工）×（1＋人工幅度差系数）

【案例2-5】查表2-1，大理石碎拼地面综合人工2.723工日／10m²，其他用工占基本用工（时间定额）的15%，试确定该分项工程的产量定额。若大理石碎拼地面工程量为220m²，人工日工资单价120元／工日，计算人工费。

解：产量定额＝10÷2.723＝3.672m²／工日

预算消耗量＝2.723＋2.723×15%＝3.131工日／10m²

人工费＝3.131×220×120÷10＝8265.84元

【案例2-6】根据【案例2-3】可知，吊顶工程的劳动定额为0.052工日／m²，其他用工占基本用工的12%，吊顶面积共120m²，人工日工资单价120元／工日，计算人工费。

解：预算消耗量＝0.052＋0.052×12%＝0.058工日／m²

人工费＝0.058×120×120＝835.2元

2.2.2 材料消耗量的确定

1．材料消耗量概念

预算定额中的材料消耗量是指在正常施工条件下，生产单位合格产品所需消耗的材料、成品、半成品、构配件及周转性材料的数量标准。包括主要材料、辅助材料、周转材料和零星材料等。

材料消耗量由材料净用量和材料损耗量两部分构成。材料净用量指直接构成工程实体的材料。材料损耗量指不可避免的施工废料和材料施工操作损耗，称为材料损耗量。材料损耗量包括由工地仓库、现场堆放地点或施工现场加工地点到施工操作地点的运输损耗、施工操作地点的堆放损耗、施工操作时的损耗等，不包括二次搬运和规格改装的加工损耗，场外运输损耗包括在材料预算单价内。

材料消耗量 = 净用量 + 损耗量
材料损耗量 = 净用量 × 材料损耗率
材料损耗率 = 损耗量 / 净用量 ×100%
材料消耗量 = 净用量 × （1 + 材料损耗率）

2. 编制材料消耗定额的基本方法

1）观测法：指在施工现场对施工项目进行实际观察、称量和测算所完成的产品数量，以及实际使用的材料数量，并经整理计算确定其材料消耗量的一种方法。一般来说，材料消耗量定额中的净用量比较容易确定，损耗比较难确定。可通过现场技术测定法来确定材料的损耗量。

2）试验法：在实验室采用专门的仪器设备，通过实验的方法来确定材料消耗定额的一种方法。用这种方法提供的数据，虽然精确度较高，但容易脱离现场实际情况，一般适用于测定那些对强度、硬度和其他规定指标有一定要求的施工材料（如确定砂浆和混凝土单位体积的材料消耗量）。

3）统计法：通过对现场用料的大量统计资料进行分析计算的一种方法。统计法不能准确区分材料消耗的性质，因而不能区分材料净用量和损耗量，只能笼统地确定材料消耗定额。

4）理论计算法：用理论计算公式计算出产品材料的净用量，从而制定出材料的消耗定额。

上述四种制定材料消耗定额的方法，各有优缺点，在编制定额时，可采用其中一种或几种方法结合使用，相互验证。

下面举例用理论计算法确定材料用量。

（1）装饰块料（板材）用量计算

$$块料净用量(块) = \frac{100}{（块料长+灰缝宽）×（块料宽+灰缝宽）}$$

$$块料消耗量 = 块料净用量×(1+损耗率)$$

【案例 2-7】某墙面砖规格为 200mm × 300mm × 6mm，灰缝为 10mm，墙面砖的损耗率为 1.5%。

①试计算 100m² 墙面需要消耗多少平方米的墙面砖？

②若墙面工程量为 480m²，需要消耗多少块墙面砖？

解：

①墙面砖净用量 $= \dfrac{100}{(0.3+0.01) \times (0.2+0.01)} \approx 1537$ 块/100m²

墙面砖消耗量 $= 1537 \times (0.3 \times 0.2) \times (1+1.5\%) = 93.603$ m²/100m²

②墙面砖总消耗量 $= 480 \times 93.603 \div 100 = 449.294$ m²

$= 449.294 \div (0.3 \times 0.2) \approx 7489$ 块

【案例2—8】墙面石膏板隔墙，纸面石膏板规格为 2440mm×1220mm，拼缝为 3mm，损耗率为 1.5%。

①计算 100m² 石膏板隔墙需消耗多少平方米纸面石膏板？

②计算 45m² 石膏板隔墙需要消耗多少张纸面石膏板？

解：

①纸面石膏板消耗量 $= \dfrac{100}{(2.44+0.003) \times (1.22+0.003)} \times 2.44 \times 1.22$

$\times (1+1.5\%) \approx 101.13$ m²/100m²

②纸面石膏板总消耗量 $= 101.13 \div (2.44 \times 1.22) \div 100 \times 45 \approx 16$ 张

（2）砂浆用量计算

灰缝材料净用量 =（100− 块料长 × 块料宽 × 块料净用量）× 灰缝厚（块料厚）

灰缝材料消耗量 = 灰缝材料净用量 ×（1+ 损耗率）

结合层材料净用量 =100× 结合层厚

结合层材料消耗量 = 结合层材料净用量 ×（1+ 损耗率）

【案例2-9】根据【案例2—7】，若墙面砖采用 20mm 厚的 1：3 水泥砂浆粘贴，1：1 的水泥砂浆勾缝，墙面砂浆的损耗率为 2%。

①试计算 100m² 墙面砖粘贴水泥砂浆的消耗量；

②若墙面工程量为 480m²，计算水泥砂浆消耗量。

解：

① 1：3 水泥砂浆净用量 $= 100 \times 0.02 = 2$ m³/100m²

1：3 水泥砂浆消耗量 $= 2 \times (1+2\%) = 2.04$ m³/100m²

1：1 水泥砂浆净用量 $=（100−0.3 \times 0.2 \times 1537）\times 0.006$

$= 0.047$ m³/100m²

1：1 水泥砂浆消耗量 $= 0.047 \times (1+2\%) = 0.048$ m³/100m²

② 1：3 水泥砂浆总消耗量 $= 480 \times 2.04 \div 100 = 9.79$ m³

1：1 水泥砂浆总消耗量 $= 480 \times 0.048 \div 100 = 0.23$ m³

【案例2-10】若工程地面贴 800mm×800mm 的地面砖，用 1：4 的水泥砂浆粘贴，总共用了 2.02m³ 的水泥砂浆贴了 100m² 的地面，砂浆损耗率为 1%，计算结合层的厚度。

解：砂浆的净用量 =2.02÷（1+1%）=2m³

结合层厚度 =2÷100=0.02m=20mm

（3）油漆涂料用量计算

油漆的消耗量与涂布率有关。

理论涂布率：指在完全光滑平整且无毛孔的玻璃表面，1kg 油漆形成规定的干膜厚度后所覆盖的面积（m²/kg）。涂布率与干膜厚度有关，越厚涂布率越小，反之则越大。

实际涂布率：在实际施工中，1kg 油漆形成规定的干膜厚度后所覆盖的面积。油漆的实际涂布率一般小于理论涂布率，将各种因素造成的油漆增加的用量，我们称为损耗。损耗由损耗率表示。

油漆损耗的主要构成：①施工部位表面粗糙造成的损耗；②涂抹厚度不均匀造成的损耗；③施工浪费：指油漆未到达施工部位表面而散失到周围环境或地面的浪费，如无空气喷涂散失油漆约 10%~20%，有空气喷涂散失油漆 50% 以上，滚涂约损失 5%，刷涂相对少一些；④容器内残留油漆的浪费。

在施工过程中，由于受外界变量影响较大，油漆的消耗量无法像其他材料有固定的值可以使用，一般采用以下方法：

①理论公式计算法：

油漆消耗量＝理论用量 ×（1+ 损耗率）

理论用量 =1÷ 理论涂布率

②按油漆生产厂家的使用说明书中的规定计算。

【案例 2-11】某品牌油漆使用说明书，干膜厚度 0.1mm，油漆固体含量为 65%，理论涂布率 6.5m²/L，施工方法为喷涂，分布不均匀损耗率为 20%，施工浪费率 10%，油漆内残留 5%。

①计算油漆的实际涂布率和消耗量；

②计算 310m² 教室墙面所需的涂料消耗量。

解：

①理论用量 =1÷6.5 L/m²

实际单位消耗量（实际用量）=1÷6.5×（1+35%）=0.2077L/m²

实际涂布率 =1÷0.2077=4.815m²/L

②所需涂料消耗量 =0.2077×310=64.387L

【案例 2-12】某幼儿园涂刷黄色乳胶漆 130m²，该乳胶漆理论涂布率为 7.69m²/kg，损耗率为 35%，计算需要多少千克（kg）油漆？

解：

理论净用量 =1÷7.69=0.13kg/m²

油漆消耗量 =0.13×（1+35%）=0.1755kg/m²

油漆总消耗量 =0.1755×130=22.815kg

特别提示：

油漆的常用单位是 L 和 kg，L 是容量单位，kg 是质量单位。需要知道油漆的密度值（比重）才能对二者之间进行精确换算，不同颜色、不同品种、不同品牌的油漆，比重都是不一样的。通常按 1kg ≈ 1.2L 计算。

（4）木龙骨用量计算

木龙骨消耗量与木龙骨间距、截面尺寸和损耗率有关，一般按立方米（m³）计算。

木龙骨净用量＝龙骨截面积 × 单根龙骨长度 × 根数

木龙骨消耗量＝木龙骨净用量 ×（1＋损耗率）

龙骨截面积＝木龙骨截面长 × 截面宽

单根龙骨长度：根据图中尺寸计算。

根数＝布置范围尺寸 ÷ 龙骨间距＋1，四舍五入取整。

【案例 2–13】某教室净高 2.8m，净宽 4.2m，采用双向木龙骨、纸面石膏板隔成两间小教室，上、下槛龙骨截面尺寸为 50mm×100mm，中间龙骨采用 40mm×50mm 双向间距 300mm，龙骨损耗率为 5%。

①计算教室隔墙龙骨消耗量；

②计算 100m² 隔墙的龙骨消耗量。

解：

① 50mm×100mm 龙骨消耗量 =4.2×2×0.05×0.1×（1+5%）=0.044m³

40mm×50mm 竖向龙骨根数 =4.2÷0.3+1=15（根）

40mm×50mm 横向龙骨根数 =2.8÷0.3-1=8（根）

40mm×50mm 龙骨消耗量 =（2.8×0.04×0.05×15+4.2×0.04×0.05×8）×（1+5%）=0.159m³

② 100m² 隔墙的 50mm×100mm 龙骨消耗量 =0.044÷（2.8×4.2）×100 =0.374m³/100m²

100m² 隔墙的 40mm×50mm 龙骨消耗量 =0.159÷（2.8×4.2）×100 =1.352m³/100m²

2.2.3　机械台班消耗量的确定

预算定额中的机械台班消耗量是指在正常施工条件下，生产单位合格产品必须消耗的某种型号施工机械台班数量。预算定额中的机械台班消耗量指标，一般是按施工定额中的机械台班产量，并考虑一定的机械幅度差进行计算的。

预算定额机械台班消耗量＝施工定额机械台班消耗量 ×（1＋机械幅度差系数）

预算定额中的机械幅度差包括：施工技术原因引起的中断及合理停置时间；因供电供水故障及电线路移动检修而发生的运转中断及合理停置时间；因气候原因或机械本身故障引起的中断时间；各工种之间的工序搭接及交叉作业相互配合或影响所发生的机械停歇时间；施工机械在单位工程之间转移所造成

的机械中断时间；因质量检查和隐藏工程验收工作的影响而引起的机械中断时间；施工中不可避免的其他零星的机械中断时间等。

【案例 2-14】根据【案例 2-4】可知，400L 的混凝土搅拌机的时间定额为 0.034 台班 /m³，机械幅度差为 15%，计算该机械的预算定额台班消耗量。

解：预算定额机械台班消耗量 =0.034×（1+15%）=0.039 台班 /m³

特别提示：

预算定额中的消耗量一般是将施工定额中的劳动定额、材料消耗定额、机械台班消耗定额，经合理计算并考虑其他一些合理因素而综合编制的。如人工消耗量考虑了其他用工；材料消耗量的确定方法与施工定额中材料消耗量的确定方法一样，但是预算定额中材料损耗率的损耗范围比施工定额中材料损耗范围更广，必须考虑整个施工现场范围内材料堆放、运输、制备及施工过程中的损耗；机械台班消耗量在施工定额的基础上考虑了机械幅度差等。因此，预算定额中的数据要比施工定额中的数据大，定额水平比施工定额低。施工企业对外部采用预算定额进行报价，对内部采用施工定额指导施工，控制成本。

认知训练 4

计算题

1. 某墙面装饰工程测时资料表明，每完成 $1m^2$ 墙面软包装饰需消耗基本工作时间 19min，辅助工作时间、准备与结束时间、不可避免中断时间、休息时间分别占工作延续时间的比例为 6%、3%、2%、15%，试计算吊顶项目的时间定额和产量定额。

2. 查劳动定额得，600mm×600mm 花岗岩多色铺贴，综合人工 1.72 工日 /10m²，其他用工占基本用工的 15%，试确定该分项工程的产量定额。若花岗岩多色铺贴面积共 310m²，人工日工资单价 120 元 / 工日，计算人工费。

3. 某 地 面 铺 贴 地 面 砖，工 程 量 为 567m²，地 面 砖 规 格 为 600mm×600mm×10mm，灰缝为 10mm，采用 30mm 厚的 1：2 水泥砂浆粘贴，1：1 的水泥砂浆勾缝，地面砖和砂浆的损耗率均为 1%，试计算 100m² 地面需要消耗多少 m² 的地面砖？总共需要消耗多少块地面砖？水泥砂浆的总消耗量是多少？

4. 内墙粘贴墙面砖，用 1：3 的水泥砂浆密缝粘贴，100m² 的内墙总共用了 2.04m³ 的水泥砂浆，砂浆损耗率为 2%，计算结合层的厚度。

5. 儿童游乐场涂刷果绿色乳胶漆 180m²，该乳胶漆理论涂布率为 8.12m²/kg，损耗率为 10%，计算需要多少千克（kg）油漆？

6. 木制墙裙高 1.2m，长 108m，采用双向木龙骨、9 厘板基层、胡桃木饰面板面层、刷清漆，竖向龙骨 50mm×50mm，间距 400mm，水平龙骨 30mm×40mm，间距 300mm，龙骨、基层和饰面板的损耗率均为 5%，清漆涂布率为 7.01m^2/kg，损耗率为 10%，计算木制墙裙的材料总消耗量和 100m^2 墙裙材料的消耗量。

2.3 装饰工程预算单价的确定

2.3.1 人工日工资单价确定

1. 人工日工资单价概念

日工资单价是指施工企业平均技术熟练程度的生产工人在每工作日（国家法定工作时间内）按规定从事施工作业应得的日工资总额。

工程造价管理机构确定日工资单价应通过市场调查、根据工程项目的技术要求，参考实物工程量人工单价综合分析确定，最低日工资单价不得低于工程所在地人力资源和社会保障部门所发布的最低工资标准的：普工 1.3 倍、一般技工 2 倍、高级技工 3 倍。

2. 人工日工资单价的确定

人工日工资单价计算公式如下：

$$日工资单价＝\frac{生产工人平均月工资(计时、计件)＋平均月（奖金＋津贴补贴＋特殊情况下支付的工资）}{年平均每月法定工作日}$$

工程计价定额不可只列一个综合工日单价，应根据工程项目技术要求和工种差别适当划分多种人工单价，确保各分部工程人工费的合理构成。

3. 影响人工单价的因素

1）社会平均工资水平；

2）生活消费指数；

3）人工单价的组成内容；

4）劳动力市场供需变化；

5）国家政策的变化；

6）政府推行的社会保障和福利政策也会影响人工单价的变动。

特别提示：

各地区对当地的人工工资单价都有相应的规定，如：湘人社发〔2017〕42号《湖南省人力资源和社会保障厅关于湖南省 2017 年调整最低工资标准的通知》规定：

一、人工工资单价适用范围

本通知所称人工工资单价（表 2-2）包括建安工程与装饰工程的最低工资单价和综合工资单价。建安工程工资单价适用于建筑工程、安装工程、仿古建筑及园林景观工程（不含装饰部分）、市政工程（包括城市轨道交通工程）；装饰工程工资单价适用于一般工业与民用建筑的装饰工程及《湖南省仿古建筑及园林景观工程消耗量标准》中第五章木作、第六章楼地面、第七章抹灰、第九章油漆、第十章彩画工程。

二、招标投标、合同签订或工程结算时，应按以下规定执行。

1. 招标单位编制招标控制价（包括上限值、标底）时，其工资单价应按综合工资单价计取。

2. 投标单位编制工程投标报价时，可根据企业经营情况确定工资单价，但其最终体现的工资单价不得低于发布的当地最低工资单价。否则，其投标报价将按照低于成本价的规定处理。

3. 发包单位与承包单位签订施工承包合同或工程结算时，其工资单价不得低于发布的当地最低工资单价。已签订的施工合同，其工资单价低于施工期发布的当地最低工资单价时，发包单位与承包单位应另行协商签订补充协议予以调整。

三、2014年《湖南省建设工程消耗量标准》（基期基价）等建设工程计价文件的人工工资取费基价均按60元计算，超过取费基价部分按价差计算。

四、本通知自2017年11月1日起施行。2017年11月1日以前完成的工程量，其人工工资单价按原规定及合同约定执行。2017年11月1日之后完成的工程量，其人工工资单价应按合同约定及本通知进行调整。

2017年湖南省各市州建设工程人工工资单价　　　　表2-2

单位: 元／工日

地区	最低工资单价		综合工资单价	
	建安工程	装饰工程	建安工程	装饰工程
长株潭	90	110	100	120
衡阳、岳阳、益阳、常德、郴州、娄底、怀化、邵阳、永州、张家界市、自治州	80	100	88	110

2.3.2 材料单价确定

1. 材料单价的概念

材料单价是指建筑装饰材料由其来源地（或交货地点）运至工地仓库（或施工现场材料存放点）后的出库价格。材料从采购、运输到保管全过程所发生的费用，构成了材料单价。

2. 材料单价的构成

材料单价由以下费用所构成

1）材料原价（或供应价格）:材料的进价，指材料的出厂价、交货地价格、市场批发价以及进口材料货价。一般包括供销部门手续费和包装费在内。

2）材料运杂费:指材料自来源地（或交货地）运至工地仓库（或存放地点）所发生的全部费用。

3）运输损耗费:指材料在场外装卸、运输过程中发生的不可避免的合理损耗。

4）采购保管费：指材料部门在组织采购、供应和保管材料过程中所发生的各种费用。包括采购费、仓储费、工地保管费和仓储损耗。

3. 材料单价的确定方法

1）材料原价：凡同一种材料因为货源地、交货地、供货单位、生产厂家不同，而有几种原价时，根据不同来源地供货数量比例，采取加权平均的方法确定其综合原价。计算公式如下：

$$加权平均原价 = \frac{K_1C_1 + K_2C_2 + \cdots + K_nC_n}{K_1 + K_2 + \cdots + K_n}$$

式中：K_1，K_2，$\cdots$，K_n 为各不同供应地点供应量或各不同使用地点的需要量；C_1，C_2，$\cdots$，C_n 为各不同供应地点的原价。

2）材料运杂费：同一品种的材料有若干个来源地，应采用加权平均的方法计算材料运杂费。计算公式如下：

$$加权平均运杂费 = \frac{K_1T_1 + K_2T_2 + \cdots + K_nT_n}{K_1 + K_2 + \cdots + K_n}$$

式中：K_1，K_2，$\cdots$，K_n 为各不同供应地点供应量或各不同使用地点的需要量；T_1，T_2，$\cdots$，T_n 为各不同运距的运费。

3）运输损耗：在材料运输中应考虑一定的场外运输损耗费用。这是指材料在运输装卸过程中不可避免的损耗。运输损耗的计算公式是：

运输损耗 =（材料原价 + 运杂费）× 相应材料损耗率

4）采购及保管费：

采购及保管费 = 材料运到工地仓库价格 × 采购及保管费率

采购及保管费 =（材料原价 + 运杂费 + 运输损耗费）× 采购及保管费率

材料单价 =[（材料原价 + 运杂费）×〔1+ 运输损耗率（％）〕]×[1+ 采购保管费率（％）]

【案例 2-15】某工程购买 600mm × 600mm × 10mm 地砖共 3160 块，由 A、B、C 三个购买地获得（表 2-3），试计算其材料预算价格（元 /m^2）。

材料购买信息　　　　　　　　　　　　　　　表2-3

货源地	数量（块）	购买价（元/块）	运输单价（元/$m^2 \cdot km$）	运输距离（km）	装卸费（元/m^2）
A地	840	48	0.03	90	1.3
B地	1430	64	0.05	120	1.5
C地	890	52	0.05	110	1.2

注：运输损耗率2％，采购保管费率3％。

解：

1. 每平方米 600mm×600mm 地砖的块数

$$每平方米块料的块数 = \frac{1}{块料长 \times 块料宽}(块/m^2)$$

$$每平方米600mm \times 600mm地砖的块数 = \frac{1}{0.6 \times 0.6} = 2.7778块/m^2$$

2. 材料原价

$$材料加权平均原价 = \frac{840 \times 48 + 1430 \times 64 + 890 \times 52}{840 + 1430 + 890} = 56.37元/块$$

$$材料加权平均原价 = 56.37 \times 2.7778 = 156.58元/m^2$$

3. 材料运杂费

1）运输费

运输费 =0.03×90×（840÷3160）+0.05×120×（1430÷3160）+0.05×110×（890÷3160）=4.98 元 /m²

2）装卸费

装卸费 =1.3×（840÷3160）+1.5×（1430÷3160）+1.2×（890÷3160）=1.36 元 /m²

运杂费合计 =4.98+1.36=6.34 元 /m²

4. 运输损耗费

$$运输损耗费 = （156.58+6.34）\times 2\% = 3.26 元 /m^2$$

5. 采购保管费

$$采购保管费 = （156.58+6.34+3.26）\times 3\% = 4.99 元 /m^2$$

6. 材料预算价格

$$材料预算价格 =156.58+6.34+3.26+4.99=171.17 元 /m^2$$

【案例 2-16】已知某工程 32.5 硅酸盐水泥的购买信息（表 2-4），水泥的运输损耗率为 1.5%，试计算该材料的材料预算价格。

材料购买信息   表2-4

货源地	数量（t）	购买价（元/t）	运输单价（元/t·km）	运输距离（km）	装卸费（元/t）	材料采购保管费率
A地	100	320	0.6	80	15	
B地	200	335	0.7	90	12	3%
C地	400	310	0.9	110	16	

解：

1. 材料原价

$$材料加权平均原价 = \frac{100 \times 320 + 200 \times 335 + 400 \times 310}{100 + 200 + 400} = 318.57元/t$$

2．材料运杂费

1）运输费

运 输 费 $=0.6 \times 80 \times (100 \div 700) + 0.7 \times 90 \times (200 \div 700) + 0.9 \times 110 \times (400 \div 700) = 81.43$ 元 /t

2）装卸费

装卸费 $=15 \times (100 \div 700) + 12 \times (200 \div 700) + 16 \times (400 \div 700) = 14.71$ 元 /t

运杂费合计 $=81.43 + 14.71 = 96.14$ 元 /t

3．运输损耗费

运输损耗费 $= (318.57 + 96.14) \times 1.5\% = 6.22$ 元 /t

4．采购保管费

采购保管费 $= (318.57 + 96.14 + 6.22) \times 3\% = 12.63$ 元 /t

5．材料预算价格

材料预算价格 $=318.57 + 96.14 + 6.22 + 12.63 = 433.56$ 元 /t

【案例 2-17】某工程需要消耗 1：3 水泥砂浆 43m³，已知材料预算单价：粗净砂 145 元 /m³，水泥 32.5 级 0.42 元 /kg，水 4.2 元 /m³。

①计算 1：3 水泥砂浆的预算单价；

②计算原材料消耗量。

解：

①查配合比表（附录1），计算 1：3 水泥砂浆预算单价：

1：3 水泥砂浆预算单价 $=145 \times 1.22 + 0.42 \times 408 + 4.2 \times 0.3 = 349.52$ 元 /m³

②原材料消耗量：

粗净砂： $1.22 \times 43 = 52.46$ m³

水泥 32.5 级： $408 \times 43 = 17544$ kg

水： $0.3 \times 43 = 12.9$ m³

2.3.3 机械台班单价确定

施工机械台班单价是指一台施工机械，在正常运转条件下，一个工作班中所发生的全部费用，每台班按 8 小工作制计算。

1．机械台班单价的构成

机械台班单价由折旧费、大修理费、经常修理费、安拆费及场外运输费、机上人工费、燃料动力费、养路费及车船使用税七项内容组成。其中又分为不变费用和可变费用两部分。

不变费用：根据主管部门的规定和机械年工作台班制度确定的，它不管机械是否开动以及施工地点和条件的变化都要支出，是一种比较固定的经常性费用，应按全年的费用分摊到每一台班中去。包括机械的折旧费、大修理费、经常修理费、安拆及场外运费。

可变费用：它是以每台班实物消耗指标的形式表示的，即机械开动或运转时才会发生的费用，在使用时随工程所在地的人工、动力燃料、养路费及车船使用税的标准不同而不同,应根据有关的文件或规定计算确定。包括人工费、燃料动力费、养路费及车船使用税。

机械台班单价＝台班折旧费＋台班大修费＋台班经常修理费＋台班安拆费及场外运费＋台班人工费＋台班燃料动力费＋台班车船税费

1）折旧费的组成及确定

折旧费是指施工机械在规定使用期限内，每个台班所摊的机械原值及支付贷款利息（时间价值系数）的费用。

台班折旧费＝[机械预算价格×（1－残值率）×时间价值系数]÷耐用总台班

（1）机械预算价。

机械预算价格按机械出厂（或到岸完税）价格，及机械以交货地点或口岸运至使用单位机械管理部门的全部运杂费计算。

（2）残值率。是指机械报废时回收的残值占机械原值（机械预算价格）的比率。目前,我国对残值率已经没有硬性规定。通常情况下,运输机械为2%，特大型机械为3%，中小型机械为4%，掘进机械为5%。

（3）贷款利息系数。

$$时间价值系数 =1 + （N + 1）/2i$$

式中　N——国家有关文件规定的此类机械折旧年限；

i——当年银行贷款利率。

（4）耐用总台班。机械耐用总台班即机械使用寿命，指机械在正常施工作业条件下，从投入使用直到报废为止，按规定应达到的使用总台班数。

【案例2-18】已知某中小型施工机械预算价格为40万元，残值率4%，其耐用总台班为3200班，时间价值系数为1.6，则该机械的台班折旧费是多少？

解：　台班折旧费＝400000×1.6×（1－4%）÷3200＝192元／台班

2）大修理费组成及确定

大修理费是指机械设备按规定的大修间隔台班必须进行大修理，以恢复机械正常功能所需的费用。

（1）一次大修费。按机械设备规定的大修理范围和工作内容，进行一次全面修理所需消耗的工时、配件、辅助材料、油燃料以及送修运输等全部费用计算。

（2）寿命周期大修理次数。为恢复原机功能按规定在寿命期内需要进行的大修理次数。

台班大修理费＝（一次大修理费×寿命周期内大修理次数）÷
耐用总台班寿命期大修理次数＝大修周期－1

【案例2-19】某6t载重汽车一次大修理费为1万元,大修理周期为3个．耐用总台班为1650台班，试求台班大修理费。

解：由上述条件：

台班大修理费 =[10000×（3-1）]÷1650=12.12元／台班

3）经常修理费的组成及确定

经常修理费是指机械在寿命期内除大修理以外的各级保养（包括一、二、三级保养）以及临时故障排除和机械停置期间的维护等所需各项费用；为保障机械正常运转所需替换设备，随机工具、器具的摊销费用及机械日常保养所需润滑擦拭材料费之和，分摊到台班费中，即为台班经修费。

台班经常修理费 ＝ 台班大修费 ×k

k＝ 机械台班经常修理费 ÷ 机械台班大修理费

4）安拆费及场外运输费的组成和确定

（1）安拆费。指机械在施工现场进行安装、拆卸所需人工、材料、机械和试运转费用，包括机械辅助设施（如基础、底座、固定锚桩、行走轨道、枕木等）的折旧、搭设、拆除等费用。

（2）场外运费。指机械整体或分体自停置地点运至现场或某一工地运至另一工地的运输、装卸、辅助材料以及架线等费用。

台班安拆费及场外运输费 ＝ (机械一次安拆费及场外运输费 × 年平均安拆次数) ÷ 年工作台班 ＋ 台班辅助设施摊销费

台班辅助设施摊销费 ＝ (一次运输及装卸费 ＋ 辅助材料一次摊销费 ＋ 一次架线费) × 年运输次数 ÷ 年工作台班

应当注意，大型机械的安拆费和场外运输费不包括在机械台班单价内，而作为措施项目费，在编制预算时需单独计算。

【案例 2-20】某施工机械年工作 240 台班，年平均安拆 0.5 次，机械一次安拆费为 25000 元，台班辅助设施费为 150 元／台班，该施工机械的台班安拆费为多少元？

解：台班安拆费 ＝（25000×0.5）÷240+150=202.08元／台班

5）燃料动力费的组成和确定

燃料动力费是指机械在运转或施工作业中所耗用的固体燃料（煤炭、木材）、液体燃料（汽油、柴油）、电力、水和风力等费用。

台班燃料动力费 ＝ 台班燃料动力消耗量 × 相应单价

台班燃料动力消耗量应以实测消耗量（仪表计量加合理损耗）为主、以现行定额消耗量和调查消耗量为辅的方法综合确定。

6）人工费的组成和确定

人工费指机上司机或副司机、司炉的基本工资和其他工资性津贴。

台班人工费 ＝ 定额机上人工工日 × 日工资单价

【案例 2-21】某 6t 载重汽车每台班的机上操作人工工日为 1.25 个，人工日工资单价为 100 元，求台班人工费。

解：由上述条件：

$$台班人工费 =1.25 \times 100=125（元／台班）$$

7）养路费及车船使用费的组成和确定

养路费及车船使用费是指机械按照国家有关规定应交纳的养路费、车船使用税，按各省、自治区、直辖市规定标准计算后列入定额。

养路费及车船使用税 = 载重量（或核定自重吨位）×（养路费标准 ×12+车船使用税标准）÷ 年工作台班

养路费单位为元／吨·月，车船使用税单位为元／吨·年。

【案例 2-22】某 15t 载重汽车有关资料如下：购买价格（辆）125000 元，残值率 6%，使用总台班 1500 台班，时间价值系数为 1.6，一次性大修理费用 4300 元，每使用 300 台班进行一次大修，经常维修系数 K=3.93，年工作台班 220，每台班消耗柴油 45.5kg，柴油单价 5.8 元 /kg，每台班需 2 个工日，人工日工资单价为 100 元／工日，每月每吨养路费 80 元／吨·月，车船使用税 360 元／吨·年，按规定年交纳保险费 9200 元，试确定台班单价。

解：根据上述信息逐项计算如下：

1. 折旧费

$$折旧费 = \frac{125000 \times (1-6\%) \times 1.6}{1500} = 125.33 元／台班$$

2. 大修理费

$$修理周期 = 1500 \div 300 = 5$$

$$大修理费 = \frac{4300 \times (5-1)}{1500} = 11.47 元／台班$$

3. 经常修理费 $=11.47 \times 3.93=45.08$ 元／台班

4. 燃料动力费 $=45.5 \times 5.8=263.9$ 元／台班

5. 机上人工费 $=2 \times 100=200$ 元／台班

6. 其他费用

$$养路费 = \frac{80 \times 15 \times 12}{220} = 65.45 元/台班$$

$$车船使用税 = \frac{360 \times 15}{220} = 24.55 元/台班$$

$$保险费 = \frac{9200}{220} = 41.82 元/台班$$

其他费用合计 $=65.45+24.55+41.82=131.82$ 元/台班

7. 该载重汽车台班单价 $=125.33+11.47+45.08+263.9+200+131.82=777.60$ 元／台班

特别提示：

工程造价管理机构在确定计价定额中的施工机械使用费时，应根据《建筑施工机械台班费用计算规则》结合市场调查编制施工机械台班单价。施工企业可以参考工程造价管理机构发布的台班单价，自主确定施工机械使用费的报价，如租赁施工机械，公式为：施工机械使用费 = $\sum$（施工机械台班消耗量 × 机械台班租赁单价）

2. 影响机械台班单价的因素

1）施工机械的价格。施工机械价格影响折旧费，从而也是影响机械台班单价的重要因素。

2）机械使用年限。它不仅影响折旧费，也影响机械的大修理费和经常修理费。

3）机械的使用效率、管理和维护水平。

4）国家及地方政府征收税费的规定等。

【案例 2-23】通过查阅《湖南省建筑装饰工程消耗量标准》附录可知灰浆搅拌机 200L 的机械台班单价构成（表 2-5）：

①试计算灰浆搅拌机的定额单价；

②若实际人工单价 120 元 / 工日，电 1.22 元 /kW·h，试计算机械台班市场单价。

灰浆搅拌机200L的机械台班单价构成　　　　　表 2-5

单位：台班

序号	费用构成	单位	含量	定额单价（元）	序号	费用构成	单位	含量	定额单价（元）
1	机上人工	工日	1	70	5	大修理费	元	0.83	1
2	电	kW·h	8.61	0.99	6	经常修理费	元	3.32	1
3	管理费	元	0.27	1	7	折旧费	元	3.78	1
4	安拆费及场外运费	元	5.47	1					

解：

折旧费、经常修理费、大修理费、安拆费及场外运费为不变费用；人工、动力燃料为可变费用，机械管理费指养路费、车船使用税、保险费等，在使用时随工程所在地的标准不同而不同，以元为单位。

①定额单价 =1 × 70+8.61 × 0.99+0.27 × 1+5.47 × 1+0.83 × 1+3.32 × 1+3.78 × 1=92.19 元 / 台班

②市场单价 =92.19+（120-70）× 1+（1.22-0.99）× 8.61=144.17 元 / 台班

2.3.4 预算定额基价的确定

预算定额基价由人工费、材料费、机械费组成。计算公式如下：

分项工程定额基价＝分项工程人工费＋分项工程材料费＋分项工程机械费

式中：分项工程人工费＝Σ（人工工日消耗量 × 日工资单价）

分项工程材料费＝Σ（材料消耗量 × 材料单价）

分项工程施工机械使用费＝Σ（施工机械台班消耗量 × 机械台班单价）

【**案例 2-24**】《湖南省建筑装饰装修工程消耗量标准》（2014）节选如下，计算 100m² 大理石楼地面周长 3200mm 以内单色的人工费、材料费、机械费以及定额基价。

解：

通过查定额项目表（表 2-6）B1-16 得定额单价和消耗量计算如下：

人工费 =70×24.65=1725.5 元

材料费 =0.69×10+155×102+12×0.35+4.38×2.6+291.95×3.03+1130.45×0.1=16830.14 元

定额项目表摘录　　　　　　　　　　表2-6
三、石材块料面层

工作内容：清理基层、试排弹线、锯板修边、铺贴饰面、清理净面　　　　　　计量单位：100m²

编　号			B1-16	B1-17	B1-18	B1-19
项　目			大理石楼地面			
			周长3200mm以外		周长3200mm以外	
			单色	多色	单色	多色
基价（元）			18621.52	18697.82	27360.82	27423.12
其中	人 工 费		1725.50	1801.80	1794.80	1857.10
	材 料 费		16830.14	16830.14	25500.14	25500.14
	机 械 费		65.88	65.88	65.88	65.88
名称	代码	单位	单价	数量（消耗量）		
人工	综合人工	00001	工日	70.00	24.65	25.74	25.64	26.53
材料	白水泥	040015	kg	0.69	10.00	10.00	10.00	10.00
	大理石板600mm×600mm（综合）	060030	m²	155.00	102.00	102.00	—	—
	大理石板1000mm×1000mm（综合）	060029	m²	240.00	—	—	102.00	102.00
	石料切割锯片	410599	片	12.00	0.35	0.35	0.35	0.35
	水	410649	m³	4.38	2.60	2.60	2.60	2.60
	水泥砂浆1:4	P10-6	m³	291.95	3.03	3.03	3.03	3.03
	水泥108胶浆	P10-10	m³	1130.45	0.10	0.10	0.10	0.10
机械	灰浆搅拌机200L	J6-16	台班	92.19	0.52	0.52	0.52	0.52
	石料切割机	J12133	台班	10.68	1.68	1.68	1.68	1.68

机械费 $=92.19 \times 0.52 + 10.68 \times 1.68 = 65.88$ 元

定额基价 $=1725.5 + 16830.14 + 65.88 = 18621.52$ 元

按照【案例2-24】的过程，计算出各分项工程人工、材料、机械台班消耗量以及人工单价、材料单价、机械台班单价，汇总计算各分项工程的定额基价，并将各分项工程按一定的顺序汇编成分部工程，然后按照施工顺序、项目特点装订成册即为装饰工程预算定额。

认知训练5

一、思考题

1. 预算人工工资单价由哪几部分组成，如何确定？

2. 预算材料单价由哪几部分组成，如何确定？

3. 预算机械台班单价由哪几部分组成，如何确定？

二、计算题

1. 某工程楼地面使用的陶瓷地面砖（300mm×400mm），购买数量及费用资料见表2-7，运输损耗率1.5%，采购保管费率2%，试计算其材料预算价格（元/m²）。

材料购买信息　　　　　　　　　　　　　表2-7

货源地	数量 （块）	购买价 （元/块）	运输单价 （元/m²·km）	运输 距离 （km）	装卸费 （元/m²）	备注
A地	400	5	0.02	50	1.3	汽车运输
B地	800	4.5	0.04	420	1.1	火车运输
C地	1200	4	0.01	900	1.2	火车运输

2. 砖内墙墙面抹水泥砂浆，工程量182m²，已知材料预算单价：粗净砂145元/m³，水泥32.5级0.42元/kg，水4.2元/m³，查找定额子目和配合比表，计算半成品材料的预算单价、原材料消耗量、工料单价以及人工费、材料费和机械费。

3. 某15t自卸汽车有关资料如下：购买价格（辆）320000元，残值率6%，而用总台班4200台班，时间价值系数为1.6，大修理间隔台班750台班，大修理费用12000元，经常维修系数 $K=1.52$，年工作台班280，每台班消耗柴油51.2kg，柴油单价4.32元/kg，每台班需2个工日，人工日工资单价为100元/工日，每月每吨养路费120元/吨·月，车船使用税320元/吨·年，按规定年交纳保险费8000元，试确定台班单价。

4. 已知汽车式起重机（提升质5t）定额单价为465.19元/台班。查阅《湖南省建筑装饰工程消耗量标准》附录可知汽车式起重机（提升质 5t）的机械台班单价构成（表 2-8），若实际人工单价 102 元 / 工日，汽油 7.22 元 /kg，试计算机械台班市场单价。

汽车式起重机（提升质5t）的机械台班单价构成 　　表2-8

序号	费用构成	单位	含量	定额单价（元）	序号	费用构成	单位	含量	定额单价（元）
1	机上人工	工日	1	60	5	大修理费	元	31.74	1
2	汽油	kg	23.3	9.17	6	经常修理费	元	65.7	1
3	管理费	元	3.69	1	7	折旧费	元	87.08	1
4	其他材料费	元	3.32	1					

3

第3章 装饰工程预算定额
的应用

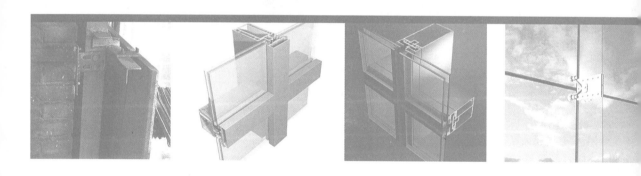

3.1 装饰工程预算定额的组成

装饰工程预算定额由一般楼地面工程、墙柱面工程、天棚工程、门窗工程、油漆涂料裱糊工程、其他工程等 6 个分部工程和装饰脚手架及项目成品保护费、垂直运输及超高增加费 4 个措施项目工程构成。由于气候和地理条件的差异，全国各个地区的预算定额略有不同，如《湖南省建筑装饰装修工程消耗量标准》是湖南省的装饰工程预算定额，以下简称预算定额，它反映了湖南省的社会平均水平，共有 8 个章节 1458 个定额子目。

预算定额通常由目录、总说明、定额章节和附录四大部分组成。

1. 目录

目录是定额的索引地图，可以起到快速定位的作用。

2. 总说明

预算定额的总说明：概述了预算定额的用途、编制依据、适用范围及有关问题的说明和使用方法等。

3. 定额章节

定额章节是定额的主体，具体包括分章说明、工程量计算规则、定额项目表三部分内容。

文字说明包括以下几个部分：

1）分章说明：介绍了分部工程（措施项目工程）包含的主要项目、编制中定额已考虑的和没考虑的因素、使用规定、特殊问题的处理方法。

2）工程量计算规则：规定了按各分项工程的工程量计算规则。

特别提示：

我们习惯上将按定额工程量计算规则计算的工程量，称为定额工程量。

3）定额项目表是装饰工程预算定额的核心内容，包括工作内容、计量单位、子目编号、子目名称、基价、（人、材、机）消耗量、单价和费用等内容见表 2-6。

4. 附录

附录主要包括人工工资单价；施工机械台班预算价格；混凝土、砂浆、保温材料配合比表；建筑材料名称、规格、质量及预算价格；定额材料损耗率等。附录是供定额换算和工料机分析用的，是使用定额的重要补充资料。

装饰工程定额应用主要包括两个方面：

一是根据清单项目所列分项工程，利用定额查出相应的人工、材料、机械台班消耗量，运用综合单价法或工料单价法以完成工程量清单报价或施工图预算；

二是利用定额求出各分项工程的所必须消耗的人工、材料及机械台班数量，汇总后得出单位装饰工程的人、材、机消耗总量，为组织人力、机械设备以及购买材料作准备。

定额的应用方法可归纳为直接套用定额子目法、定额的换算套用法、编制补充定额子目三种情况。

3.2 直接套用

定额项目的直接套用是指分项工程的内容和施工要求与定额项目中规定的各种条件和要求完全一致时，或虽然有少许不一致的地方，但影响不大，为了方便使用可直接套用定额项目中的人工、材料、机械台班的单位消耗量，并根据参考单价表。或当时当地人材机的市场价格，求出分项工程的实际工料单价和人工、材料、机械台班数量。

【案例 3-1】某单独装饰工程，地面装饰 148m²，采用 600mm×600mm的大理石，1:4 的水泥砂浆粘贴，结合层 30mm 厚，石材表面和底面需做保护处理，酸洗打蜡。预算价格显示：人工日工资单价为 120 元／工日，600mm×600mm 大理石 58 元／m²，水泥 32.5 级 0.36 元/kg，粗净砂 140.41元／m³，108 胶 2 元/kg，电 1.22 元/kW·h，其他价格不变。

①试计算该工程人工、材料、机械台班消耗量；

②计算该工程的人工费、材料费、机械费。

解：①查阅《湖南省建筑装饰装修工程消耗量标准》（表 3-1）。

定额项目表摘录　　　　　　　　　　　　　　　　　　　表3-1

计量单位：100m²

	编　号			B1-16	B1-53	B1-55	B1-97
				大理石楼地面	石材底面刷养护液	石材表面刷保护液	酸洗打蜡
	项　目			周长3200mm内	光面		楼地面
	基价（元）			18621.52	991.50	1096.50	318.50
其中	人　工　费			1725.50	346.50	346.50	318.50
	材　料　费			16830.14	645.00	750.00	0.00
	机　械　费			65.88	0.00	0.00	0.00
	名称	代码	单位	单价	数量（消耗量）		
人工	综合人工	00001	工日	70.00	24.65	4.95	4.95	4.55
材料	白水泥	040015	kg	0.69	10.00	—	—	—
	大理石板600mm×600mm（综合）	060030	m²	155.00	102.00	—	—	—
	石料切割锯片	410599	片	12.00	0.35	—	—	—
	水	410649	m³	4.38	2.60	—	—	—
	水泥砂浆1:4	P10-6	m³	291.95	3.03	—	—	—
	水泥108胶浆	P10-10	m³	1130.45	0.10	—	—	—
	石材养护液	410585	kg	30.00	—	21.50	—	—
	石材保护液	410584	kg	30.00	—	—	25.00	—
机械	灰浆搅拌机200L	J6-16	台班	92.19	0.52	—	—	—
	石料切割机	J12-133	台班	10.68	1.68	—	—	—

通过分析，该楼地面装饰做法与消耗量定额规定的内容相符合，即可直接套用消耗量定额子目 B1-16、B1-53、B1-55、B1-97，通过表中消耗量数据，计算结果如下：

工程量 =148m²

人工消耗量

综合人工：　　　　　148×（24.65+4.95+4.95+4.55）÷100=57.868 工日

材料消耗量

白水泥：　　　　　　　　　148×10÷100=14.8kg

大理石板 600mm×600mm：　148×102÷100=150.96m²

石料切割锯片：　　　　　　148×0.35÷100=0.518 片

水：　　　　　　　　　　　148×2.60÷100=3.848m³

水泥砂浆 1：4：　　　　　 148×3.03÷100=4.484m³

水泥 108 胶浆：　　　　　　148×0.1÷100=0.148m³

石材养护液：　　　　　　　148×21.5÷100=31.82kg

石材保护液：　　　　　　　148×25÷100=37kg

机械消耗量

灰浆搅拌机 200L：　　　　　148×0.52÷100=0.77 台班

石料切割机：　　　　　　　148×1.68÷100=2.486 台班

其中水泥砂浆 1：4、水泥 108 胶浆是半成品材料，应计算原材料用量。

查 1：4 水泥砂浆、水泥 108 胶浆配合比，原材料消耗量：

粗净砂：　　　　　1.22×4.484=5.47m³

水泥 32.5 级：　　　306×4.484+1526×0.148=1597.95kg

水：　　　　　　　0.3×（4.484+0.148）+3.848=5.238m³

108 胶：　　　　　267×0.148=39.516kg

②根据市场单价和需求量计算人工费、材料费、机械费

人工费

人工费：　　　57.868×120=6944.16 元

或：　　　　　(1725.50+346.50+346.5+318.5)×1.48+
　　　　　　　(120-70)×57.868=6944.16 元

取费人工费：　57.868×60=3472.08 元

或：　　　　　(1725.50+346.50+346.5+318.5)×1.48+
　　　　　　　(60-70)×57.868
　　　　　　　=3472.08 元

材料费

白水泥：　　　　　　　　　14.8×0.69=10.21 元

大理石板 600mm×600mm：150.96×58=8755.68 元

石料切割锯片：　　　　　　0.518×12=6.22 元

水：　　　　　　　　　　　5.238×4.38=22.94 元

粗净砂： 5.47×140.41=768.04 元

水泥 32.5 级： 1597.95×0.36=575.26 元

108 胶： 39.516×2=79.03 元

石材养护液： 31.82×30=954.6 元

石材保护液： 37×30=1110 元

材料费：10.21+8755.68+6.22+22.94+768.04+575.26+79.03+954.6+1110=12281.98 元

其他材料费：材料费 ×3%=12281.98×3%=368.46 元

材料费合计：12281.98+368.46=12650.44 元

机械费

根据【案例2-23】已知灰浆搅拌机 200L 台班单价：144.17 元／台班

查石料切割机台班单价构成（附录2），计算其台班单价：

石料切割机台班单价：2.82×1.22+0.19+1.76+3.88+2.06=11.33元／台班

灰浆搅拌机 200L： 0.77×144.17=111.01 元

石料切割机： 2.486×11.33=28.17 元

机械费合计： 111.01+28.17=139.18 元

特别提示：

1. 单独装饰的工程，以人工费为取费基础，应计算取费人工费，根据湘人社发〔2017〕42 号文件的规定，人工取费工资单价为 60 元／工日。

2. 在定额项目表中可查出灰浆搅拌机 200L：92.19 元／台班，石料切割机：10.68 元／台班，其中人工按 70 元／工日、电按 0.99 元/kW·h 计算，与市场价不符，因此需重新按要求计算。

3.3 定额的换算

若分项工程的内容（包括构造、材料、做法等）与定额相应项目中规定的内容不完全符合时，如果定额允许换算或调整，则应在规定范围内进行换算或调整，确定项目人工、材料、机械台班消耗量。换算后的定额项目编号后应加"换"字。

1. 定额换算基本思路

定额子目换算是以分项工程内容为准，将与该分项工程相近的原定额子目规定的内容进行调整和换算，即把原定额子目中分项工程不需要的内容去掉，增加原定额子目没有的而分项工程要求的内容。使原定额子目变换成与工程项目完全一致或基本一致，再套用换算后的定额项目，求得项目的人工、材料、机械台班消耗量。

2. 定额子目的换算条件

1）定额子目规定内容与分项工程内容部分不相符；

2）定额规定允许换算。

同时满足这两个条件，才能进行换算、调整，使装饰预算定额中规定的内容和施工图纸中要求的内容一致或基本一致。定额的换算实质就是按定额规定的换算范围、内容和方法，对定额项目中的人工工日、材料用量和机械台班等有关内容进行调整的工作。定额是否允许换算应按定额总说明、分部工程说明、各分项工程定额表的"附注"以及定额管理部门关于定额应用问题的解释。

3.3.1 增减项换算

增减项换算：指在基本项的基础上按定额规定增减的工作内容（如砂浆厚度、油漆遍数、抹灰遍数等）进行调整人工、材料、机械台班消耗量的方法。定额中直接列出应增减的人工工日、材料数量、机械台班或增减金额，换算时只需将定额列出的增减项（增减工日、材料、机械台数量）增减到基本项的消耗量中。

【案例3-2】某单独装饰工程混凝土楼面共230m²，采用1：3水泥砂浆找平30mm厚。已知人工日工资单价为120元／工日，电1.22元/kW·h，粗净砂145元/m³，水泥32.5级0.42元/kg，108胶2元/kg，水4.2元/m³。

①计算该工程人工、材料、机械台班消耗量；

②计算该工程人工费、材料费、机械费。

解：查定额得到以下数据（表3-2）

定额项目表摘录 表3-2

一、找平层

工作内容：清理基层、调运砂浆、抹平、压实、刷素水泥浆。 计量单位：100m²

编号					B1-1	B1-3
项目					水泥砂浆20mm混凝土上	每增减1mm
基价（元）					1357.51	53.69
其中	人 工 费				540.40	19.60
	材 料 费				785.77	33.17
	机 械 费				31.34	0.92
	名称	代码	单位	单价	数量（消耗量）	
人工	综合人工	00001	工日	70.00	7.72	0.28
材料	水	410649	m³	4.38	0.60	—
	水泥砂浆1：3	P10-6	m³	331.73	2.02	0.10
	水泥108胶浆	P10-10	m³	1130.45	0.10	—
机械	灰浆搅拌机200L	J6-16	台班	92.19	0.34	0.01

分析：1. 根据题意选择B1-1，但B1-1中1：3水泥砂浆的厚度为20mm，而实际厚度为30mm，跟实际不相符合，且定额规定，当砂浆厚度不同时，可换算。

2. B1-3直接列出应增减的人工工日、材料数量、机械台班和增减金额，换算时只需将定额列出的增减项（增减工日、材料、机械台数量）增减到基本项的消耗量中。B1-1$_换$：

对 B1-1 定额消耗量进行换算：

增加 10mm 厚应增加的人工消耗量：　　　0.28×10=2.8 工日 /100m²

增加 10mm 厚应增加的砂浆消耗量：　　　0.1×10=1m³/100m²

增加 10mm 厚应增加的灰浆搅拌机 200L 消耗量：

　　　　　　　　　　　　　　　　　　0.01×10=0.1 台班 /100m²

换算后的人工消耗量：　　　　　　　　7.72+2.8=10.52 工日 /100m²

换算后的 1：3 水泥砂浆消耗量：　　　2.02+1=3.02m³/100m²

换算后的灰浆搅拌机 200L 消耗量：　　0.34+0.1=0.44 台班 /100m²

①已知工程量：230m²，计算该工程人工、材料、机械台班消耗量

人工消耗量

　　综合人工：　　　　　　　　230×10.52÷100=24.196 工日

材料消耗量

　　水：　　　　　　　　　　　230×0.6÷100=1.38m³

　　水泥砂浆 1：3：　　　　　230×3.02÷100=6.946m³

　　水泥 108 胶浆：　　　　　230×0.1÷100=0.23m³

机械消耗量

　　灰浆搅拌机 200L：　　　　230×0.44÷100=1.012 台班

查配合比表，计算原材料的消耗量：

　　粗净砂：　　　　　　　　　1.22×6.946=8.474m³

　　水泥 32.5 级：　　　　　　408×6.946+1526×0.23=3184.948kg

　　水：　　　　　　　　　　　0.3×（6.946+0.23）+1.38=3.533m³

　　108 胶：　　　　　　　　　267×0.23=61.41kg

②根据市场单价和需求量计算人工费、材料费、机械费

人工费

　　人工费：　　　　　　　　　24.196×120=2903.52 元

　　取费人工费　　　　　　　　24.196×60=1451.76 元

材料费

　　水：　　　　　　　　　　　3.534×4.2=14.84 元

　　粗净砂：　　　　　　　　　8.474×145=1228.73 元

　　水泥 32.5 级：　　　　　　3184.948×0.42=1337.68 元

　　108 胶：　　　　　　　　　61.41×2=122.82 元

材料费合计：(14.84+1228.73+1337.68+122.82)×（1+3%）=2785.19 元

机械费

根据【案例 2-23】已知灰浆搅拌机 200L 台班单价：144.17 元 / 台班

　　灰浆搅拌机 200L：　　　　1.012×144.17=145.9 元

3.3.2 材料品种、规格不同的换算

材料品种、规格不同的换算：装饰工程的材料品种、规格繁多，通常定额只能按常见材料和施工工艺来编列定额项目，无法对每一种材料进行定额项目的编制，在套用定额子目时，常常无法找到与分项工程材料相符合的材料。当施工工艺与定额项目相同或类似时，只需对材料品种进行换算。换算主要是用设计材料代替定额中的相应材料，换算材料价格，消耗量不变。

【案例 3-3】 根据【案例 3-1】，若采用 500mm×500mm 的金象牙大理石，已知金象牙大理石的预算单价为 88 元／块，计算材料费。

解：500mm×500mm 金象牙大理石规格在周长 3200mm 以内，套用 B1-16，但该子目中的是大理石板 600mm×600mm（综合），且单价与实际不符，因此只需对材料单价进行换算，人工、材料、机械消耗量不变。

定额中大理石的单位是 m^2，实际购买单位是块，首先对单位进行转换：

金象牙大理石预算单价：1÷（0.5×0.5）×88=352 元／m^2

计算材料费

500mm×500mm 金象牙大理石材料费：150.96×352=53137.92 元

材料费合计：(10.21+53137.92+6.22+22.94+768.04+575.26+79.03+954.6+1110)×(1+3%)=58364.15 元

或：[12281.98+（352-58）×150.96]×(1+3%)=58364.15 元

【案例 3-4】 某单独装饰工程，窗台板 23m^2，采用大芯板做基层（2440mm×1220mm×18mm），水曲柳面板（2440mm×1220mm×5mm），不考虑油漆。预算单价：18mm 厚大芯板 128 元／张、水曲柳面板 86 元／张，人工工资单价 120 元／工日。

①计算该工程人工、材料、机械台班消耗量；

②计算该工程人工费、材料费、机械费。

解：根据题意，查找 B4-130 得以下数据（表 3-3）：

定额项目表摘录

表3-3
计量单位：100m²

编号		B4-130	项目名称			窗台板厚25mm装饰板面层， 大芯板基层		
名称			代码	单位	单价	数量 （消耗量）	合计	基价
人工费	人工	综合人工	00001	工日	70.00	35.64	2494.80	
材料费	材料	铁钉	030184	kg	6.30	17.00	9019.70	11514.50
		杉木锯材	050135	m^3	1870.00	0.60		
		大芯板1.8mm	050019	m^2	55.80	105.00		
		红榉木夹板	050043	m^2	17.56	110.00		

分析：1. 定额中的装饰板材是以 m^2 为计量单位的，而实际购买材料时，通常以块为单位，因此应先将预算单位换为定额单位。

大芯板预算单价： $1 \div （2.44 \times 1.22） \times 128 = 43$ 元 $/m^2$

水曲柳面板预算单价： $1 \div （2.44 \times 1.22） \times 86 = 28.89$ 元 $/m^2$

2.定额中的面板采用的是红榉木夹板，且单价与实际不符，因此只需对材料单价进行换算，人工、材料、机械消耗量不变。

①计算该工程人工、材料、机械台班消耗量

人工消耗量

综合人工： $23 \times 35.64 \div 100 = 8.197$ 工日

材料消耗量

铁钉： $23 \times 17 \div 100 = 3.91kg$

杉木锯材： $23 \times 0.6 \div 100 = 0.138m^3$

大芯板1.8cm： $23 \times 105 \div 100 = 24.15m^2$

水曲柳面板： $23 \times 110 \div 100 = 25.3m^2$

②根据市场单价和消耗量计算人工费、材料费、机械费

人工费

人工费： $8.197 \times 120 = 983.64$ 元

或： $2494.8 \times 0.23 + （120-70） \times 8.197 = 983.65$ 元

取费人工费 $8.197 \times 60 = 491.82$ 元

或： $2494.8 \times 0.23 + （60-70） \times 8.197 = 491.82$ 元

材料费

铁钉： $3.91 \times 6.3 = 24.63$ 元

杉木锯材： $0.138 \times 1870 = 258.06$ 元

大芯1.8cm： $24.15 \times 43 = 1038.45$ 元

水曲柳面板： $25.3 \times 28.89 = 730.92$ 元

材料费合计： $（24.63+258.06+1038.45+730.92） \times （1+3\%） = 2113.62$ 元

或： $[9019.7 \times 0.23 + （43-55.8） \times 24.15 + （28.89-17.56） \times 25.3] \times （1+3\%）$
$= 2113.62$ 元

3.3.3 系数调整法

系数调整法：是按定额规定的增减系数调整定额人工、材料、机械台班消耗量。用系数调整法进行调整时，只需将定额基本项目的定额含量乘以定额规定的系数。多数情况下，定额规定的系数不是对整个分项工程而言，只是对分项工程中的人工、材料（或部分材料）或机械台班规定系数，通常按规定把需要换算的人工、材料、机械台班按系数计算后，将其增减部分并入基本项内。

【案例3-5】某单独装饰工程，墙裙采用45mm×50mm竖向木龙骨，中距为50mm，工程量为185m²。

①计算该工程人工、材料、机械台班消耗量；

②若45mm×50mm木龙骨预算单价为4.3元/m，其他价格均同定额价，计算人工费、材料费、机械费。

解：根据题意，查找 B2-202 得以下数据（表3-4）：

定额项目表摘录　　　　　　　　　　表3-4

计量单位：100m²

编号		B2-202	项目名称			断面30cm²木龙骨平均中距50cm以内		
名称			代码	单位	单价	数量（消耗量）	合计	基价
人工费	人工	综合人工	00001	工日	70.00	9.00	630.00	
材料费	材料	膨胀螺栓 M8×55	010946	套	0.40	244.82	3577.01	4239.82
		铁钉	030184	kg	6.30	1.68		
		合金钢钻头	320054	个	20.00	6.06		
		杉木锯材	050135	m³	1870.00	1.79		
机械费	机械	电锤520W 小	J7-114	台班	8.99	3.03	32.81	
		木工圆锯机	J7-12	台班	30.95	0.18		

分析：1. 木龙骨在定额中称为杉木锯材，以 m³ 为计量单位，而实际购买材料时，通常以"m"为单位，因此应先将预算单价换为定额单位。

杉木锯材预算单价：1÷（0.045×0.05）×4.3=1911.11 元 /m³

2. 定额中的木龙骨基层是按双向计算的，如设计为单向时，材料、人工用量乘以系数 0.55，机械不变。

①工程量 =185m²，计算该工程人工、材料、机械台班消耗量

人工消耗量

综合人工：　　　　　　185×9×0.55÷100=9.158 工日

材料消耗量

膨胀螺栓 M8×55：　　　185×244.82×0.55÷100=249.104 套

铁钉：　　　　　　　　185×1.68×0.55÷100=1.709kg

合金钢钻头：　　　　　185×6.06×0.55÷100=6.166 个

杉木锯材：　　　　　　185×1.79×0.55÷100=1.821m³

机械消耗量

电锤 520W 小：　　　　185×3.03÷100=5.606 台班

木工圆锯机：　　　　　185×0.18÷100=0.333 台班

②根据市场单价和消耗量计算人工费、材料费、机械费

人工费

人工费：　　　　　185×9×0.55÷100×70=641.03 元

或：　　　　　　　630×1.85×0.55=641.03 元

取费人工费　　　　185×9×0.55÷100×60=549.45 元

或：　　　　　　　630÷70×60×1.85×0.55=549.45 元

材料费

膨胀螺栓 M8×55： 249.104×0.4=99.64 元

铁钉： 1.709×6.3=10.77 元

合金钢钻头： 6.166×20=123.32 元

杉木锯材： 1.821×1911.11=3480.13 元

材料费合计：(99.64+10.77+123.32+3480.13) × (1+3%)=3825.28 元

或 [3577.01×1.85×0.55+ (1911.11-1870) ×1.821] × (1+3%)

=3825.01 元

机械费

电锤 520W 小： 5.606×8.99=50.4 元

木工圆锯机： 0.333×30.95=10.31 元

机械费合计： 50.4+10.31=60.71 元

或： 32.81×1.85=60.70 元

3.3.4 比例换算法

比例换算法：以定额取定值为基准，随设计的增减而成比例地增加或减少材料用量。如：墙柱面装饰抹灰厚度与定额取定不同时，就可按比例调整定额含量。用公式表示：

$$材料实际消耗量 = \frac{设计厚度}{定额取定厚度} \times 定额消耗量$$

【案例 3-6】建筑外墙贴 200mm×150mm 的瓷板砖，采用 12mm 厚 1 ：3 水泥砂浆打底，8mm 厚 1 ：1 水泥砂浆粘贴，外墙砂浆的损耗率为 2%，已知建筑外墙贴墙砖的垂直投影面积为 5432m²。计算该工程这两种砂浆的消耗量。

解：查找定额子目 B2-134，得 100m² 消耗量数据（表 3-5）。

定额项目表摘录

表3-5

单位：100m²

名称	单位	消耗量	名称	单位	消耗量
综合人工	工日	41.48	水泥108胶浆	m³	0.1
白水泥	kg	15.5	瓷板200mm×150mm	m²	103.5
石料切割锯片	片	0.75	水	m³	1.27
108胶	kg	24.6	水泥砂浆1：1	m³	0.41
水泥砂浆1：3	m³	1.53	石料切割机	台班	1.16
灰浆搅拌机	台班	0.32			

首先应对消耗量进行换算，消耗量换算有两种方法：

方法一：

确定定额砂浆消耗量的厚度

水泥砂浆 1：1 定额厚度：0.41÷（1+2%）÷100=0.004m=4mm

水泥砂浆 1：3 定额厚度：1.53÷（1+2%）÷100=0.015m=15mm

定额厚度与设计厚度不符，需要进行换算：

水泥砂浆 1：1 实际消耗量：（8÷4）×0.41=0.82m³

水泥砂浆 1：3 实际消耗量：（12÷15）×1.53=1.224m³

方法二：

消耗量 = 净用量 ×（1+ 损耗率）

水泥砂浆 1：1 实际消耗量：（0.008×100）×（1+2%）=0.82m³

水泥砂浆 1：3 实际消耗量：（0.012×100）×（1+2%）=1.224m³

工程量：5432m²

该工程水泥砂浆 1：1 消耗量：5432×0.82÷100=44.54m³

水泥砂浆 1：3 消耗量：5432×1.224÷100=66.49m³

人工、其他材料、机械台班消耗量不变。

3.3.5 砂浆配合比换算

砂浆配合比换算：设计砂浆配合比与定额取定不同，必然会引起价格的变化，定额规定应进行换算的，则应换算。配合比的改变，不会影响半成品消耗量，但半成品中原材料的含量发生了变化，单位半成品中原材料的含量改变，也就意味着半成品的单价改变。

【案例 3-7】根据【案例 3-1】，若用 20mm 厚水泥砂浆 1：2 的水泥砂浆粘贴 600mm×600mm 大理石，其他条件不变，计算该例的人工费、材料费、机械费。

解：

分析：配合比的改变，半成品的单价也会随之改变，但配合比的改变不会影响半成品消耗量；结合层厚度的减少，消耗量也会随之减少，但不会影响半成品的单价；当两种情况都出现时，即要对材料单价进行换算，又要对消耗量进行换算。

通过查配合比，对材料单价进行换算：

水泥砂浆 1：4 预算单价：

1.22×140.41+306×0.36+0.3×4.38=282.774 元 /m³

水泥砂浆 1：2 预算单价：

1.11×140.41+557×0.36+0.3×4.38=357.689 元 /m³

通过【案例 3-1】已知 148m³ 楼面粘贴 30mm 厚 1：4 水泥砂浆消耗量共计 4.484m³。对材料消耗量进行换算：

根据定额中楼地面工程分部说明规定：镶贴块料的水泥砂浆结合层厚度与消耗量标准取定的厚度不同者，可按找平层每增减 1mm 项目调整。

查找定额 B1-3 可知，楼地面水泥砂浆每增减 1mm，应增减的消耗量为：人工工日 0.28 工日，水泥砂浆 0.1m³，灰浆搅拌机 0.01 台班。

人工费、材料费、机械费计算如下：

人工费

    人工费：   6944.16−0.28×10×120×1.48=6446.88 元

    取费人工费：   3472.08−0.28×10×60×1.48=3223.44 元

材料费

    材料费合计：   12281.98+（357.689−282.774）×4.484=12617.9 元

                （当采用 30mm 厚 1 : 2 水泥砂浆时所需的材料费）

                （12617.9−0.1×10×357.689×1.48）×（1+3%）

                =12451.18 元

                （当采用 20mm 厚 1 : 2 水泥砂浆时所需的材料费）

机械费

    灰浆搅拌机 200L： 111.01−0.01×10×144.17×1.48=89.67 元

    石料切割机：   28.17 元

    机械费合计：   89.67+28.17=117.84 元

特别提示：

砂浆配合比的换算，不是计算配合比，而是根据定额附录中的砂浆配合比表，按装饰项目设计要求选用，计算设计砂浆的原材料消耗量和砂浆单价。

3.4 编制补充定额

施工图中的分项工程内容完全与定额不符，即设计时采用了新结构、新工艺、新材料等，而定额项目中尚未列入，也无类似定额子目可套用，在这种情况下，应编制补充定额，经建设方认同或报请工程造价管理部门审批后执行。

编制补充定额的方法通常有两种：一种是按照本章中所述消耗量定额的编制方法，计算人工、材料、机械台班消耗量；另一种是参照同类工序、同类型产品消耗定额计算人工、机械台班消耗量，材料消耗量按施工图样进行计算或实际测定。

特别提示：

1. 装饰定额中未列卫生洁具、装饰灯具、给水排水及电气管道等项目，均按安装工程预算定额的有关项目执行。

2. 装饰定额中未列砌墙、垫层、防水等项目，均按建筑工程预算定额的有关项目执行。

3. 装饰定额中未列打墙、拆墙、墙面抹灰的铲除等项目，均按拆除工程预算定额的有关项目执行。

认知训练 6

一、思考题

1. 装饰工程定额应用的方式有哪些?

2. 定额换算的条件是什么？定额的换算方法有哪些？

3. 定额应用在哪些方面？

二、计算题

1. 某单独装饰工程，采用大理石踢脚线水泥砂浆粘贴，工程量23m²，1 ∶ 3 的水泥砂浆粘贴，结合层25mm厚。预算价格显示：人工日工资单价为120元/工日，大理石踢脚线112元/m²，水泥32.5级0.38元/kg，粗净砂145元/m³，108胶1.8元/kg，电1.22元/kW·h，水4.2元/m³，其他价格不变。

（1）计算该工程人工、材料、机械台班消耗量；

（2）计算该工程的人工费、材料费、机械费。

2. 饰面夹板窗帘盒共24m，采用大芯板做基层（2440mm×1220mm×18mm），白橡木面板（2440mm×1220mm×5mm）饰面，不考虑油漆。预算单价：18mm厚大芯板143元/张，白橡木面板92元/张，白橡木收口线2.5元/m，人工工资单价120元/工日，电1.22元/kW·h。

（1）计算该工程人工、材料、机械台班消耗量；

（2）计算该工程人工费、材料费、机械费。

3. 墙裙龙骨采用50mm×40mm竖向木龙骨，中距为300mm，工程量为185m²。

（1）计算该龙骨工程人工、材料、机械台班消耗量；

（2）若50mm×40mm木龙骨预算单价为4.1元/m，人工工资单价120元/工日，电1.22元/kW·h，其他价格均同定额价，计算人工费、材料费、机械费。

4. 卫生间墙面贴陶瓷锦砖，采用10mm厚1∶2水泥砂浆打底，5mm厚1∶1水泥砂浆粘贴，墙面砂浆的损耗率为2%，工程量为440m²。计算该工程这两种砂浆的消耗量。

招标工程量清单

辉煌装饰板 出墙140

大理石铝塑板出墙面100

木质踢脚线铺贴

墙面木质吸声板饰面（白枫木）

不锈钢栏杆安装

900

4500

6000

600

530

一、能力目标

（一）预算员资格考试

考试要求	主要内容
工程量清单文件编制	1.掌握装饰工程招标工程量清单的编制方法和程序； 2.熟悉装饰工程量清单文件的构成和编制； 3.熟悉装饰工程清单工程量计算规则

（二）实践技能

能力要点	教学内容	要求
楼地面装饰工程	1.通过案例教学，针对分部工程、单价措施项目工程，理解清单项目的划分规律，如何合理的选择清单项目； 2.项目编码的意义和规律； 3.项目特征的描述要点； 4.计量单位的选择； 5.清单工程量的计算	通过实践教学，理解分部分项清单、措施项目清单的编制原理，并能熟练的运用《房屋建筑与装饰工程工程量计算规范》GB 50854—2013编制分部分项工程清单、措施项目清单
墙、柱面装饰与隔断、幕墙工程		
天棚工程		
油漆、涂料、裱糊工程		
门窗工程		
其他装饰工程		
防水工程		
拆除工程		
单价措施项目		
总价措施项目	总价措施项目清单的编制方法	
编制其他项目清单	暂列金额、暂估计、计日工的编制方法	掌握其他项目清单中的编制主体，熟悉编制依据

二、知识目标

要点	教学内容	要求
工程量清单的组成	分部分项工程清单、措施项目清单、其他项目清单、规费税金清单	熟悉对工程量清单的组成，项目编码、项目名称、计量单位、项目特征的编写规则以及清单工程量的计算规则，掌握工程量清单的编制方法
分部分项工程清单	项目编码、项目名称、计量单位、项目特征的编写规则，清单工程量计算规则	
单价措施项目清单		
总价措施项目清单	总价措施项目清单有哪些内容组成	

三、实训任务

项目	任务	知识体系
综合实训二 编制招标工程量清单	任务1 编制楼地面工程量清单	1.清单项目的划分规律； 2.合理的选择清单项目； 3.项目编码的意义和规律； 4.项目特征的描述要点； 5.计量单位的选择； 6.各分部分项清单工程量的计算规则和计算要求
	任务2 编制墙、柱面装饰工程量清单	
	任务3 编制天棚工程量清单	
	任务4 编制门窗工程量清单	
	任务5 编制油漆涂料裱糊工程、其他工程量清单	
	任务6 编制改造工程量清单	
	任务7 编制措施项目（单价措施和总价措施）清单	1.单价措施项目清单所涉及知识体系及要求同分部分项工程； 2.总价措施项目的主要内容和作用
	任务8 编制招标工程量清单	1.其他项目清单构成和作用； 2.招标工程量清单的组成； 3.招标工程量清单报表装订顺序

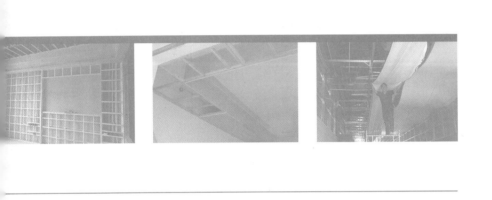

第4章 装饰工程工程量
清单的编制

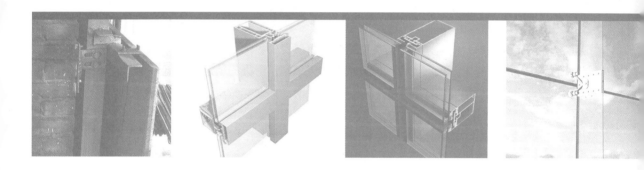

4.1 装饰工程工程量清单概述

工程量清单是建设工程招投标工作中，由招标人根据《房屋建筑与装饰工程工程量计算规范》GB 50854—2013 中统一的项目编码、项目名称、项目特征、计量单位和工程量计算规则进行编制，作为招标文件重要的组成部分。是工程量清单计价的基础性文件，是整个工程量清单计价活动的重要依据之一，贯穿整个施工过程。是招标控制价、投标报价、计算工程量、支付工程款、调整合同价款、办理竣工结算以及工程索赔等的重要依据。

工程量清单（Bill Of Quantity, BOQ）是在19世纪30年代产生的，西方国家把计算工程量、提供工程量清单专业化为业主估价师的职责，所有的投标都要以业主提供的工程量清单为基础，从而使得最后的投标结果具有可比性。

一、工程量清单的组成

根据《建设工程工程量清单计价规范》GB 50500—2013 的规定，招标工程量清单应以单位（项）工程为单位编制，由分部分项工程项目清单、措施项目清单、其他项目清单、规费和税金项目清单五项内容构成。招标工程量清单文件是由封面、总说明、分部分项工程项目清单、措施项目清单、其他项目清单、规费和税金清单七个部分构成。

二、工程量清单的编制要求

1. 工程量清单应由具有编制能力的招标人或受其委托、具有相应资质的工程造价咨询人编制。招标人是进行工程建设的主要责任主体，若招标人不具备编制工程量清单的能力，可委托工程造价咨询人编制。受委托编制工程量清单的工程造价咨询机构应依法取得工程造价咨询资质，并在其资质许可的范围内从事工程造价咨询活动。

2. 工程量清单作为招标文件的重要组成部分，其准确性和完整性由招标人负责。招标人应将工程量清单连同招标文件的其他内容一并发（或发售）给投标人，投标人依据工程量清单进行投标报价，对工程量清单不负有核实的义务，不具有修改和调整的权力。工程量清单作为投标人投标报价的共同平台，其准确性、完整性均由招标人负责。

3. 工程量清单必须依据行政主管部门颁发的工程量计算规则、分部分项工程项目划分及计算单位的规定，施工设计图纸、施工现场情况和招标文件中的有关要求进行编制。

三、工程量清单的编制依据

1.《建设工程工程量清单计价规范》GB 50500—2013、《房屋建筑与装饰工程工程量计算规范》GB 50854—2013；

2. 国家或省级、行业建设主管部门颁发的计价定额和办法；

3. 建设工程设计文件及相关资料；

4. 与建设工程有关的标准、规范、技术资料；

5. 拟定的招标文件；

6. 施工现场情况、地勘水文资料、工程特点及常规施工方案；

7. 其他相关资料。

4.2 分部分项工程项目清单编制

4.2.1 分部分项工程项目清单概述

分部分项工程项目清单是指构成建设工程实体的全部分项实体项目名称和相应数量的明细清单，由五个要件构成，即项目编码、项目名称、项目特征、计量单位和工程量。这五个要件在分部分项工程量清单的组成中缺一不可。

分部分项工程项目清单是由招标人或受其委托的具有相应资质的工程造价咨询人编制根据《房屋建筑与装饰工程工程量计算规范》GB 50854—2013 规定的"五个要件"进行编制。清单编制人不得因情况不同而变动，《房屋建筑与装饰工程工程量计算规范》GB 50854—2013 是编制清单的依据，其具体内容是以表格形式表现的（附录4）。

1. 项目编码

项目编码是分部分项工程项目清单的项目名称的数字标识，应采用12位阿拉伯数字表示，分5级。1~9位为统一编码，其中，1、2位为专业工程代码，3、4位为专业工程顺序码，5、6位为分部工程顺序码，7、8、9位为分项工程项目名称顺序码，10~12位为清单项目名称顺序码，同一招标工程的项目编码不得有重码。

统一的编码有助于统一和规范市场，方便使用者查询和输入。

1）项目编码的级、含义（表4—1）

项目编码的级、含义   表4—1

编码	××	××	××	×××	×××
级	一	二	三	四	五
含义	专业工程代码	专业工程顺序码	分部工程顺序码	分项工程项目名称顺序码	清单项目名称顺序码

2）项目编码表示的内容

（1）专业工程代码表示的内容（表4—2）

专业工程代码表示的内容   表4—2

1、2位编码	01	02	03	04	05	……
表示的内容	房屋建筑与装饰装修工程	仿古建筑工程	通用安装工程	市政工程	园林绿化工程	……

（2）专业工程顺序码表示的内容

由2位数字表示，以01房屋建筑与装饰装修工程为例（表4—3）。

房屋建筑与装饰装修工程顺序码　　　　　　　　　表4-3

编码	专业工程名称	编码	专业工程名称
0101	土石方工程	0111	楼地面装饰工程
0102	地基处理与边坡支护工程	0112	墙、柱面装饰与隔断、幕墙工程
0103	……	0113	天棚工程
……	……	0114	油漆、涂料、裱糊工程
0108	门窗工程	0115	其他装饰工程
0109	屋面及防水工程	0116	拆除工程
……	……	0117	措施项目

其中，与装饰装修工程关联较大的附录分类顺序码有0108、0109、0111~0117。

(3) 分部工程顺序码表示的内容

分部工程顺序码表示各章的节，为分部工程顺序码，由2位数字表示。以0113天棚工程为例（表4-4）。

天棚工程顺序码　　　　　　　　　表4-4

编码	分部工程	编码	分部工程
011301	天棚抹灰	011303	采光天棚
011302	天棚吊顶	011304	天棚其他装饰

(4) 分项工程项目名称顺序码表示的内容

分项工程项目名称顺序码表示各章节的不同特征，为分项工程的顺序码，由3位数字表示。以011302天棚吊顶为例（表4-5）。

天棚吊顶顺序码　　　　　　　　　表4-5

编码	分项工程	编码	分项工程
011302001	吊顶天棚	011302004	藤条造型悬挂吊顶
011302002	格栅天棚	011302005	织物软雕吊顶
011302003	吊筒吊顶	011302006	装饰网架吊顶

(5) 清单项目名称顺序码

清单项目名称顺序码表示具体的清单项目名称编码，由清单编制人根据实际情况设置，如同一规格、同一材质的项目，具有不同的项目特征时，应分别列项，此时项目的编码前九位相同，后三位不同，编制项目名称顺序码依次为001、002、003、……。例如：在同一装饰工程中，天棚工程有石膏板天棚吊顶、铝扣板天棚吊顶、矿棉板天棚吊顶、铝格栅吊顶、木格栅吊顶、织物吊顶六种做法（表4-6）。

	清单项目名称顺序码		表4-6
项目编码	项目名称	项目编码	项目名称
011302001001	吊顶天棚（石膏板）	011302002001	格栅吊顶（铝格栅）
011302001002	吊顶天棚（铝扣板）	011302002002	格栅吊顶（木格栅）
011302001003	吊顶天棚（矿棉板）	011302005001	织物软雕吊顶

特别提示：

当同一标段（或合同段）的一份工程量清单中含有多个单项或单位（以下简称单位）工程且工程量清单是以单位工程为编制对象时，在编制工程量清单时应特别注意对项目编码10~12位的设置不得有重码的规定。例如，一个标段（或合同段）的工程量清单中含有三个单位工程，每一单位工程中都有项目特征相同的石膏板吊顶，在工程量清单中又需反映三个不同单位工程的石膏板吊顶工程量时，此时工程量清单应以单位工程为编制对象，则第一个单位工程的石膏板吊顶的项目编码应为011302001001，第二个单位工程的石膏板吊顶的项目编码应为011302001002，第三个单位工程的石膏板吊顶项目编码应为011302001003，并分别列出各单位工程石膏板吊顶的工程量。

3）补充项目的编制

随着科学技术日新月异的发展，工程建设中新材料、新技术、新工艺不断涌现，本规范所列的工程量清单项目不可能包罗万象，更不可能包含随科技发展而出现的新项目。在实际编制工程量清单时，当出现本规范中未包括的清单项目时，编制人应作补充。编制人在编制补充项目时应注意以下三个方面。

（1）补充项目的编码必须按规范的规定进行。即由专业工程代码（房屋建筑与装饰装修工程01）与B和三位阿拉伯数字组成，并应从01B001起顺序编制，同一招标工程的项目不得重码。

（2）在工程清单中应附补充项目的项目名称、项目特征、计量单位、工程量计算规则和工作内容。

（3）将编制的补充项目报省级或行业工程造价管理机构备案。

2．项目名称

分部分项工程项目清单的设置是以形成工程实体为原则，它是计量的前提。分部分项工程项目清单的项目名称应按《房屋建筑与装饰工程工程量计算规范》GB 50854—2013的项目名称结合拟建工程的实际确定，清单项目名称均以工程实体命名。实体是指工程项目的主要部分。

3．项目特征

项目特征是确定一个清单项目综合单价不可缺少的重要依据，在编制工程量清单时，必须对项目特征进行准确和全面的描述。但有些项目特征用文字往往又难以准确和全面的描述。为达到规范、简洁、准确、全面描述项目特征的要求，在描述工程量清单项目特征时应按以下原则进行。

1）项目特征描述的内容应按《房屋建筑与装饰工程工程量计算规范》GB 50854—2013 中的规定，结合拟建工程的实际，满足确定综合单价的需要。

2）若采用标准图集或施工图纸能够全部或部分满足项目特征描述的要求，项目特征描述可直接采用见 ×× 图集或 ×× 图号的方式。对不能满足项目特征描述要求的部分，仍应用文字描述。

特别提示：

项目特征是区分清单项目的依据，没有项目特征的准确描述，对于相同或相似的清单项目名称，就无从区分；项目特征是确定综合单价的前提，对项目特征描述得准确与否，直接关系到工程量清单项目综合单价的准确确定；项目特征是履行合同义务的基础，如果项目特征描述不清甚至漏项、错误，从而引起在施工过程中的更改，引发分歧，导致纠纷。

4. 计量单位

应按《房屋建筑与装饰工程工程量计算规范》GB 50854—2013 中规定的计量单位确定。如墙面一般抹灰的计量单位为"m²"，现浇混凝土的计量单位为"m³"，钢筋的计量单位为"t"，木窗帘盒的计量单位为"m"，门窗套的计量单位为"樘"、"m²"、"m"。

当计量单位有两个或两个以上时，应根据所编工程清单项目的特征要求，选择最适宜表现该项目特征并方便计量的单位。

5. 工程量

工程量清单中所列工程量应按《房屋建筑与装饰工程工程量计算规范》GB 50854—2013 中规定的工程量计算规则计算。

工程数量的有效位数应遵守下列规定：

1）以"t"为单位，应保留小数点后三位数字，第四位小数四舍五入；

2）以"m"、"m²"、"m³"、"kg"为单位，应保留小数点后两位数字，第三位小数四舍五入；

3）以"个"、"件"、"根"、"组"、"系统"为单位，应取整数。

认知训练 7

一、选择题

1. 根据《建设工程工程量清单计价规范》GB 50500—2013 中的规定，工程量清单项目编码的第四级表示（   ）。

A. 分类码　　　B. 章顺序码　　　C. 节顺序码　　　D. 清单项目名称码

2.《建设工程工程量清单计价规范》GB 50500—2013 工程量清单应由（   ）组成。

A. 分部分项工程量清单　　　　　　　B. 措施项目清单

C. 其他项目清单   D. 主要材料设备供货清单

E. 规费项目清单   F. 税收项目清单

3. 根据《建设工程工程量清单计价规范》GB 50500—2013 中的规定，010308003003 项目编码中 01 代表（　　　）。

A. 房屋建筑与装饰工程   B. 安装工程

C. 电气工程   D. 市政工程

4. 通常说的清单的"五统一"或者五个要素是指（　　　）。

A. 工程量清单   B. 项目名称   C. 计量单位   D. 措施项目

E. 综合单价   F. 项目特征   G. 计算规则   H. 项目编码

5. 根据《房屋建筑与装饰工程工程量计算规范》GB 50854—2013 中规定的工程量计算规则，关于清单工程量的有效位数，下列说法正确的是：（　　　）。

A. 以"t"为单位，应保留小数点后二位数字，第四位小数四舍五入

B. 以"m"、"m²"、"m³"、"kg"为单位，应保留小数点后三位数字，第三位小数四舍五入

C. 以"t"为单位，应保留小数点后三位数字，第四位小数四舍五入

D. 以"个"、"件"、"根"、"组"、"系统"为单位，应取整数

6. 分部分项工程量清单项目编码共有（　　　）位。

A.9   B.10   C.11   D.12

7. 工程量清单是招标文件的组成部分，其组成不包括（　　　）。

A. 分部分项工程量清单   B. 措施项目清单

C. 其他项目清单   D. 直接工程费用清单

二、思考题

1. 什么是工程量清单？由哪几部分组成？各组成部分的含义是什么？

2. 简述分部分项工程量清单中项目编码的组成及其含义。

3. 招标人统一编制工程量清单的意义是什么？

4. 如何描述清单的项目特征？项目特征在工程量清单中有什么意义？

5. 当一个分项工程在国标清单中有多个计量单位时，该如何选择计量单位？举例说明。

4.2.2　楼地面装饰工程

楼地面装饰工程由整体面层及找平层、块料面层、橡塑面层、其他材料面层、踢脚线、楼梯面层、台阶装饰、零星装饰项目等 8 个子分部工程组成，本小节主要通过案例分析的方式，学习楼地面装饰工程工程量清单的编制。

【案例 4-1】某建筑装饰施工图（图 4-1），根据图纸列出楼地面工程量清单。

解：（1）列清单项目表（表 4-7）：

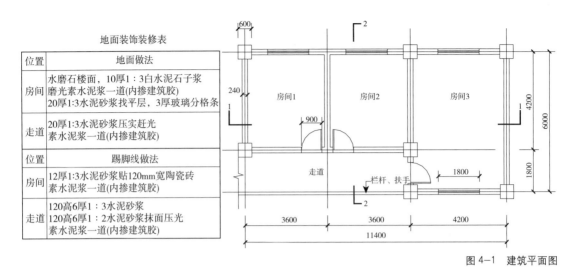

地面装饰装修表

位置	地面做法
房间	水磨石楼面, 10厚1:3白水泥石子浆 磨光素水泥浆一道(内掺建筑胶) 20厚1:3水泥砂浆找平层, 3厚玻璃分格条
走道	20厚1:3水泥砂浆压实赶光 素水泥浆一道(内掺建筑胶)

位置	踢脚线做法
房间	12厚1:3水泥砂浆贴120mm宽陶瓷砖 素水泥浆一道(内掺建筑胶)
走道	120高6厚1:3水泥砂浆 120高6厚1:2水泥砂浆抹面压光 素水泥浆一道(内掺建筑胶)

图4-1　建筑平面图

分部分项工程清单　　　　　　　　　　　　　表4-7

项目编码	项目名称	项目特征	计量单位	工程量	工程量计算规则
011101002001	现浇水磨石楼地面	(1) 面层: 10厚1:3白水泥白石子浆 (2) 3mm厚玻璃分格条 (3) 20厚1:3水泥砂浆找平 (4) 磨光	m²	49.42	按设计图示尺寸以面积计算。扣除凸出地面的构筑物、设备基础、室内铁道、地沟等所占面积, 不扣除间壁墙及≤0.3m²柱、垛、附墙烟囱及孔洞所占面积。门洞、空圈、暖气包槽、壁龛的开口部分不增加面积
011101001001	水泥砂浆楼地面	(1) 20厚1:3水泥砂浆抹面压光 (2) 素水泥浆结合层一遍	m²	12.4	
011105003001	块料踢脚线	(1) 12厚1:3水泥砂浆 (2) 120mm宽陶瓷砖	m	47.1	1.以"m²"计量, 按设计图纸长度×高度以面积计算
011105001001	水泥砂浆踢脚线	(1) 6厚1:3水泥砂浆 (2) 6厚1:2水泥砂浆抹面压光 (3) 素水泥浆结合层一遍	m	7.44	2.以"m"计量, 按延长米计算

(2) 计算清单工程量:

现浇水磨石楼地面: (3.6-0.24+3.6-0.24) × (4.2-0.24) + (6-0.24)
　　　　　　　　　× (4.2-0.24) =49.42m²

块料踢脚线:　　[(3.6-0.24+4.2-0.24) ×2-0.9+0.12×2] ×2
　　　　　　　+ (6-0.24+4.2-0.24) ×2+0.18×2-0.9
　　　　　　　+0.12×2=47.1m

水泥砂浆楼地面: (3.6+3.6+0.3-0.12) × (1.8-0.12) =12.4m²

水泥砂浆踢脚线: 3.6+3.6+0.3-0.12+0.18+1.8-0.12+0.18-
　　　　　　　　0.9×3+0.12×2×3=7.44m

【案例4-2】某建筑装饰施工图（图4-2），根据图纸列出楼地面工程量清单。

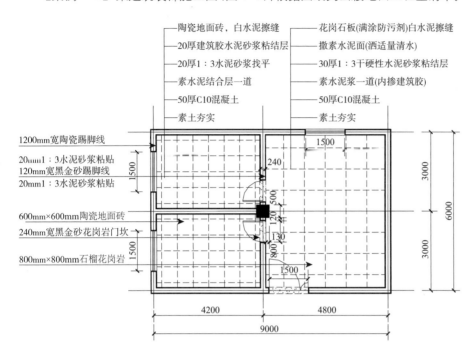

图4-2　某室内地面铺装图

解：（1）列清单项目表（表4-8）：

分部分项工程清单　　　　　　　　　　　　　　表4-8

项目编码	项目名称	项目特征	计量单位	工程量	工程量计算规则
011102001001	石材楼地面	(1) 800mm×800mm石榴红花岗岩 (2) 石材底面光面：刷养护液 (3) 石材表面：刷保护液 (4) 白水泥浆擦缝 (5) 30厚1：3干硬性水泥砂浆 (6) 素水泥浆结合层一遍 (7) 50厚C15混凝土	m²	26.2	按设计图示尺寸以面积计算。门洞、空圈、暖气包槽、壁龛的开口部分并入相应的工程量内
011102003001	块料楼地面	(1) 600mm×600mm陶瓷地面砖 (2) 白水泥浆擦缝 (3) 20厚水泥砂浆结合层 (4) 20厚1：3水泥砂浆找平 (5) 素水泥浆结合层一遍 (6) 50厚C15混凝土	m²	21.83	
011105002001	石材踢脚线	(1) 120mm宽黑金砂踢脚线 (2) 20厚1：3水泥砂浆结合层 (3) 石材底面光面：刷养护液 (4) 石材表面：刷保护液	m	18.52	1.以"m²"计量，按设计图纸长度×高度以面积计算
011105003001	块料踢脚线	(1) 120mm宽陶瓷踢脚线 (2) 20厚1：3水泥砂浆结合层	m	25.76	2.以"m"计量，按延长米计算

项目编码	项目名称	项目特征	计量单位	工程量	工程量计算规则
011108001001	石材零星项目	(1) 240mm宽黑金砂花岗岩门坎 (2) 石材底面光面：刷养护液 (3) 石材表面：刷保护液 (4) 白水泥浆擦缝 (5) 30厚1:3干硬性水泥砂浆 (6) 素水泥浆结合层一遍 (7) 50厚C15混凝土	m²	0.74	按设计图示尺寸以面积计算（不大于0.5m²的少量分散的楼地面镶贴块料）

(2) 计算清单工程量：

石材楼地面：(4.8-0.24) × (6-0.24) -0.5×0.13=26.2m²

块料楼地面：[(4.2-0.24) × (3-0.24) -0.13×0.13]×2=21.83m²

石材踢脚线：(4.8-0.24+6-0.24) ×2+0.13×2-1.5-0.8×2

　　　　　　+0.12×6=18.52m

块料踢脚线：[(4.2-0.24+3-0.24) ×2-0.8+0.12×2] ×2=25.76m

石材零星项目：(0.8+0.8+1.5) ×0.24=0.74m²

特别提示：

石材、块料、木踢脚线长度与门在墙间的位置和是否包门套有关，若包了门套，踢脚线只算至门套边，若未包门套，且门在墙中线处，则门内、门外踢脚线分别计算半墙宽，【案例4-2】按未包门套、门在墙中线处考虑。突出墙体的柱侧面踢脚线应并入踢脚线长度内。

【案例4-3】某建筑装饰施工图(图4-3),根据图纸列出楼地面工程量清单。

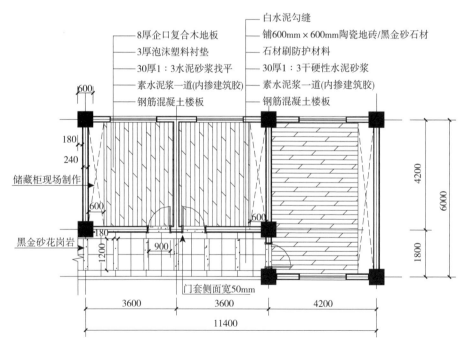

图4-3 某室内地面铺装图

解：（1）列清单项目表（表4-9）：

分部分项工程清单　　　　　　　　　　　　表4-9

项目编码	项目名称	项目特征	计量单位	工程量	工程量计算规则
011104002001	竹、木（复合）地板	（1）8厚复合木地板 （2）3厚聚乙烯泡沫塑料垫 （3）30厚1:3水泥砂浆找平 （4）素水泥浆结合层一遍	m²	41.04	按设计图示尺寸以面积计算。门洞、空圈、暖气包槽、壁龛的开口部分并入相应的工程量内
011102003001	块料楼地面	（1）600mm×600mm 陶瓷地砖 （2）白水泥浆擦缝 （3）30厚1:3干硬性水泥砂浆 （4）素水泥浆结合层一遍	m²	10.91	
011108001001	石材零星项目	（1）黑金砂花岗岩：装饰条1200mm×180mm门坎240mm宽 （2）白水泥浆擦缝 （3）30厚1:3干硬性水泥砂浆 （4）素水泥浆结合层一遍	m²	1.94	按设计图示尺寸以面积计算（不大于0.5m²的少量分散的楼地面镶贴块料）

（2）计算清单工程量：

竹、木（复合）地板：$(3.6-0.24-0.6+3.6-0.24-0.6) \times (4.2-0.24)$ $+[(6-0.24) \times (4.2-0.24-0.6)-0.6×0.18-2×0.18×0.18]=41.04m^2$

块料楼地面：$(3.6+3.6+0.3-0.12) \times (1.8-0.12)-0.18×0.18-0.6×0.18-0.3×0.18-1.2×0.18×6$ $=10.91m^2$

石材零星项目：$1.2×0.18×6+0.24×0.9×3=1.94m^2$

特别提示：

①若计算规则中是按设计图示尺寸计算，则根据图纸中实贴尺寸计算，应扣除柱角等没有铺贴的面积。②现场制作的储物柜，一般在地面找平之后铺木地板之前就会完成，计算木地板时应扣除储物柜面积。

【案例4-4】根据图4-3，门套已包好，储物柜位置不变，房间内采用双层实木地板铺至门洞外边线，过道全铺地毯，门套边宽50mm，不作门坎石，房间和过道踢脚线全部为100mm宽塑料成品踢脚线。做法：墙内预埋40mm×60mm×60mm防腐木砖，中距不大于500mm成品金属踢脚卡，用木螺钉固定在预埋木砖上，成品硬质塑料踢脚板（图4-4）。列出楼地面工程量清单。

解：（1）列清单项目表（表4-10）：

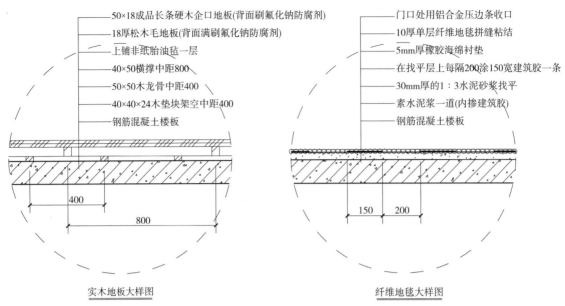

图 4-4 地面铺装大样图

分部分项工程清单　　　　　　　　　　　　　表4-10

项目编码	项目名称	项目特征	计量单位	工程量	工程量计算规则
011104002001	木地板	（1）18mm×50mm硬木企口长条地板 （2）铺350号沥青油毡一层 （3）18厚松木毛地板 （4）50mm×60mm木龙骨中距400mm （5）40mm×50mm横撑中距800mm	m²	41.69	按设计图示尺寸以面积计算。门洞、空圈、暖气包槽、壁龛的开口部分并入相应的工程量内
011104001001	地毯楼地面	（1）10厚纤维地毯 （2）门口处铝合金压条收边 （3）5厚橡胶海绵衬垫 （4）30厚1:3水泥砂浆找平 （5）素水泥浆结合层一遍	m²	12.2	
011105004001	塑料板踢脚线	（1）40mm×60mm×60mm防腐木砖，中距不大于500mm （2）成品金属踢脚卡 （3）成品硬质塑料踢脚板100mm高	m	35.22	1.以"m²"计量，按设计图纸长度×高度以面积计算 2.以"m"计量，按延长米计算

（2）计算清单工程量：

木地板：　　41.04+0.9 ×0.24×3=41.69m²

地毯楼地面：(3.6+3.6+0.3-0.12) × (1.8-0.12) -0.18×0.18-0.6

　　　　　　×0.18-0.3×0.18=12.2m²

塑料板踢脚线：　房间：$[(3.6-0.24-0.6) \times 2-0.9-0.05 \times 2+4.2-0.24]$
$\times 2+(4.2-0.6-0.24) \times 2+6-0.24-0.9-0.05 \times 2$
$+0.18 \times 2=28.8m$

过道：$3.6+3.6+0.3-0.12+0.18+1.8-0.12+0.18-0.9$
$\times 3-0.05 \times 6=6.42m$

合计：$28.8+6.42=35.22m$

【案例4-5】某建筑装饰施工图（图4-5），根据图纸列出楼地面工程量清单。

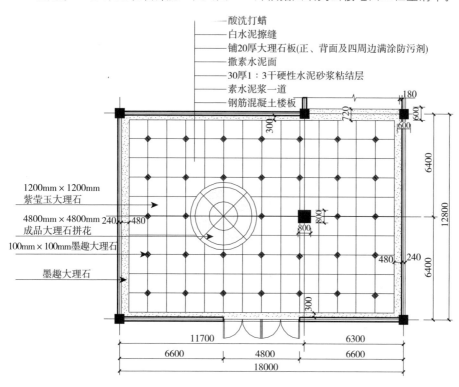

图4-5　建筑大厅地面铺装平面图

解：（1）列清单项目表（表4-11）：

分部分项工程清单　　　　　　　　　　　　　　　表4-11

项目编码	项目名称	项目特征	计量单位	工程量	工程量计算规则
011102001001	石材楼地面	（1）紫莹玉大理石 1200mm×1200mm 点缀：100mm×100mm 墨趣大理石33个 波打线：300~720mm宽墨趣大理石 （2）白水泥浆擦缝 （3）30厚1:3干硬性水泥砂浆 （4）素水泥浆结合层一遍 （5）底面：刷养护液 表面：刷保护液 （6）酸洗打蜡	m²	202.69	按设计图示尺寸以面积计算。门洞、空圈、暖气包槽、壁龛的开口部分并入相应的工程量内

项目编码	项目名称	项目特征	计量单位	工程量	工程量计算规则
011102001002	石材楼地面（拼花）	（1）4800mm×4800mm大理石拼花成品 （2）白水泥浆擦缝 （3）30厚1：3干硬性水泥砂浆 （4）素水泥浆结合层一遍 （5）底面：刷养护液 表面：刷保护液 （6）酸洗打蜡	m²	23.04	按设计图示尺寸以面积计算。门洞、空圈、暖气包槽、壁龛的开口部分并入相应的工程量内

（2）计算清单工程量：

石材楼地面：(18-0.24) × (12.8-0.24) + (6.3-0.6) × (0.3+0.12)

$\qquad$ +4.8×0.24-4.8×4.8-0.8×0.8-0.6×0.18-0.18

$\qquad$ ×0.18×4=202.69m²

石材拼花：4.8×4.8=23.04m²

【案例4-6】根据楼梯间的平、剖面图（图4-6、图4-7），已知楼梯的踏面、踢面以及中间平台都采用米黄色大理石，其中踏面石材宽300mm，踢面石材宽162.5mm，踢脚线采用同种石材，高150mm，均采用20mm 1：3的水泥砂浆粘贴，石材六面刷防护材料，每一级踏面石材上均嵌4mm×10mm宽铜条，铜条长同梯段宽，每一级踏面石材边缘均磨半圆边，酸洗打蜡，列出楼梯装饰工程量清单。

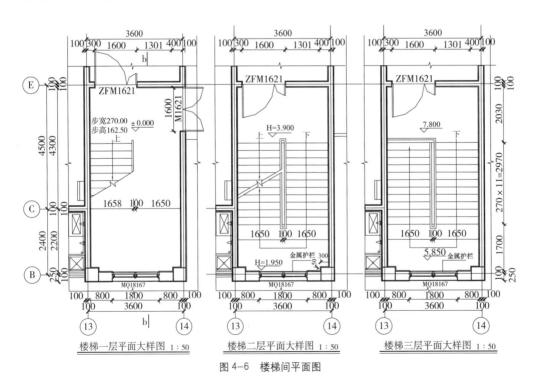

图4-6 楼梯间平面图

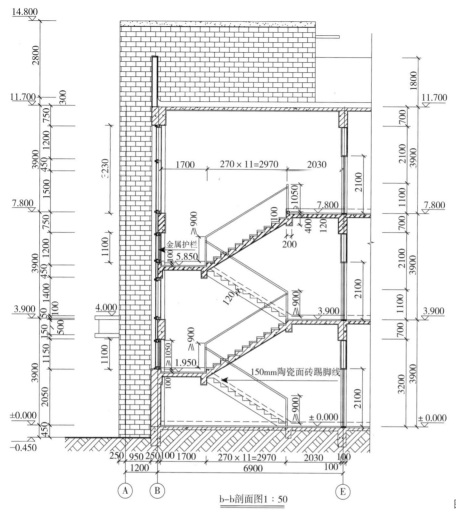

b-b剖面图1：50

图4-7 楼梯间剖面图

解：(1) 列清单项目表（表4-12）：

分部分项工程清单   表4-12

项目编码	项目名称	项目特征	计量单位	工程量	工程量计算规则
011106001001	石材楼梯面层	（1）20mm厚米黄色大理石 （2）4mm×10mm×1650mm防滑条 （3）每级踏面石材边缘磨半圆边 （4）白水泥浆擦缝 （5）20厚1∶3水泥砂浆粘贴 （6）素水泥浆结合层一遍 （7）底面：刷养护液 表面：刷保护液 （8）酸洗打蜡	m²	32.94	按设计图示尺寸以楼梯（包括踏步、休息平台及≤500mm的楼梯井）水平投影面积计算。楼梯与楼地面相连时，算至梯口梁内侧边沿；无梯口梁者，算至最上一层踏步边沿加300mm

项目编码	项目名称	项目特征	计量单位	工程量	工程量计算规则
011105002001	石材踢脚线	(1) 20mm厚米黄色大理石 (2) 白水泥浆擦缝 (3) 20厚1:3水泥砂浆粘贴 (4) 素水泥浆结合层一遍 (5) 底面：刷养护液 　表面：刷保护液 (6) 酸洗打蜡	m²	5.09	1. 以"m²"计量，按设计图纸长度×高度以面积计算 2. 以"m"计量，按延长米计算

（2）计算清单工程量：

石材楼梯面层：$[(1.7+2.97+0.2) \times (3.6-0.2) -0.3 \times 0.15 \times 2]$
$\times 2=32.94m^2$

$$斜度系数 = \frac{\sqrt{0.27^2+0.1625^2}}{0.27} = 1.167$$

石材踢脚线：踢脚线斜长 $=2.97 \times 4 \times 1.167=13.86m$

踢脚线水段长度 $= (1.7 \times 2+3.6-0.2) \times 2=13.6m$

踢脚线三角形面积 $= (0.27 \times 0.1625 \div 2) \times 11 \times 4=0.97m^2$

楼梯踢脚线总面积 $=0.97+ (13.86+13.6) \times 0.15=5.09m^2$

特别提示：

本题只计算楼梯面层和踢脚线，标高0.000处为首层地面，标高3.900、7.800处为二层楼面，虽然都在楼梯间的范围，但不属于楼梯计量的范畴，计算时应并入地面或楼面。

【案例4-7】某台阶装饰施工图（图4-8），根据图纸列出楼地面工程量清单。

解：（1）列清单项目表（表4-13）：

（2）计算清单工程量：

石材台阶面：　　$3 \times 0.9 \times 2+ (7.8-0.6) \times 0.9=11.88m^2$

石材楼地面：　　$(7.8-0.6) \times (2.4-0.3) =15.12m^2$

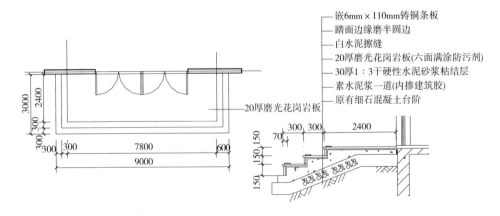

图4-8　台阶平面图、剖面图

分部分项工程清单　　　　　　　　表4-13

项目编码	项目名称	项目特征	计量单位	工程量	工程量计算规则
011107001001	石材台阶面	(1) 花岗岩面层 (2) 白水泥浆擦缝 (3) 每级踏面石材边缘磨半圆边 (4) 每级台阶嵌6mm×110mm铸铜条板 (5) 30厚1:3干硬性水泥砂浆 (6) 素水泥浆结合层一遍 (7) 底面:刷养护液;表面:刷保护液	m²	11.88	按设计图示尺寸以台阶(包括最上层踏步边沿加300mm)水平投影面积计算
011102001001	石材楼地面	(1) 花岗岩面层 (2) 白水泥浆擦缝 (3) 30厚1:3干硬性水泥砂浆 (4) 素水泥浆结合层一遍 (5) 底面:刷养护液;表面:刷保护液	m²	15.12	

综合实训二　编制招标工程量清单

根据附件5的实训施工图纸、《建筑工程工程量清单计价规范》GB 50500—2013和《房屋建筑与装饰工程工程量计算规范》GB 50854—2013等其他相关法律法规的规定,编制招标工程量清单。

为便于课堂教学指导,将编制招标工程量清单的总实训任务分解为任务1~任务7等七个小任务去完成,最终通过任务8将任务1~任务7的实训成果汇编成册,完成招标工程量清单的编制。

任务1　编制楼地面工程量清单

任务要求:根据附件5的实训施工图编制楼地面工程量清单。

资料准备:(1)《建筑工程工程量清单计价规范》GB 50500—2013;

(2)《房屋建筑与装饰工程工程量计算规范》GB 50854—2013(以下简称国标清单);

(3)电脑机房或学生自带电脑(需安装工程计价软件)。

提交成果:(1)分部分项工程量清单;

(2)清单工程量计算单。

涉及知识点:

(1)国标清单中楼地面装饰工程(附录L)的分项工程的项目划分规律;

(2)根据图纸内容选择国标清单中分项工程的方法;

（3）各分项工程的施工工艺、材料和构造；

（4）项目编码的含义；

（5）各分项工程的项目特征描述的要求；

（6）各分项工程的清单工程量计算规则；

（7）工程计价软件的操作。

主要步骤：

识图	熟悉国标清单中楼地面工程的内容	确定分项工程清单项目	确定计量单位	描述项目特征	计算清单工程量
•熟悉理解施工图纸，对图纸中的施工项目做到心中有数。	•对楼地面工程所包含的分项工程清单项目做到心中有数。	•根据施工图中的内容，在国标清单中选择合适的分项工程清单项目，并按工程实际情况确定项目名称。	•对于国标清单中的分项工程有多个计量单位的，可根据实际情况选择合适的计量单位。	•根据施工图的实际施工情况，按照国标清单的要求描述各分项工程的项目特征。	•根据施工图的实际施工情况，按照国标清单中各分项工程的计算规则计算清单工程量。

4.2.3　墙、柱面装饰与隔断、幕墙工程

墙、柱面装饰与隔断、幕墙工程由墙面抹灰、柱（梁）面抹灰、零星抹灰、墙面块料面层、柱（梁）面镶贴块料、镶贴零星块料、墙饰面、柱（梁）饰面、幕墙工程、隔断等10个子分部工程组成，本小节主要通过案例分析的方式，学习墙、柱面装饰与隔断、幕墙工程工程量清单的编制。

【案例4-8】根据图4-1绘制剖面图（图4-9），过道墙面作法同外墙，勒脚作法同踢脚，列出墙面装饰工程量清单。

图4-9　建筑剖面图及墙面装饰装修表

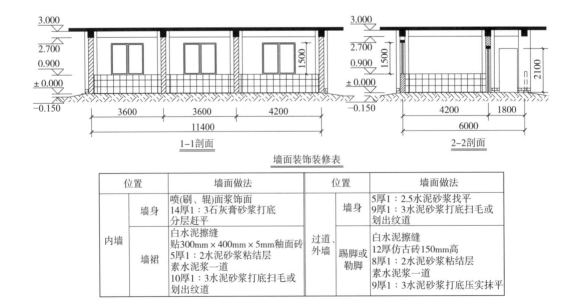

墙面装饰装修表

位置		墙面做法	位置		墙面做法
内墙	墙身	喷(刷)、辊)面浆饰面 14厚1：3石灰膏砂浆打底分层赶平	过道、外墙	墙身	5厚1：2.5水泥砂浆找平 9厚1：3水泥砂浆打底扫毛或划出纹道
	墙裙	白水泥擦缝 贴300mm×400mm×5mm釉面砖 5厚1：2水泥砂浆粘结层 素水泥浆一道 10厚1：3水泥砂浆打底扫毛或划出纹道		踢脚或勒脚	白水泥擦缝 12厚仿古砖150mm高 8厚1：2水泥砂浆粘结层 素水泥浆一道 9厚1：3水泥砂浆打底压实抹平

解：(1) 列清单项目表（表4—14）:

分部分项工程清单

表4—14

项目编码	项目名称	项目特征	计量单位	工程量	工程量计算规则
011201001001	墙面一般抹灰	(1) 14厚1:3石灰膏砂浆打底分层赶平 (2) 喷（刷、辊）面浆饰面 (3) 基层：砖墙 (4) 位置：室内墙身	m²	89.03	按设计图示尺寸以面积计算。扣除墙裙、门窗洞口及单个＞0.3m²的孔洞面积，不扣除踢脚线、挂镜线和墙与构件交接处的面积，门窗洞口和孔洞的侧壁及顶面不增加面积。附墙柱、梁、垛、烟囱侧壁并入相应的墙面面积内。 1.外墙抹灰面积按外墙垂直投影面积计算； 2.外墙裙抹灰面积按其，长度×高度计算； 3.内墙抹灰面积按主墙间的净长×高度计算； (1) 无墙裙的，高度按室内楼地面至顶棚底面计算； (2) 有墙裙的，高度按墙裙顶至顶棚底面计算； (3) 有吊顶顶棚抹灰，高度算至顶棚底； 4.内墙裙抹灰面按内墙的净长×高度计算
011201001002	墙面一般抹灰	(1) 9厚1:3水泥砂浆打底 (2) 5厚1:2.5水泥砂浆面层 (3) 基层：砖墙 (4) 位置：室外墙身	m²	102.69	
011204003001	块料墙面	(1) 10厚1:3水泥砂浆打底 (2) 素水泥浆一道 (3) 5厚1:2水泥砂浆粘结层 (4) 贴300mm×400mm×5mm釉面砖 (5) 白水泥擦缝 (6) 基层：砖墙 (7) 位置：室内墙裙	m²	42.39	按镶贴表面积计算
011105003001	块料踢脚线	(1) 9厚1:3水泥砂浆打底 (2) 素水泥浆一道 (3) 8厚1:2水泥砂浆粘结层 (4) 12厚仿古砖150mm高 (5) 白水泥擦缝 (6) 基层：砖墙 (7) 位置：室内墙裙	m	37.74	1.以"m²"计量，按设计图纸长度×高度以面积计算； 2.以"m"计量，按延长米计算

（2）计算清单工程量：

内墙面一般抹灰：$[(3.6-0.24+4.2-0.24)\times2\times2+(4.2-0.24+6-0.24)$
$\times2+0.18\times2]\times(3-0.9)-1.5\times1.8\times4-(2.1-0.9)$
$\times0.9\times3=89.03m^2$

外墙面一般抹灰：$[(11.4+0.6+6+0.6)\times2+0.18\times14]\times3-1.5$
$\times1.8\times4-2.1\times0.9\times3=102.69m^2$

块料墙面：$[(3.6-0.24+4.2-0.24)\times2\times2+(4.2-0.24+6-0.24)$
$\times2+0.18\times2-0.9\times3+0.12\times6]\times0.9=42.39m^2$

块料踢脚线：$(11.4+0.6+6+0.6)\times2+0.18\times14+0.12\times6-$
$0.9\times3=37.74m$

特别提示：

计算抹灰面积时，附墙柱、梁、垛、烟囱侧壁并入相应的墙面面积内；计算块料墙裙和踢脚线时，本题按未包门套考虑，门在墙中线处，算至墙中线，加 0.12×6。

【案例 4-9】根据图 4-6、图 4-7，已知梯段板和楼板都是 120mm 厚，踏步高 270mm，踏步宽 162.5mm。墙面抹灰作法：14厚 1：3 石灰膏砂浆打底分层赶平，1：2 水泥砂浆找平、喷（刷、辊）面浆饰面，列出楼梯间墙面工程量清单。

解：（1）列清单项目表（表 4-15）：

分部分项工程清单   表4-15

项目编码	项目名称	项目特征	计量单位	工程量	工程量计算规则
011201001001	墙面一般抹灰	（1）14厚1：3石灰膏砂浆分层赶平 （2）1：2水泥砂浆找平 （3）喷（刷、辊）面浆饰面 （4）基层：砖墙 （5）位置：室内墙身	m²	204.49	同前

（2）计算清单工程量：

楼梯间内墙抹灰的工程量 ＝（天棚底标高高度－楼梯间地面标高）× 楼梯间周长－门窗洞口面积－楼梯踏步板面积－休息平台厚度面积。

门窗洞口面积：$2.1\times1.6\times4+1.8\times1.1\times2+1.8\times3.32=23.38m^2$

休息平台厚度面积：$[2.03\times0.12\times2+(3.6-0.2)\times0.12\times2+1.7\times0.12\times2]$
$\times2=3.42m^2$

楼梯踏步板面积：已知斜度系数＝1.167
$2.97\times1.167\times0.12\times4=1.66m^2$

踏步三角形面积：$0.27\times0.1625\div2\times11\times4=0.97m^2$

墙面一般抹灰（楼梯间）: (3.6−0.2+6.9−0.2) ×2× (11.7−0.12) −
(23.38+3.42+1.66+0.97) =204.49m²

【案例 4-10】某建筑抗震外墙 200mm 厚（图 4-10、图 4-11），满挂
800mm×800mm×25mm 厚花岗岩，采用型钢骨架，8 号镀锌槽钢（主龙骨）
间距 1200mm，自 ±0.000 处向上至顶布置，50mm×50mm×5mm 镀锌角钢（副
龙骨）全长布置，间距 800mm，后置件间距 1200mm×3000mm，当遇到门窗
洞口时，假设龙骨不考虑截断，面层包至半个洞口侧面，在墙边处用同种石材
收边，收边宽 150mm，列出墙面工程量清单。

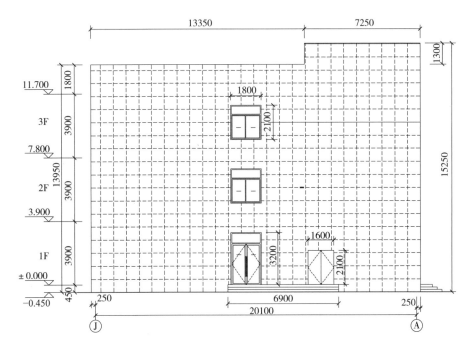

图 4-10　建筑立面图

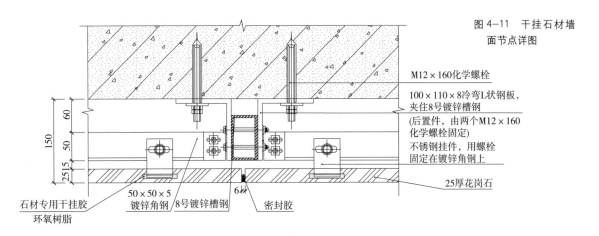

图 4-11　干挂石材墙
面节点详图

解：(1) 列清单项目表 (表4-16)：

分部分项工程清单　　　　　　　　　　　　　　　表4-16

项目编码	项目名称	项目特征	计量单位	工程量	工程量计算规则
011204001001	石材墙面	(1) 混凝土墙体 (2) 800mm×800mm×25mm花岗岩面层 (3) 不锈钢挂件干挂 (4) 密封胶填缝，缝宽6mm	m²	292.08	按镶贴表面积计算
011204004001	干挂石材钢骨架	(1) 主龙骨：8号镀锌槽钢中距1200mm (2) 副龙骨：50mm×50mm×5mm镀锌角钢中距800mm (3) 后置件100mm×110mm×8mm冷弯钢板，中距1200mm×3000mm	t	3.640	按设计图示尺寸以质量计算

(2) 计算清单工程量：

门窗台阶洞口面积：$2.1×1.8×2+1.8×3.2+1.6×2.1+6.9×0.45=19.79m^2$

门窗洞口侧面积：$(0.15+0.1)×[(1.8+2.1)×4+1.8+3.2×2+1.6+2.1×2]=7.4m^2$

墙边侧面积：　　　$0.15×(15.25×2+13.35+7.25)=7.67m^2$

石材墙面：　　　$(20.1+0.5)×15.25-13.35×1.3-19.79+7.4+7.67$
　　　　　　　　$=292.08m^2$

8号镀锌槽钢：　$7.25÷1.2+1=7$ 根

　　　　　　　$13.35÷1.2=11$ 根　查8号槽钢理论重量：8.045kg/m

$[7×(15.25-0.45)+11×(15.25-0.45-1.3)]×8.045=2028.14kg$

50mm×50mm×5mm 镀锌角钢：

　　　　　　　$(15.25-0.45-1.3)÷0.8+1=18$ 根

　　　　　　　$1.3÷0.8=2$ 根

　　　　　　　查50mm×50mm×5mm角钢理论重量：3.77kg/m

　　　　　　　$(18×20.6+2×7.25)×3.77=1452.58kg$

后置件：　水平方向：$20.6÷1.2+1=18$ 列

　　　　　　　　　$7.25÷1.2+1=7$ 列

　　　　　垂直方向：$(15.25-0.45-1.3)÷3+1=6$ 排

　　　　　　　　　$1.3÷3=1$ 排

　　　　　$18×6+1×7=115$ 组　查8号钢板的理论重量：62.8kg/m²

　　　　　$115×0.11×0.1×62.8×2=158.88kg$

　　干挂石材钢骨架：$2028.14+1452.58+158.88=3.640t$

【案例 4-11】某酒店大厅共有 800mm×800mm×3000mm 的立柱 4 根，采用 1000mm×1000mm 紫莹玉大理石干挂（背栓式），柱阳角处石材磨边 45°，酸洗打蜡（图 4-12），列出柱面工程量清单。

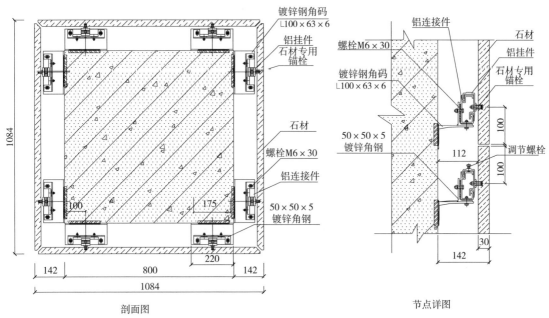

剖面图

节点详图

图 4-12 干挂石材柱
面剖面图和节点详图

解：(1) 列清单项目表（表 4-17）：

分部分项工程清单　　　　　　　　　　　　　表 4-17

项目编码	项目名称	项目特征	计量单位	工程量	工程量计算规则
011205001001	石材柱面	(1) 混凝土柱 (2) 1000mm×1000mm×30mm 花岗岩面层 (3) 背栓式挂件干挂 (4) 柱阳角处石材磨边45° (5) 酸洗打蜡 (6) 后置镀锌角钢L100×63×6、L50×50×5	m²	52.03	按镶贴表面积计算

(2) 计算清单工程量：

石材柱面表面积：　　　　1.084×4×3×4=52.03m²

【案例 4-12】某 KTV 大厅共有立柱 2 根，装饰后外直径为 1500mm（图 4-13），列出柱面工程量清单。

解：(1) 列清单项目表（表 4-18）：

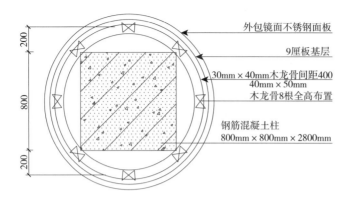

图 4-13 装饰柱面剖面图

分部分项工程清单   表4-18

项目编码	项目名称	项目特征	计量单位	工程量	工程量计算规则
011208001001	柱面装饰	(1) 主龙骨: 40mm×50mm木龙骨8根 (2) 水平撑:18厘大芯板沿柱高中距400mm (3) 基层:双层5厘板 (4) 面层:镜面不锈钢面板	m²	26.38	按设计图示饰面外围尺寸以面积计算。柱帽、柱墩并入相应柱饰面工程量内

(2) 计算清单工程量:

柱面装饰:　　　　　$3.14×1.5×2.8×2=26.38m^2$

【案例4-13】某酒店接待厅背景墙(图 4-14、图 4-15),30mm×40mm木龙骨为单向设计。列出墙面工程量清单。

解:(1) 列清单项目表(表 4-19):

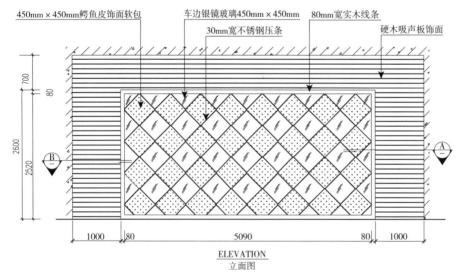

ELEVATION
立面图

图 4-14　装饰墙立面图

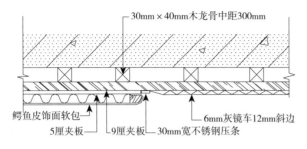

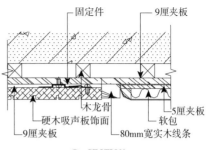

图 4-15 装饰墙剖面图

分部分项工程清单　　　　　　表4-19

项目编码	项目名称	项目特征	计量单位	工程量	工程量计算规则
011207001001	墙面装饰板（吸声板）	（1）木龙骨：30mm×40mm木龙骨中距300mm （2）基层：9厘板 （3）面层：硬木吸声板	m²	10.28	按设计图示墙净长×净高以面积计算。扣除门窗洞口及单个>0.3m²的孔洞面积
011207001002	墙面装饰板（软包+镜面）	（1）木龙骨：30mm×40mm木龙骨中距300mm （2）基层：9厘板 （3）面层：450mm×450mm×6mm车边银镜；450mm×450mm鳄鱼皮饰面软包 （4）30mm宽不锈钢压条；80mm宽实木线条压边	m²	13.65	

（2）计算清单工程量：

墙面装饰板（吸声板）：　　　（5.09+0.08+0.08+2）×（2.6+0.7）−
　　　　　　　　　　　　　　　（5.09+0.08+0.08）×2.6=10.28m²

墙面装饰板（软包+镜面）：（5.09+0.08+0.08）×2.6=13.65m²

【案例4-14】隔墙设计竖向轻钢龙骨采用75mm×40mm×0.63mm中距500mm，横向轻钢龙骨采用75mm×50mm×0.63mm中距800mm，踢脚线高100mm，框架结构间净长4.3m，净高2.6m（图4-16、图4-17），列出隔墙工程量清单（不考虑油漆）。

解：（1）列清单项目表（表4-20）：

（2）计算清单工程量：

其他隔断：　　　　　　　　4.3×2.6=11.18m²

木质踢脚线（实木）：　　　　4.3m

木质踢脚线（饰面板）　　　　4.3m

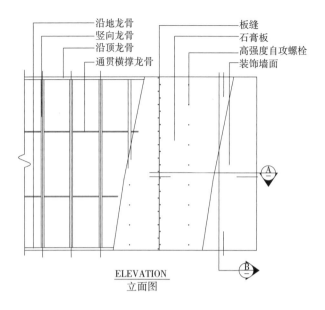

ELEVATION
立面图

图 4-16 隔墙立面图

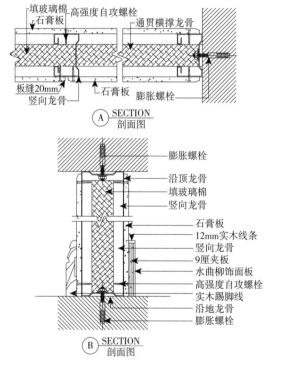

图 4-17 隔墙节点详图

分部分项工程清单　　　　　　　　　　　表4-20

项目编码	项目名称	项目特征	计量单位	工程量	工程量计算规则
011210006001	其他隔断	(1) 竖向龙骨采用75mm×40mm×0.63mm中距500mm；横龙骨采用75mm×50mm×0.63mm中距800mm (2) 基层：纸面石膏板	m²	11.18	按设计图示框外围尺寸以面积计算。不扣除单个≤0.3m²的孔洞面积

续表

项目编码	项目名称	项目特征	计量单位	工程量	工程量计算规则
011105005001	木质踢脚线（实木）	实木踢脚线（成品）	m	4.3	1．以"m²"计量，按设计图纸长度×高度以面积计算 2．以"m"计量，按延长米计算
011105005002	木质踢脚线（饰面板）	(1) 9厘板基层 (2) 水曲柳饰面板饰面 (3) 实木线条收口	m	4.3	

【案例4-15】某玻璃隔墙施工图（图4-18、图4-19），列出隔墙工程量清单。

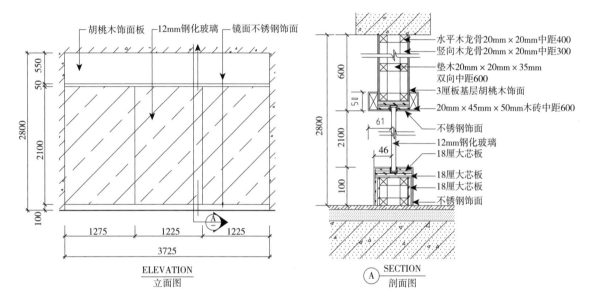

ELEVATION
立面图

SECTION
剖面图

图4-18 隔墙立面图（左）

图4-19 隔墙剖面图（右）

解：（1）列清单项目表（表4-21）：

分部分项工程清单

表4-21

项目编码	项目名称	项目特征	计量单位	工程量	工程量计算规则
011210003001	玻璃隔断	(1) 水平木龙骨20mm×20mm中距400mm；竖向木龙骨20mm×20mm中距300mm；垫木20mm×20mm×35mm双向中距600mm；20mm×45mm×50mm木砖中距600mm (2) 下基座基层：18厘大芯板板 (3) 面层：下基座镜面不锈钢面板；上基座胡桃木面板；上边框镜面不锈钢面板 (4) 12mm厚钢化玻璃	m²	10.43	按设计图示框外围尺寸以面积计算。不扣除单个≤0.3m²的孔洞面积

（2）计算清单工程量

玻璃隔断：　　　　　　　$3.725 \times 2.8 = 10.43 m^2$

【案例 4-16】某高层建筑,外墙为横隐竖明框（半隐框）玻璃幕墙装饰（图 4-20、图 4-21），列出墙面工程量清单。

解：（1）列清单项目表（表 4-22）

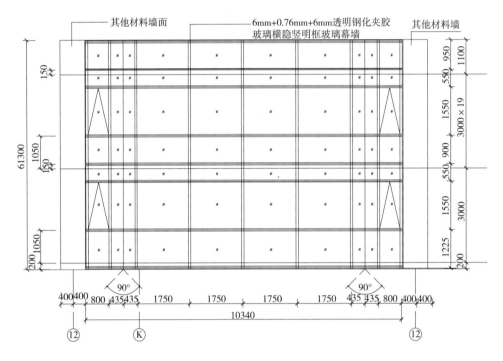

图 4-20　玻璃幕墙立面展开图

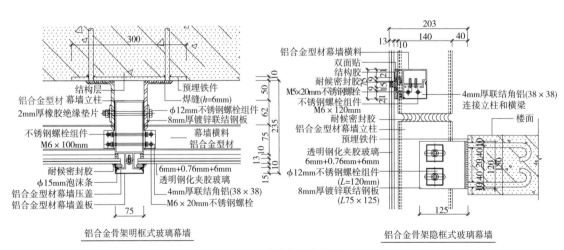

图 4-21　玻璃幕墙节点详图

项目编码	项目名称	项目特征	计量单位	工程量	工程量计算规则
011209001001	带骨架幕墙	（1）幕墙立柱：75mm宽铝合金型材中距1750mm 幕墙横料：75mm宽铝合金型材中距1550/500mm （2）面层：6+0.76+6mm透明钢化夹胶玻璃 （3）横隐框，结构胶固定；竖明框 （4）12mm厚钢化玻璃 （5）ϕ15mm泡沫条嵌缝、耐候密封胶密封	m²	633.84	按设计图示框外围尺寸以面积计算。与幕墙同材料的窗所占面积不扣除

（2）计算清单工程量：

带骨架幕墙：　　　　　　　　$10.34 \times 61.3 = 633.84m^2$

特别提示：

1. 幕墙工程清单中有带骨架幕墙（图4-22）、全玻（无框玻璃）幕墙两种情况，带骨架幕墙指面层四边固定在骨架上（型钢骨架或铝合金骨架），如图4-21（左图）和图4-22所示，虽为全玻璃面层，但应选择带骨架幕墙清单。全玻璃（无框玻璃）幕墙一般指点式（图4-23）和吊挂式两种，点式通过四爪挂件或两爪挂件将玻璃的四个角固定在钢骨架上，玻璃的四条边与骨架没有连接。吊挂式通常没有钢骨架，玻璃的上边通过吊挂构件吊挂在建筑结构层上，下边在地面固定，玻璃的左右两边通过玻璃肋竖向支撑。吊挂式玻璃幕墙由于没有骨架支撑，竖上仅靠玻璃肋支撑，横向没有支撑，不适用于太高的墙面。

2. 带骨架玻璃幕墙中又分为明框式（图4-22a）、隐框式（图4-22b）和半隐框式（图4-22c）。明框安装一般是指玻璃的周边有框材结构，将玻璃的边部包住，使玻璃的边部未露于明处；全隐框安装则相反，框材结构粘附在玻璃周边的内表面，形成玻璃的周边均露于明处；半隐框则是两种安装结构的结合，在一个板面上有露边和不露边，此种结构较全隐结构更具有安全性，半隐框玻璃幕分横隐竖不隐或竖隐横不隐两种。不论哪种半隐框幕墙，均为一对应边用结构胶将玻璃粘贴在装配组件上，而另一对应边采用铝合金镶嵌槽，将玻璃镶嵌在铝合金镶嵌槽内。

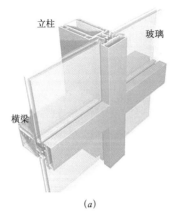
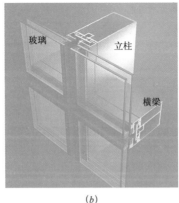
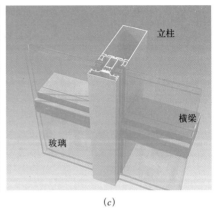

（a）　　　　　　　　　（b）　　　　　　　　　（c）

图 4-22　带骨架玻璃幕墙
（a）明框式；（b）隐框式；（c）半隐框式

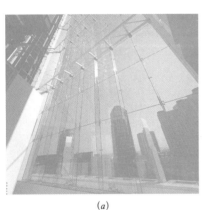
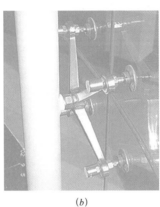
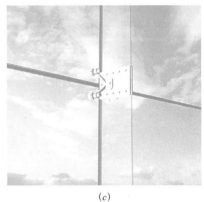

（a）　　　　　　　　　（b）　　　　　　　　　（c）

图 4-23　点式无框玻璃幕墙（驳接爪连接）
（a）全玻璃幕墙（玻璃肋）；
（b）钢柱支撑；
（c）玻璃肋支撑

任务 2　编制墙、柱面装饰工程量清单

任务要求：根据附件 5 的实训施工图编制墙、柱面装饰工程量清单。

资料准备：（1）《建筑工程工程量清单计价规范》GB 50500—2013；

（2）《房屋建筑与装饰工程工程量计算规范》GB 50854—2013
（以下简称国标清单）；

（3）电脑机房或学生自带电脑（需安装工程计价软件）。

提交成果：（1）分部分项工程量清单；

（2）清单工程量计算单。

涉及知识点：

（1）国标清单墙、柱面装饰与隔断、幕墙工程（附录 M）中的
分项工程项目划分规律；

（2）根据图纸内容在国标清单中选择分项工程的方法；

（3）各分项工程的施工工艺、材料和构造；

（4）项目编码的含义；

（5）各分项工程的项目特征描述的要求；

（6）各分项工程的清单工程量计算规则；

（7）工程计价软件的操作。

主要步骤：

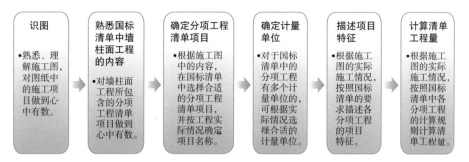

4.2.4 天棚工程

天棚工程由天棚抹灰、天棚吊顶、采光天棚、天棚其他装饰共四个子分部工程组成，本小节主要通过案例分析的方式，学习天棚工程工程量清单的编制。

【案例4-17】根据图4-6、图4-7，楼梯间天棚抹灰做法10厚1：1：4水泥石灰砂浆打底，纸筋石灰浆抹面，列出楼梯间天棚装饰工程量清单。

解：（1）列清单项目表（表4-23）

分部分项工程清单　　　　　　　　　　　　表4-23

项目编码	项目名称	项目特征	计量单位	工程量	工程量计算规则
011301001001	天棚抹灰	（1）基层：现浇钢筋混凝土（2）10厚1：1：4水泥石灰砂浆打底（3）纸筋石灰浆抹面	m²	78.25	按设计图示尺寸以水平投影面积计算。不扣除间壁墙、垛、柱、附墙烟囱、检查口和管道所占的面积，带梁天棚的梁两侧抹灰面积并入天棚面积内，板式楼梯底面抹灰按斜面积计算，锯齿形楼梯底板抹灰按展开面积计算

（2）计算清单工程量

4根梁的侧面（不包括梁底）：[（0.4-0.12）×（3.6-0.2）+（0.4-0.12-0.1625）×1.65+（0.4-0.12）×1.75]×4=6.54m²

标高1.95、5.85m休息平台底面积（包括梁底面）：

（3.6-0.2）×1.7×2=11.56m²

标高3.9、7.8m楼层板底面积（包括梁底面）：

（3.6-0.2）×2.03×2=13.8m²

标高11.7m天棚底面积：（6.9-0.2）×（3.6-0.2）=22.78m²

楼梯间天棚抹灰面积：6.54+11.56+13.8+22.78=54.68m²

已知斜度系数=1.167

梯段底面积：2.97×1.167×（3.6-0.2）×2=23.57m²

楼梯间天棚抹灰面积合计：54.68+23.57=78.25m²

【案例 4-18】天棚吊顶（图 4-24、图 4-25），原顶标高距地面 2.8m，列出天棚装饰工程量清单。

解：（1）列清单项目表（表 4-24）

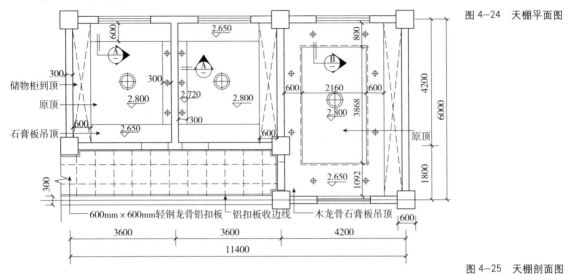

图 4-24 天棚平面图

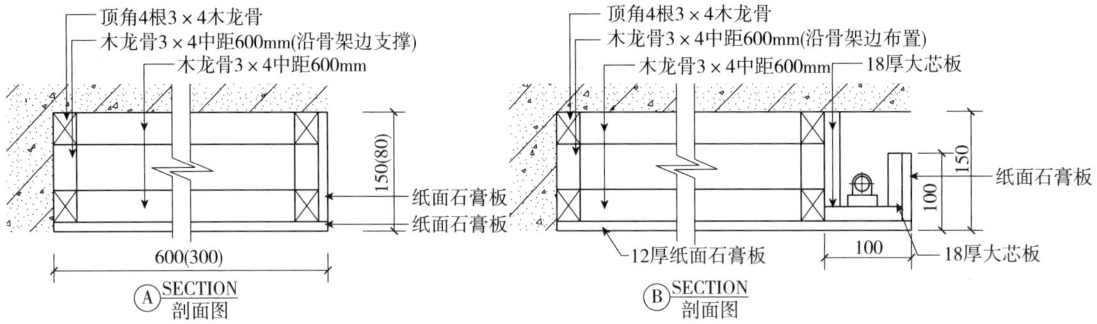

图 4-25 天棚剖面图

分部分项工程清单　　　　　　　　　　表4-24

项目编码	项目名称	项目特征	计量单位	工程量	工程量计算规则
011302001001	吊顶天棚（石膏板）	（1）木龙骨3×4 （2）纸面石膏板 （3）灯具开孔 （4）板缝贴绷带嵌缝膏	m²	18.56	按设计图示尺寸以水平投影面积计算。天棚面中的灯槽及跌级、锯齿形、吊挂式、藻井式天棚面积不展开计算。不扣除间壁墙、检查口、附墙烟囱、柱垛和管道所占面积，扣除单个＞0.3m²的孔洞、独立柱及与天棚相连的窗帘盒所占的面积
011302001002	吊顶天棚（铝扣板）	（1）轻钢龙骨 （2）铝扣板600mm×600mm （3）铝扣板收边线压边	m²	11.03	
011304001001	灯带（槽）	（1）100mm灯槽 （2）18mm厚大芯板	m²	4.39	按设计图示尺寸以框外围面积计算

(2) 计算清单工程量

吊顶天棚（石膏板）：$[(3.6-0.6-0.3)×0.6×2+(4.2-0.3-0.6×2)$
$×0.3]×2+(6-0.3)×(4.2-0.3-0.6)-3.868×2.16$
$=18.56m^2$

吊顶天棚（铝扣板）：$(3.6+3.6+0.3-0.15)×(1.8-0.3)=11.03m^2$

灯带（槽）：　　竖向：$0.15×(2.16+0.1×2+3.868+0.1×2)×2$
$=1.93m^2$

水平：　　　　　$0.1×(2.16+0.05×2+3.868+0.05×2)×2=1.25m^2$

竖向（短）：　　$0.1×(2.16+3.868)×2=1.21m^2$
$1.93+1.25+1.21=4.39m^2$

【案例4-19】轻钢龙骨按常用做法布置（图4-26、图4-27），列出天棚
装饰工程量清单。

图4-26　天棚平面图（左）

图4-27　天棚剖面图（右）

解：（1）列清单项目表（表4-25）

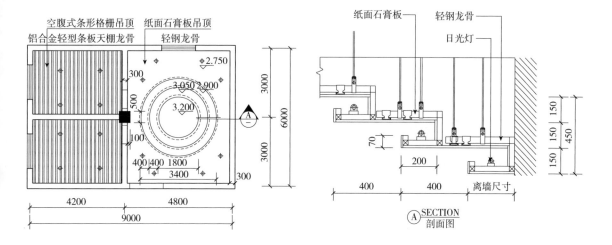

分部分项工程清单　　　　　　　　　　　　　　　　表4-25

项目编码	项目名称	项目特征	计量单位	工程量	工程量计算规则
011302001001	吊顶天棚	(1) 轻钢龙骨 (2) 纸面石膏板 (3) 灯具开孔 (4) 板缝贴绷带嵌缝膏	m²	25.65	同表4-24吊顶天棚
011302002001	格栅吊顶	(1) 铝合金条板天棚龙骨轻型 (2) 铝合金格栅天棚	m²	21.04	按设计图示尺寸以水平投影面积计算

(2) 计算清单工程量

吊顶天棚：$(4.8-0.3)×(6-0.3)=25.65m^2$

格栅吊顶：$[(4.2-0.3)×(3-0.3)-(0.1×0.1)]×2=21.04m^2$

【案例4-20】纸面石膏板吊顶和铝格栅采用装配式U形轻钢龙骨，铝合金挂

片龙骨由厂家配套提供（图4—28～图4—30），列出天棚装饰工程量清单。

图4—28　天棚平面图
　　　　（左）
图4—29　天棚剖面图
　　　　（右）

解：（1）列清单项目表（表4—26）

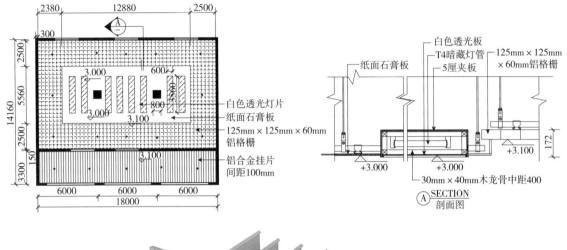

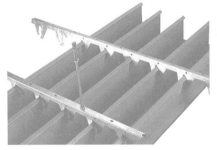

图4—30　铝合金条形
　　　　挂片天棚

分部分项工程清单　　　　　　　　　　　　表4—26

项目编码	项目名称	项目特征	计量单位	工程量	工程量计算规则
011302001001	吊顶天棚	（1）装饰配式U形轻钢龙骨 （2）纸面石膏板 （3）板缝贴绷带嵌缝膏	m²	53.24	同表4—24吊顶天棚
011302002001	格栅吊顶	（1）装饰配式U形轻钢龙骨 （2）125mm×125mm×60mm铝格栅	m²	115.3	同表4—25格栅吊格
011302002002	格栅吊顶（挂片）	铝合金挂片间距100mm	m²	53.1	同表4—25格栅吊格
011304001001	灯槽	（1）木龙骨架外框3560mm×600mm×172mm （2）白色透光灯片	m²	28.54	同表4—24灯带（槽）

（2）计算清单工程量

吊顶天棚：　　　　　$5.56×12.88-3.56×0.6×8-0.8×0.8×2=53.24m^2$

单个柱面积：　　　　$0.8×0.8>0.3m^2$ 应扣除

格栅吊顶：　　　　　$(18-0.3)×(14.16-3.3-0.3)-5.56×12.88=115.3m^2$

格栅吊顶（挂片）：(18−0.3) × (3.3−0.3) =53.1m²

灯槽： (0.6+3.56) ×2×0.172×8+0.6×3.56×8=28.54m²

【案例 4−21】轻钢龙骨吊顶，大龙骨 X 方向长，沿 Y 方向中距 1000mm 布置，小龙骨 Y 方向长，沿 X 方向中距 600mm 布置（图 4−31），列出天棚装饰工程量清单。

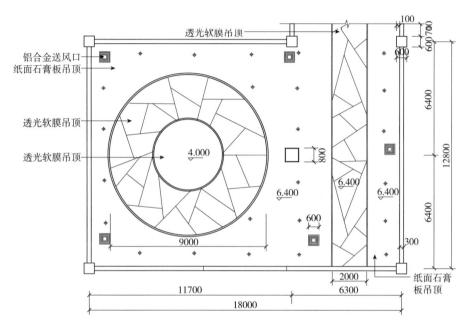

图 4−31 天棚平面图

解：（1）列清单项目表（表 4−27）

分部分项工程清单 表4−27

项目编码	项目名称	项目特征	计量单位	工程量	工程量计算规则
011302001001	吊顶天棚	(1) 轻钢龙骨 大龙骨X方向长，沿Y方向中距1000mm，小龙骨Y方向长，沿X方向中距600mm (2) 纸面石膏板 (3) 灯具、送风口开孔 (4) 板缝贴绷带嵌缝膏	m²	134.83	同表4−24吊顶天棚
011302005001	织物软雕吊顶（图5−11d）	(1) 轻钢龙骨 大龙骨X方向长，沿Y方向中距1000mm，小龙骨Y方向长，沿X方向中距600mm (2) 透光软膜	m²	90.89	按设计图示尺寸以水平投影面积计算
011304002001	送风口、回风口	铝合金送风口600mm×600mm	个	5	按设计图示数量计算

（2）计算清单工程量

吊顶天棚：$(18-0.3) \times (12.8-0.3) + (0.7+0.6-0.3+0.15)$
$\times (6.3-0.3) -0.8 \times 0.8-3.14 \times 9^2 \div 4-2 \times$
$(12.8-0.15+0.3+0.7) -0.6 \times 0.6 \times 5=134.83m^2$

单个柱面积：0.8×0.8，送风口 $0.6 \times 0.6 > 0.3m^2$ 应扣除

织物软雕吊顶：$3.14 \times 9^2 \div 4+2 \times (12.8-0.15+0.3+0.7) =90.89m^2$

送风口、回风口：5 个

任务3　编制天棚工程量清单

任务要求： 根据附件 5 的实训施工图编制天棚工程量清单。

资料准备： （1）《建筑工程工程量清单计价规范》GB 50500—2013；

（2）《房屋建筑与装饰工程工程量计算规范》GB 50854—2013
（以下简称国标清单）；

（3）电脑机房或学生自带电脑中需安装工程计价软件。

提交成果： （1）分部分项工程量清单；

（2）清单工程量计算单。

涉及知识点：

（1）国标清单天棚工程（附录 N）中的分项工程项目划分规律；

（2）根据图纸内容在国标清单中选择分项工程的方法；

（3）各分项工程的施工工艺、材料和构造；

（4）项目编码的含义；

（5）各分项工程的项目特征描述的要求；

（6）各分项工程的清单工程量计算规则；

（7）工程计价软件的操作。

主要步骤：

4.2.5　门窗工程

门窗工程由木门、金属门、金属卷帘（闸）门、厂库房大门／特种门、其他门、木窗、金属窗、门窗套、窗台板、窗帘／窗帘盒／轨共 10 个子分部工程组成，本小节主要通过案例分析的方式，学习门窗工程工程量清单的编制。

【案例4-22】某施工图建筑门窗表（表4-28），购买成品安装，列出门窗工程量清单。

门窗表　　　　　　　　　　　　　　表4-28

名称	类型	设计编号	洞口尺寸(mm) 宽	洞口尺寸(mm) 高	樘数	名称	类型	设计编号	洞口尺寸(mm) 宽	洞口尺寸(mm) 高	樘数
门	铝合金推拉门	LM1824	1800	2400	5	窗	铝合金推拉窗	LC2118	2100	1800	3
	铝合金平开门	LM1024	1000	2400	2		铝合金平开窗	LC0919	900	1900	5
	木质防火门	FHM乙3	1200	2100	2		铝合金固定窗	LC1	900	1900	5

解：(1) 列清单项目表（表4-29）

分部分项工程清单　　　　　　　　　表4-29

项目编码	项目名称	项目特征	计量单位	工程量	工程量计算规则
010801004001	木质防火门	(1) 木质防火门FHM乙3：2樘成品安装 (2) 洞口尺寸：1200mm×2100mm	樘	2	1.以樘计量，按设计图示数量计算 2.以"m²"计量，按设计图示洞口尺寸以面积计算
010802001001	金属门	(1) LM1824：5樘，洞口尺寸1800mm×2400mm，LM1024：2樘，洞口尺寸1000mm×2400mm (2) 铝合金平开、推拉门成品安装	m²	26.4	
010807001001	金属窗	(1) LC2118：3樘，洞口尺寸2100mm×1800mm；LC0919：5樘，洞口尺寸900mm×1900mm；LC1：5樘，洞口尺寸900mm×1900mm (2) 铝合金平开、推拉、固定窗成品安装	m²	28.44	

(2) 计算清单工程量

木质防火门：　　2樘

金属门：　　　　$1.8×2.4×5+1×2.4×2=26.4m^2$

金属窗：　　　　$2.1×1.8×3+0.9×1.9×5+0.9×1.9×5=28.44m^2$

【案例4-23】某建筑共18层，每层共有2部电梯，电梯入口包门套（图4-32、图4-33），若石材挂码间距为600mm，列出门套工程量清单。

解：(1) 列清单项目表（表4-30）

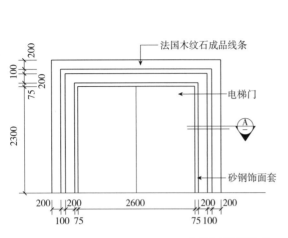

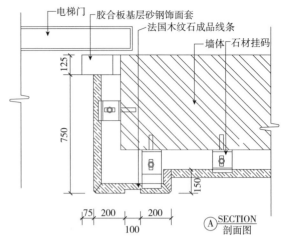

图 4-32 电梯口立面
图（左）

图 4-33 电梯口门套
节点大样（右）

分部分项工程清单 表4-30

项目编码	项目名称	项目特征	计量单位	工程量	工程量计算规则
010808005001	石材门窗套	（1）法国木纹石门套 （2）石材挂码固定，间距为600mm （3）胶合板基层，砂钢饰面套封边 （4）石材磨45°边、倒角	m²	407.16	1.以樘计量，按设计图示数量计算 2.以"m²"计量，按设计图示洞口尺寸以展开面积计算 3.以"m"计量，按设计图示中心以延长米计算

（2）计算清单工程量

石材门窗套：0.5mm 宽面积 =[2.6+0.075×2+0.5+（2.3+0.075+0.25）×2]×0.5=4.25m²

0.15mm 宽面积 =[2.6+0.075×2+0.5×2+（2.3+0.075+0.5）×2]×0.15=1.43m²

0.75mm 宽面积 =[2.6+0.075×2+（2.3+0.075）×2]×0.75=5.63m²

（4.25+1.43+5.63）×18×2=407.16m²

【案例 4-24】某装饰工程现场制作并安装装饰板门 22 樘,不考虑油漆（图 4-34、图 4-35），列出门窗工程量清单。

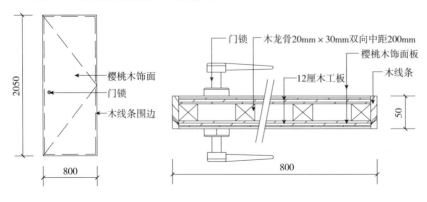

图 4-34 装饰门立面（左）

图 4-35 装饰门节点大样（右）

解：(1) 列清单项目表（表4-31）

分部分项工程清单   表4-31

项目编码	项目名称	项目特征	计量单位	工程量	工程量计算规则
010801001001	木质门	(1) 夹板装饰门 0.8m×2.05m，22樘 (2) 木龙骨、12厘木工板基层 (3) 樱桃木面层 (4) 50mm宽木线条封边 (5) 现场制作并安装	m²	36.08	1.以樘计量，按设计图示数量计算 2.以"m²"计量，按设计图示洞口尺寸以展开面积计算
010801006001	门锁安装	执手锁安装	套	22	按设计图示数量计算

(2) 计算清单工程量

木质门： 0.8×2.05×22=36.08m²

门锁安装 22套

【案例4-25】某酒店装饰，客房需现场制作门套32樘,不考虑油漆(图4-36、图4-37)，列出门窗工程量清单。

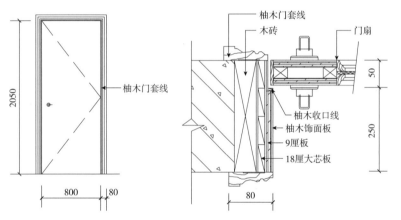

图4-36 装饰门套立面（左）

图4-37 装饰门套节点大样（右）

解：(1) 列清单项目表（表4-32）

分部分项工程清单   表4-32

项目编码	项目名称	项目特征	计量单位	工程量	工程量计算规则
010808002001	木筒子板	(1) 木砖底层 (2) 18厘大芯板筒子板基层 (3) 9厘板门套基层 (4) 柚木面层、柚木收口线	m²	47.04	同表4-30石材门窗套
010808006001	门窗木贴脸	80mm柚木成品门套线	m	313.6	1.以樘计量，按设计图示数量计算 2.以"m"计量，按设计图示洞口尺寸以延长米计算

(2) 计算清单工程量

木筒子板：　　　　　　(0.8+2.05×2) ×0.3×32=47.04m²

门窗木贴脸：　　　　　(0.8+2.05×2) ×2×32=313.6m

特别提示：

目前对门洞周边进行装饰处理有两种情况，一是门洞装饰完后，需在上面再装门（图4-38c、f）；二是仅对门洞周边进行装饰，门洞处原有门（图4-38d、e）或不用装门（图4-38a、b）。第一种门洞装饰叫筒子板，第二种叫包门套。因门洞处一侧要承受门的荷载，另一侧要安装门锁，并承受门的撞击，对基层材料的要求更高，必须要做筒子板。如图4-38所示，先做筒子板，再包门套，但施工时是同时进行，为了方便计算，故只列一项清单。无论是门套还是筒子板均未包含贴脸，贴脸应另行计算。

图4-38　门窗套、筒子板和贴脸

(a) 门套（带木筋）；
(b) 门套（不带木筋）；
(c) 硬木筒子板（带木筋）
(d) 门窗套1；
(e) 门窗套2；
(f) 筒子板（饰面板面层）

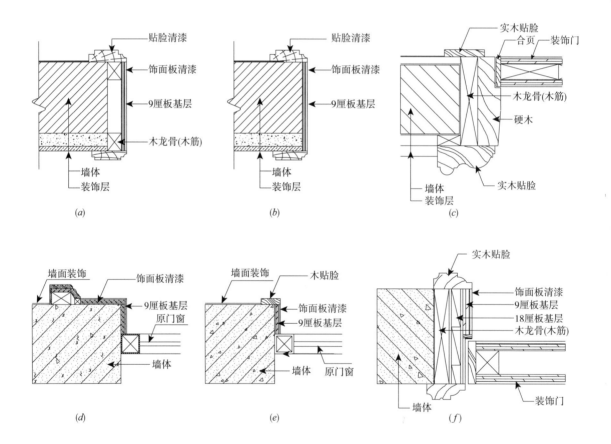

(a)　　　　　　　　　　(b)　　　　　　　　　　(c)

(d)　　　　　　　　　　(e)　　　　　　　　　　(f)

【案例4-26】根据图4-24天棚吊顶，若在窗洞的上方暗装窗帘盒，窗帘盒与天棚连在一起（图4-39），若窗帘高2.8m，满墙布置，展开系数是2，列出门窗工程量清单。

解：(1) 列清单项目表（表4-33）

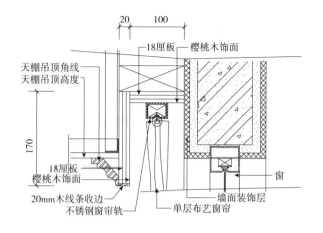

图 4-39 窗帘盒节点
大样

分部分项工程清单   表4-33

项目编码	项目名称	项目特征	计量单位	工程量	工程量计算规则
010810001001	窗帘	(1) 布艺窗帘 (2) 高2.8m,宽 (3.6－0.3－0.6) ×2, (4.2－0.3－0.6－0.15) ×2 (3) 单层不带幔	m²	65.52	1.以"m"计量,按设计图示尺寸以成活后长度计算 2.以"m²"计量,按图示尺寸以成活后展开面积计算
010810003001	饰面夹板窗帘盒	(1) 18厘板基层 (2) 樱桃木饰面	m	11.7	按设计图示尺寸以长度计算
010810005001	窗帘轨	(1) 不锈钢窗帘轨 (2) 单轨	m	11.7	

(2) 计算清单工程量

窗帘: 　　　　　　[(3.6－0.3－0.6) ＋ (4.2－0.3－0.6－0.15)]×2×2
　　　　　　　　　×2.8=65.52m²

饰面夹板窗帘盒: [(3.6－0.3－0.6) ＋ (4.2－0.3－0.6－0.15)]×2=11.7m

窗帘轨: 　　　　[(3.6－0.3－0.6) ＋ (4.2－0.3－0.6－0.15)]×2=11.7m

【案例 4-27】某酒店有 18 间客房飘窗上铺石材 (图 4-40、图 4-41),列出窗台工程量清单。

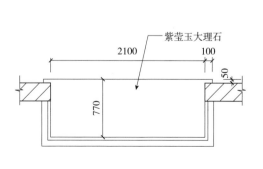

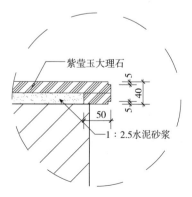

图 4-40 飘窗平面图
(左)

图 4-41 飘窗节点大
样(右)

解：（1）列清单项目表（表4-34）

分部分项工程清单 表4-34

项目编码	项目名称	项目特征	计量单位	工程量	工程量计算规则
010809004001	石材窗台板	（1）1：2.5水泥砂浆20mm厚 （2）20mm紫莹玉大理石 （3）槽边：5mm宽	m²	31.36	按设计图示尺寸以展开面积计算

（2）计算清单工程量

石材窗台板：$[0.77 \times 2.1 + 0.05 \times 0.1 \times 2 + 0.05 \times (2.1 + 0.1 \times 2)] \times 18$
　　　　　$= 31.36 \mathrm{m}^2$

任务4　编制门窗工程量清单

任务要求：根据附件5的实训施工图编制门窗工程量清单。

资料准备：（1）《建筑工程工程量清单计价规范》GB 50500—2013；

（2）《房屋建筑与装饰工程工程量计算规范》GB 50854—2013（以下简称国标清单）；

（3）电脑机房或学生自带电脑中需安装工程计价软件。

提交成果：（1）分部分项工程量清单；

（2）清单工程量计算单。

涉及知识点：

（1）国标清单门窗工程（附录H）中的分项工程项目划分规律；

（2）根据图纸内容在国标清单中选择分项工程的方法；

（3）各分项工程的施工工艺、材料和构造；

（4）项目编码的含义；

（5）各分项工程的项目特征描述的要求；

（6）各分项工程的清单工程量计算规则；

（7）工程计价软件的操作。

主要步骤：

4.2.6 油漆、涂料、裱糊工程

油漆、涂料、裱糊工程由门油漆、窗油漆、木扶手及其他板条／线条油漆、木材面油漆、金属面油漆、抹灰面油漆、喷刷涂料、裱糊共8个子分部工程组成，本小节主要通过案例分析的方式，学习油漆、涂料、裱糊工程工程量清单的编制。

【案例4-28】根据【案例4-24】、【案例4-25】、【案例4-26】，对夹板装饰门扇、门套和窗帘盒基层刷防火漆2遍，面层刷底油、油色、刮腻子、刷酚醛清漆2遍。

解：(1) 列清单项目表（表4-35）

分部分项工程清单   表4-35

项目编码	项目名称	项目特征	计量单位	工程量	工程量计算规则
011401001001	木门油漆	(1) 夹板装饰门 (2) 面层刷底油、油色、刮腻子、刷酚醛清漆2遍 (3) 基层刷防火漆2遍	m²	36.08	1.以樘计量，按设计图示数量计算 2.以"m²"计量，按设计图示洞口尺寸以面积计算
011403002001	窗帘盒油漆	(1) 面层刷底油、油色、刮腻子、刷酚醛清漆2遍 (2) 基层刷防火漆2遍	m	11.7	按设计图示尺寸以长度计算
011404002001	筒子板、门窗套油漆	(1) 面层刷底油、油色、刮腻子、刷酚醛清漆2遍 (2) 基层刷防火漆2遍	m²	72.95	按设计图示尺寸以面积计算

(2) 计算清单工程量

木门油漆： $0.8 \times 2.05 \times 22 = 36.08 m^2$

窗帘盒油漆： $[(3.6-0.3-0.6)+(4.2-0.3-0.6-0.15)] \times 2 = 11.7 m$

筒子板、门窗套油漆：$47.04 + [0.8 + (2.05+0.08) \times 2] \times 2 \times 32 \times 0.08$
                   $= 72.95 m^2$

【案例4-29】根据【案例4-10】，对干挂石材钢骨架刷防锈漆1遍，列出油漆工程量清单。

解：(1) 列清单项目表（表4-36）

分部分项工程清单   表4-36

项目编码	项目名称	项目特征	计量单位	工程量	工程量计算规则
011405001001	金属面油漆	(1) 8号镀锌槽钢、50mm×50mm×5mm镀锌角钢、后置件100mm×110mm×8mm冷弯钢板 (2) 面层防锈漆1遍	t	3.64	1.以"t"计量，按设计图示尺寸以质量计算 2.以"m²"计量，按设计展开面积计算

(2) 计算清单工程量

金属面油漆：   3.64t

【案例 4-30】 在【案例 4-9】、【案例 4-17】基础上，图 4-6、图 4-7 楼梯间墙面和天棚满刮腻子 2 遍，刮仿瓷涂料 2 遍，列出楼梯间天棚装饰工程量清单。

解：（1）列清单项目表（表 4-37）

分部分项工程清单

表4-37

项目编码	项目名称	项目特征	计量单位	工程量	工程量计算规则
011407001001	墙面喷刷涂料	（1）基层：石灰砂浆已完成 （2）满刮腻子2遍 （3）仿瓷涂料2遍 （4）部位：楼梯间墙面	m²	204.49	按设计图示尺寸以面积计算
011407002001	天棚喷刷涂料	（1）基层：石灰砂浆已完成 （2）满刮腻子2遍 （3）仿瓷涂料2遍 （4）部位：楼梯间天棚	m²	78.25	

（2）计算清单工程量

墙面喷刷涂料： 墙面喷刷涂料 = 内墙抹灰的工程量 = 204.49m²

天棚喷刷涂料： 天棚喷刷涂料 = 78.25m²

【案例 4-31】 根据图 4-2 的平面尺寸，若房间净高 2.8m，踢脚线高 120mm，墙面和顶棚贴墙纸，应考虑对花，门高 2.1m，窗高 1.8m，未做门套，门窗洞口处均裱入半墙，原墙已有水泥砂浆，列出裱糊工程量清单。

解：（1）列清单项目表（表 4-38）

分部分项工程清单

表4-38

项目编码	项目名称	项目特征	计量单位	工程量	工程量计算规则
011408001001	墙纸裱糊（墙面）	（1）基层：水泥砂浆找平 （2）找补刮腻子 （3）裱糊墙纸，对花 （4）防护材料：清漆 （5）部位：墙面	m²	115.96	按设计图示尺寸以面积计算
011408001002	墙纸裱糊（天棚）	（1）基层：水泥砂浆找平 （2）找补刮腻子 （3）裱糊墙纸，对花 （4）防护材料：清漆 （5）部位：天棚	m²	48.03	

（2）计算清单工程量

墙纸裱糊（墙面）：小房间:[（4.2-0.24+3-0.24）×2×（2.8-0.12）-1.5×1.8-（2.1-0.12）×0.8]×2=63.47m²

大房间:（4.8-0.24+6-0.24+0.13）×2×（2.8-0.12）-1.5×1.8-（1.5+0.8+0.8）×（2.1-0.12）=47.17m²

洞口侧壁：$(1.5+1.8)×2×0.12×3+[0.8+(2.1-0.12)×2]×0.24×2+[1.5+(2.1-0.12)×2]×0.12=5.32m^2$

合计：$63.47+47.17+5.32=115.96m^2$

墙纸裱糊（天棚）：$(3-0.24)×(4.2-0.24)×2+(4.8-0.24)×(6-0.24)-0.5×0.13-0.13×0.13×2=48.03m^2$

【案例 4-32】对【案例 4-21】中的纸面石膏板吊顶刷白色乳胶漆，列出油漆工程量清单。

解：（1）列清单项目表（表 4-39）

分部分项工程清单　　　　　表4-39

项目编码	项目名称	项目特征	计量单位	工程量	工程量计算规则
011406001001	抹灰面油漆	（1）找补腻子 （2）白色乳胶漆两遍	m²	134.83	按设计图示尺寸以面积计算

（2）计算清单工程量

抹灰面油漆：　　　抹灰面油漆 $=134.83m^2$

4.2.7 其他装饰工程

其他装饰工程由柜类／货架、压条／装饰线、扶手／栏杆／栏板装饰、暖气罩、浴厕配件、雨篷／旗杆、招牌／灯箱、美术字共 8 个子分部工程组成，本小节主要通过案例分析的方式，学习其他装饰工程工程量清单的编制。

【案例 4-33】根据图 4-31 平面尺寸，某大堂墙面干挂大理石，与天棚和地面连接时，均采用成品大理石线条干挂，酸洗打蜡（图 4-42），列出干挂石

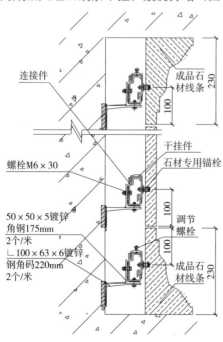

图 4-42　干挂石材线
条节点大样

材线条的工程量清单。

解：(1) 列清单项目表 (表4—40)

分部分项工程清单　　　　　　　　　　　　表4—40

项目编码	项目名称	项目特征	计量单位	工程量	工程量计算规则
011502003001	石材装饰线	(1) 基层：混凝土墙体 (2) 大理石线条成品230mm宽 (3) 后置镀锌角钢L100×63×6、L50×50×5 (4) 酸洗打蜡 (5) 位置：踢脚和顶角	m	114.8	按设计图示尺寸以长度计算

(2) 计算清单工程量

石材装饰线：$[(18-0.3+12.8+0.3+0.7-0.15)×2-(6.3-0.3×2)+0.1×4)]×2=114.8m$

【案例4—34】 根据图4—6、图4—7尺寸，楼梯栏杆扶手装饰施工图 (图4—43)，列出楼梯扶手、栏杆、栏板的工程量清单。

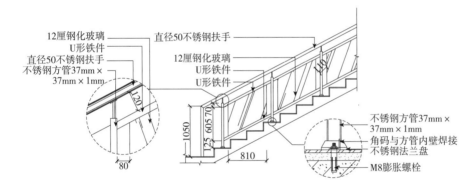

图4—43　楼梯栏杆扶手装饰和节点大样

解：(1) 列清单项目表 (表4—41)

分部分项工程清单　　　　　　　　　　　　表4—41

项目编码	项目名称	项目特征	计量单位	工程量	工程量计算规则
011503001001	金属扶手、栏杆、栏板	(1) 扶手：直径50mm不锈钢扶手 (2) 不锈钢方管37mm×37mm×1mm方管 (3) 栏板：12mm钢化玻璃 (4) M8膨胀螺栓固定栏杆、U形铁件固定栏板	m	17.17	按设计图示以扶手中心线长度（包括弯头长度）计算

(2) 计算清单工程量

金属扶手、栏杆、栏板：　斜长 = (2.97+0.27)×4×1.167=15.12m

水平长 =1.65+4×0.1=2.05m

合计：15.12+2.05=17.17m

【案例4-35】某酒店客房共19间，每间客房均做附墙衣柜，未标明的基层材料为1.8cm大芯板,柜内可见位置,未标注材料的均为橡木饰面板饰面（图4-44、图4-45）,列出附墙衣柜的工程量清单（米黄色墙纸按墙面工程另计,本题不考虑）。

解：(1) 列清单项目表（表4-42）

图 4-44　衣柜外立面、内立面

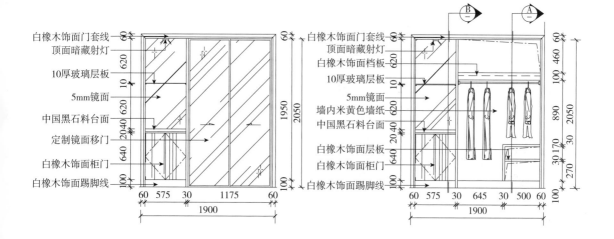

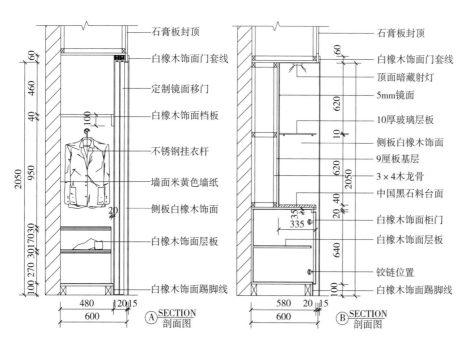

图 4-45　衣柜剖面图

项目编码	项目名称	项目特征	计量单位	工程量	工程量计算规则
011501003001	衣柜	(1) 规格：1900mm×2050mm×600mm (2) 18厚大芯板基层、白橡木面板饰面、镜面饰面、大理石台面等 (3) 定制镜面移门	个	19	1.以个计量，按设计图示数量计量 2.以"m"计量，按设计图示尺寸以延长米计算 3.以"m³"计量，按设计图示尺寸以体积计算

（2）计算清单工程量

衣柜：　　19个

任务5　编制油漆涂料裱糊工程、其他工程量清单

任务要求：根据附件5的实训施工图编制油漆涂料裱糊工程、其他工程量清单。

资料准备：（1）《建筑工程工程量清单计价规范》GB 50500—2013；

（2）《房屋建筑与装饰工程工程量计算规范》GB 50854—2013（以下简称国标清单）；

（3）电脑机房或学生自带电脑中需安装工程计价软件。

提交成果：（1）分部分项工程量清单；

（2）清单工程量计算单。

涉及知识点：

（1）国标清单油漆涂料裱糊工程（附录P）、其他工程（附录Q）中的分项工程项目划分规律；

（2）根据图纸内容在国标清单中选择分项工程的方法；

（3）各分项工程的施工工艺、材料和构造；

（4）项目编码的含义；

（5）各分项工程的项目特征描述的要求；

（6）各分项工程的清单工程量计算规则；

（7）工程计价软件的操作。

主要步骤：

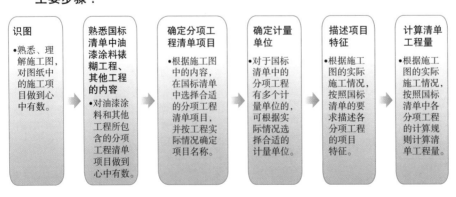

识图	熟悉国标清单中油漆涂料裱糊工程、其他工程的内容	确定分项工程清单项目	确定计量单位	描述项目特征	计算清单工程量
•熟悉、理解施工图，对图纸中的施工项目做到心中有数。	•对油漆涂料和其他工程所包含的分项工程清单项目做到心中有数。	•根据施工图中的内容，在国标清单中选择合适的分项工程清单项目，并按工程实际情况确定项目名称。	•对于国标清单中的分项工程有多个计量单位的，可根据实际情况选择合适的计量单位。	•根据施工图的实际施工情况，按照国标清单的要求描述各分项工程的项目特征。	•根据施工图的实际施工情况，按照国标清单中各分项工程的计算规则计算清单工程量。

4.2.8 防水工程

装饰工程中所涉及的防水工程主要由墙面防水／防潮、楼（地）面防水／防潮 2 个子分部工程组成，本小节主要通过案例分析的方式，学习装饰工程中所涉及的防水工程工程量清单的编制。

【案例 4-36】某宿舍卫生间（图 4-46），经过管道改造后，地面和墙面以及门洞处均已砂浆找平，刷防水涂料，地面、墙面及门洞侧面均做防水，防水高度 1.8m，门洞高 2m，面层（楼地面、墙柱面装饰）另计，本题不考虑，列出防水工程量清单。

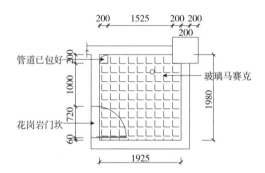

图 4-46 卫生间平面图

解：（1）列清单项目表（表 4-43）

分部分项工程清单　　　　　　　　　　表4-43

项目编码	项目名称	项目特征	计量单位	工程量	工程量计算规则
010903002001	墙面涂膜防水	(1) 防水涂料 (2) 位置：卫生间墙面及门洞处 (3) 高度：1.8m	m²	13.48	按设计图示尺寸以面积计算
010904002001	楼（地）面涂膜防水	(1) 防水涂料 (2) 位置：卫生间地面及门洞处	m²	3.96	按设计图示尺寸以面积计算 1.楼（地）面防水：按主墙间净空面积计算，扣除凸出地面的构筑物、设备基础等所占面积，不扣除间壁墙及单个面积≤0.3m²柱、垛、烟囱和孔洞所占面积 2.楼（地）面防水所边高度≤300mm算作地面防水，所边高度>300mm按墙面防水计算

（2）计算清单工程量

墙面涂膜防水：　　　　　　$(1.925+1.98) \times 2 \times 1.8 - 0.72 \times 1.8 + 1.8$
　　　　　　　　　　　　　$\times 2 \times 0.2 = 13.48\text{m}^2$

楼（地）面涂膜防水：　　　$1.925 \times 1.98 + 0.72 \times 0.2 = 3.96\text{m}^2$

4.2.9 拆除工程

拆除工程主要由砖砌体拆除、混凝土及钢筋混凝土构件拆除、木构件拆除、抹灰层拆除、块料面层拆除、龙骨及饰面拆除、屋面拆除、铲除油漆涂料裱糊面、栏杆栏板、轻质隔墙拆除、门窗拆除、金属构件拆除、管道及卫生洁具拆除、灯具玻璃拆除、其他构件拆除、开孔（打洞）等子分部工程组成，本小节主要通过案例分析的方式，学习拆除工程工程量清单的编制。

【案例 4-37】 根据图 4-1、图 4-9 装修后的尺寸，因房间用途改变，需对室内进行重新装修，拆除房间地面，拆掉房间 1 与房间 2 之间的实心砖墙（M2.5 水泥砂浆砌筑），房间内的墙面抹灰和墙裙也一并铲除，其他维持原状，列出拆除工程量清单。

解：（1）列清项目表（表 4-44）

表4-44

分部分项工程清单

项目编码	项目名称	项目特征	计量单位	工程量	工程量计算规则
011601001001	砖砌体拆除	（1）实心砖墙（M2.5 水泥砂浆） （2）拆除高度：2.7m （3）砌体表面有石灰砂浆抹灰和面砖墙裙	m^3	2.57	1.以"m^3"计量，按拆除的体积计算 2.以"m"计量，按拆除的延长米计算
011604001001	平面抹灰层拆除	（1）3个房间的地面 （2）现浇水磨石	m^2	49.42	按拆除部位的面积计算
011604002001	立面抹灰层拆除	（1）室内墙身 （2）石灰砂浆	m^2	72.4	
011605002001	立面块料拆除	（1）基层：水泥砂浆 （2）面层：釉面砖 （3）位置：室内墙裙	m^2	35.26	按拆除面积计算

（2）计算清单工程量

砖砌体拆除：　　　　$(4.2-0.24) \times 0.24 \times 2.7 = 2.57 m^3$

平面抹灰层拆除：$(3.6-0.24+3.6-0.24) \times (4.2-0.24) + (6-0.24) \times (4.2-0.24) = 49.42 m^2$

立面抹灰层拆除：$[(3.6-0.24) \times 2 \times 2 + (4.2-0.24) \times 2 + (4.2-0.24 + 6-0.24) \times 2 + 0.18 \times 2] \times (3-0.9) - 1.5 \times 1.8 \times 4 - (2.1-0.9) \times 0.9 \times 3 = 72.4 m^2$

立面块料拆除：$[(3.6-0.24) \times 2 \times 2 + (4.2-0.24) \times 2 + (4.2-0.24 + 6-0.24) \times 2 + 0.18 \times 2 - 0.9 \times 3 + 0.12 \times 6] \times 0.9 = 35.26 m^2$

任务6　编制改造工程量清单

任务要求：根据附件5的实训施工图编制改造工程量清单。

资料准备：（1）《建筑工程工程量清单计价规范》GB 50500—2013；

（2）《房屋建筑与装饰工程工程量计算规范》GB 50854—2013
（以下简称国标清单）；

（3）电脑机房或学生自带电脑中需安装工程计价软件。

提交成果：（1）分部分项工程量清单；

（2）清单工程量计算单。

涉及知识点：

（1）国标清单屋面及防水工程（附录 J）、拆除工程（附录 R）
中的分项工程项目划分规律；

（2）根据图纸内容在国标清单中选择分项工程的方法；

（3）各分项工程的施工工艺、材料和构造；

（4）项目编码的含义；

（5）各分项工程的项目特征描述的要求；

（6）各分项工程的清单工程量计算规则；

（7）工程计价软件的操作。

主要步骤：

4.3 措施项目工程量清单编制

为完成工程项目施工，发生于该工程施工准备和施工过程中的技术、生活、安全、环境保护等方面的非工程实体项目的明细清单，如脚手架工程、垂直运输、临时设施、安全施工等。

措施项目清单必须根据相关工程现行国家计量规范《建设工程工程量清单计价规范》GB 50500—2013 的规定编制，且应根据拟建工程的实际情况列项。由于工程建设施工特点和承包人组织施工生产的施工装备的水平、施工方案及其管理水平的差异，同一工程、不同承包人组织施工采用的施工措施有时并不完全一致，因此应根据拟建工程的实际情况列出措施项目。

现行国家计量规范根据能否计算出具体工程量，将措施项目划分为单价措施项目和总价措施项目两个部分。

4.3.1 单价措施项目清单

单价措施项目是指将能计算工程量的措施项目采用单价项目的方式——分部分项工程项目清单的方式进行编制，并相应列出了项目编码、项目名称、项目特征、计量单位和工程量计算规则。单价措施项目的清单编制同分部分项工程的编制方法是相同的，装饰工程中所涉及的单价措施项目主要有装饰脚手架及项目成品保护费、垂直运输及超高增加费。

【案例4-38】根据【案例4-10】，若为单独装饰工程，外墙干挂石材，需搭设外脚手架，列出脚手架工程清单。

解：(1) 列清单项目表（表4-45）

单价措施项目清单　　　　　　　　　　　　表4-45

项目编码	项目名称	项目特征	计量单位	工程量	工程量计算规则
011701002001	外脚手架	(1) 搭设高度：15.25m、13.95m (2) 搭设方式和材质由施工方自主决定	m²	296.8	按所服务对象的垂直投影面积计算

(2) 计算清单工程量

外脚手架：　　　　$13.35 \times 13.95 + 7.25 \times 15.25 = 296.8m^2$

【案例4-39】根据【案例4-21】的已知条件，若同时考虑内墙面装饰，已知层高7m，需搭设脚手架，列出脚手架工程清单。

解：(1) 列清单项目表（表4-46）

单价措施项目清单　　　　　　　　　　　　表4-46

项目编码	项目名称	项目特征	计量单位	工程量	工程量计算规则
011701003001	里脚手架（墙身）	(1) 层高：7m (2) 搭设方式和材质由施工方自主决定	m²	364.8	按所服务对象的垂直投影面积计算
011701003002	里脚手架（柱身）	(1) 层高：7m (2) 搭设方式和材质由施工方自主决定	m²	20.48	
011701006001	满堂脚手架	(1) 层高：7m (2) 搭设方式和材质由施工方自主决定	m²	228.15	按搭设的水平投影面积计算

(2) 计算清单工程量

里脚手架（墙身）：$[(18-0.3+12.8-0.3) + (12.8-0.15+0.3+0.7)$
　　　　　　　　　　$+ (0.6+0.7) + (18-0.15-6.3+0.3)] \times 6.4$
　　　　　　　　　　$= 364.8m^2$

里脚手架（柱身）：$0.8 \times 4 \times 6.4 = 20.48m^2$

满堂脚手架：　　　　$(18-0.3) \times (12.8-0.3) + (0.7+0.3+0.15)$
　　　　　　　　　　$\times (6.3-0.3) = 228.15m^2$

【案例 4-40】 根据【案例 4-16】，高层建筑装饰工程，已知每层建筑面积为 780m²，列出超高施工增加工程清单。

解：（1）列清单项目表（表 4-47）

单价措施项目清单　　　　　　　　　　　　　　表4-47

项目编码	项目名称	项目特征	计量单位	工程量	工程量计算规则
011704001001	超高施工增加	（1）檐高：61.3m （2）层数：共20层，超高层数14层	m²	10920	按建筑物超高部分的建筑面积计算

（2）计算清单工程量

超高施工增加：　　　　　780×14=10920m²

4.3.2　总价措施项目清单

对无法计算具体工程量的措施项目，则采用总价措施项目的方式。《房屋建筑与装饰工程工程量计量规范》GB 50854—2013 对总价措施项目清单列出了项目编码、项目名称、工作内容以及包含范围，但未列出项目特征、计量单位和工程量计算规则，在编制工程清单时，应按规定的项目编码、项目名称确定清单项目，以"项"为计量单位进行编制（表 4-48）。

总价措施工项目清单　　　　　　　　　　　　　表4-48

项目编码	项目名称	项目编码	项目名称
011707001	安全文明施工	011707005	冬雨季施工
011707002	夜间施工	011707006	地上、地下设施、建筑物的临时保护设施
011707003	非夜间施工照明	011707007	已完工程及设备保护
011707004	二次搬运		

任务 7　编制措施项目（单价措施和总价措施）清单

任务要求：根据附件 5 的实训施工图编制措施项目（单价措施和总价措施）清单。

资料准备：（1）《建筑工程工程量清单计价规范》GB 50500—2013；

　　　　　　（2）《房屋建筑与装饰工程工程量计算规范》GB 50854—2013（以下简称国标清单）；

　　　　　　（3）电脑机房或学生自带电脑中需安装工程计价软件。

提交成果：（1）单价措施项目工程量清单；

　　　　　　（2）总价措施项目清单；

　　　　　　（3）清单工程量计算单。

涉及知识点：

  （1）国标清单措施项目（附录 S）中的措施项目划分规律；

  （2）根据图纸内容在国标清单中选择措施项目的方法；

  （3）各单价措施项目的施工工艺、材料和构造；

  （4）项目编码的含义；

  （5）各单价措施项目特征描述的要求；

  （6）各单价措施项目的清单工程量计算规则；

  （7）工程计价软件的操作。

主要步骤：

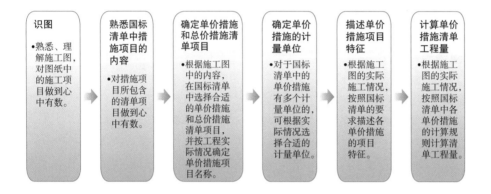

4.4 其他项目清单

  其他项目清单是指除分部分项工程清单、措施项目清单之外的根据招标人的特殊要求而设置的项目清单。

  1. 其他项目清单的组成内容

  （1）暂列金额：招标人在工程量清单中暂定并包括在工程合同价款中的一笔款项。用于施工合同签订时，尚未确定或者不可预见的所需材料、工程设备、服务的采购，施工中可能发生的工程变更、合同约定调整因素出现时的工程价款调整以及发生的索赔、现场签证确认等的费用。

  （2）暂估价：招标人在工程量清单中提供的用于支付必然发生但暂时不能确定价格的材料、工程设备的单价以及专业工程的金额。包括材料暂估单价、工程设备暂估单价、专业工程暂估价。

  （3）计日工：是指在施工过程中，承包人完成发包人提出的工程合同范围以外的零星项目或工作，按合同约定的单价计价的一种方式

  （4）总承包服务费：总承包人为配合协调发包人进行的专业工程发包，对发包人自行采购的材料、工程设备等进行保管以及施工现场管理、竣工资料汇总整理等服务所需的费用。

  其他项目清单也可根据实际情况进行补充。

2. 其他项目清单的计取

(1) 暂列金额：由招标人根据工程特点按有关计价规定估算，一般按分部分项工程费的10%～15%确定，不同专业预留的暂列金额应分别列项。

特别提示：

不管采用何种合同形式，其理想的标准是，一份建设工程施工合同的价格就是其最终的竣工结算价格，或者至少两者应尽可能接近。而工程建设自身的规律决定，设计需要根据工程进展不断地进行优化和调整，发包人的需求可能会随工程建设进展出现变化，工程建设过程还存在其他诸多不确定性因素。消化这些因素必然会影响合同价格的调整，暂列金额正是为这类不可避免的价格调整而设立，以便合理确定工程造价的控制目标。

有一种错误的观念认为，暂列金额列入合同价格就属于承包人（中标人）所有了。事实上，即便是总价包干合同，也不是列入合同价格的任何金额都属于中标人的，是否属于中标人应得金额取决于具体的合同约定，暂列金额从定义开始就明确，只有按照合同约定程序实际发生后，才能成为中标人应得金额，纳入合同结算价款中，扣除实际发生金额后的暂列金额余额仍属于招标人所有。

设立暂列金额并不能保证合同结算价格就不会再出现超过已签约合同价的情况，是否超出已签约合同价完全取决于对暂列金额预测的准确性，以及工程建设过程是否出现了其他事先未预测到的事件。

(2) 暂估价。材料暂估单价：由招标人根据工程造价信息或参照市场价格估算，列出明细表；

工程设备暂估单价：由招标人根据工程造价信息或参照市场价格估算，列出明细表；

专业工程暂估价：由招标人分不同专业，按有关计价规定估算，列出明细表。专业工程暂估价不应超过分部分项工程费的15%。

为方便合同管理和计价，需要纳入工程量清单项目综合单价中的暂估价最好只是材料费，以方便投标人组价。对专业工程暂估价一般应是综合暂估价，包括除规费、税金以外的管理费、利润等。

(3) 计日工：由招标人列出项目名称、计量单位和暂估数量。计日工是为了解决现场发生的零星工作的计价而设立的，以完成零星工作所消耗的人工工日、材料数量、机械台班进行计量，并按照计日工表中填报的适用项目的单价（由投标人确定）进行计价支付。计日工适用的零星工作一般是指合同约定之外的或者因变更而产生的、工程量清单中没有相应项目的额外工作，尤其是那些时间不允许事先商定价格的额外工作。计日工为额外工作和变更的计价提供了一个方便快捷的途径。为了获得合理的计日工单价（计日工单价由投标人确定），计日工表中招标人一定要给出暂定数量，并且需要根据经验，尽可能估算一个比较贴近实际的数量。计日工表中，量由招标人确定，价由投标人确定。

(4) 总承包服务费：招标人应列出服务项目及其内容等。由投标人就招标人所列的服务项目及其内容计算总承包服务费。其中，专业工程服务费可按专业工程直接费的1%~2%计算；发包人供应的材料或发包人订货，由承包人在供货点提供的材料，其采保费、运杂费及场外运输损耗费应按相关规定计算。

总承包服务费是为了解决招标人在法律、法规允许的条件下进行专业工程发包以及自行采购供应材料、设备时，要求总承包人对发包的专业工程提供协调和配合服务（如分包人使用总包人的脚手架、水电接驳等）；对供应的材料、设备提供收、发和保管服务以及对施工现场进行统一管理；对竣工资料进行统一汇总整理等发生并向总承包人支付的费用。

【案例4-41】某装饰工程其他项目清单表

(1) 其他项目清单汇总（表4-49）

其他项目清单与计价汇总表　　　　　　　　表4-49

序号	项目名称	计量单位	金额（元）	备注
1	暂列金额	项	5000	明细见表4-50
2	暂估价	项		
2.1	材料暂估单价		—	明细见表4-51
2.2	工程设备暂估单价		—	明细见表4-51
2.3	专业工程暂估价		4000	明细见表4-52
3	计日工		—	明细见表4-53
4	总承包服务费		—	明细见表4-54
	合计		—	—

注：材料暂估单价进入清单项目综合单价，此处不汇总。

(2) 暂列金额（表4-50）

暂列金额明细表　　　　　　　　表4-50

序号	项目名称	计量单位	暂定金额（元）	备注
1	图纸设计的变更	项	2000	
2	其他不可预见因素	项	3000	
	暂列金额合计		5000	

注：此表由招标人填写，也可只列暂列金额总额。投标人应将上述暂列金额计入投标总价中。

(3) 材料（工程设备）暂估单价表（表4-51）

材料（工程设备）暂估单价表 表4—51

序号	名称	单位	数量	单价（元）	合价（元）	备注
1	透光软膜	m²		125		
2	石膏板	m²		12.5		
	小计					

注：此表单价由招标人填写，由投标人根据计价过程中材料汇总确定数量。合价和小计均由投标人计取。

（4）专业工程暂估价表（表4—52）

专业工程暂估价表 表4—52

序号	专业工程名称	工程内容	暂定金额（元）	备注
1	消防工程	合同图纸中标明的以及工程规范和技术说明中规定的各系统，包括但不限于消火栓系统、消防水池供水系统、水喷淋系统、火灾自动报警系统及消防联动系统中的设备、管道、阀门、线缆等的供应、安装和调试工作	1500	
2	灯具走线安装	灯具走线安装	2500	
	小计		4000	

注：1.此表由招标人填写。投标人应将上述暂定金额计入投标总价中；

2.专业工程暂估价一般应是综合暂估价，包括除规费、税金以外的管理费、利润等。

（5）计日工（表4—53）

计日工表 表4—53

编号	项目名称	单位	暂定数量	实际数量	综合单价（元）	合价（元） 暂定	合价（元） 实际
一	人工						
1	综合人工	工日	30				
	人工小计						
二	材料						
1	18mm大芯板	m²	5				
2	水泥32.5	t	0.5				
	（略）						
	材料小计						
三	施工机械						
1	电锤520W	台班	2				
2	木工圆锯机	台班	3				
	施工机械小计						
	总计						

注：1.此表项目名称、暂定数量由招标人填写。编制招标控制价时，综合单价由招标人按有关计价规定确定；投标时，综合单价由投标人自主报价，按暂定数量计算合价计入投标总价中。结算时，按发承包双方确定的实际数量计算合价。

2.此表综合单价指包括了管理费和利润。

(6) 总承包服务费（表4-54）

总承包服务费计价表   表4-54

序号	项目名称	项目价值（元）	服务内容	费率（%）	金额（%）
1	发包人发包专业工程（消防工程、灯具走线安装）	8600	1.按专业工程承包人的要求提供施工工作面并对施工现场进行统一管理，对竣工资料进行统一整理汇总； 2.为专业工程承包人提供垂直运输机械和焊接电源接入点，并承担垂直运输费和电费		
小计					

4.5 规费

根据国家法律、法规规定，由省级政府或省级有关权力部门规定施工企业必须缴纳的，应计入建筑安装工程造价的费用

规费清单应按照下列列项：

1. 社会保险费：包括养老保险费、失业保险费、医疗保险费、工伤保险费、生育保险费；

2. 住房公积金；

3. 工程排污费。

出现未列的项目，应根据省级政府或省级有关部门的规定列项。

【案例4-42】按照湖南省规费收费的相关规定，某装饰工程规费清单（表4-55）。

规费项目计价表   表4-55

序号	项目名称	计算基础	计算费率（%）	金额（元）
1	社会保险费	分部分项工程费+措施项目费+其他项目费	3.15	
2	工程排污费		0.4	
3	安全生产责任险		0.2	
4	职工教育经费	（分部分项工程费+措施项目费+计日工）中的人工费总额	1.5	
5	工会经费		2.0	
6	住房公积金		6.0	
合计				

注：金额由投标人按照规定的计费基础和费率计取，计入投标报价中。

特别提示：

规费作为政府和有关权力部门规定必须缴纳的费用，政府和有关权力部门可根据形势发展的需要，对规费项目进行调整。因此，对于上述未包括

的规费项目，在计算规费时应根据省级政府和省级有关权力部门的规定进行补充。

4.6 税金

国家税法规定的应计入建筑安装工程造价内的营业税、城市维护建设税、教育附加和地方教育附加。如出现未列的项目，应根据税务部门的规定列项。

目前湖南省的计取方式如表4-56所示。

附加征收税费表   表4-56

项目名称	一般计税法		简易计税法	
	计费基础	费率（%）	计费基础	费率（%）
纳税地点在市区的企业	建安费用+销项税额	0.36	应纳税额	12
纳税地点在县城镇的企业		0.3		10
纳税地点不在市区县城镇的企业		0.18		6

注：1.附加征收税费包括城市维护建设税、教育费附加和地方教育附加。
    2.本教材中所列例题均采用一般计税法计算。

认知训练8

一、选择题

1.建安工程造价中的税金不包括：（   ）。

A.营业税   B.所得税   C.城乡维护建设税   D.教育费附加

2.模板与脚手架费用应计入建筑安装工程费用中的（   ）。

A.单价措施项目费   B.总价措施项目费   C.材料费

D.间接费   E.直接工程费

3.下列项目费用（   ）属于措施项目清单中的内容。

A.临时设施   B.脚手架   C.总承包费用   D.模板及支架

E.成品保护   F.垂直运输机械   G.材料设备采购

4.下列项目费用（   ）属于其他项目清单中的内容。

A.预留金   B.材料购置费   C.总承包服务费   D.零星工作项目费

E.赶工措施费   F.不可抗力造成的停工损失费

5.以下哪项内容不是税金的组成内容（   ）。

A.营业税   B.城市维护建设税   C.住房公积金   D.教育费附加

6.措施项目是指为完成工程项目施工，发生于该工程施工前和施工过程中技术、生活、安全等方面的（   ）项目。

A.工程实体   B.非项目实体   C.项目实体   D.非项目实体

二、思考题

1. 其他项目清单由哪几部分组成？各部分的含义是什么？

2. 招标人如何编制总价措施项目清单？

4.7 招标工程量清单文件汇编

当分部分项工程、措施项目工程、其他项目工程清单编制完成后，招标人（或具有资质的委托人）需进行招标工程量清单文件的汇编，将分散的资料数据汇编成完整的招标工程量清单文件。招标工程量清单是招标文件的重要组成部分，是投标人进行投标报价的依据。

【案例 4-43】根据【案例 4-21】（天棚吊顶）、【案例 4-32】（吊顶面油漆）、【案例 4-39】（脚手架）、【案例 4-41】（其他项目），按照《建设工程工程量清单计价规范》GB 50500—2013 中规定的格式，汇编招标工程量清单文件。

<u>×××酒店室内装饰</u>　　**工程**

招标工程量清单

招　标　人：　　　<u>×××酒店</u>

（单位盖章）

造价咨询人：　　<u>××工程咨询有限公司</u>

（单位盖章）

2015 年 3 月 18 日

<u>　　×××酒店室内装饰　　</u>　　**工程**

招标工程量清单

招　标　人：　<u>　　×××酒店　　</u>　　　　造价咨询人：　<u>　　××　　</u>

　　　　　　　　　（单位盖章）　　　　　　　　　　　　　　　（单位资质专用章）

法定代表人　　　　　　　　　　　　　　　法定代表人
或其授权人：　<u>　　×××　　</u>　　　　或其授权人：　<u>　　××　　</u>

　　　　　　　　　（签字或盖章）　　　　　　　　　　　　　（签字或盖章）

编　制　人：　<u>　　×××　　</u>　　　　复　核　人：　<u>　　×××　　</u>

　　　　（造价人员签字盖专用章）　　　　　　　　（造价工程师签字盖专用章）

编制时间：　2015 年 3 月 18 日　　　　复核时间：　2015 年 3 月 18 日

总　说　明

1.工程概况：轻钢龙骨吊顶，大龙骨X方向长，沿Y方向中距1000mm布置，小龙骨Y方向长，沿X方向中距600mm布置，纸面石膏板吊顶刷白色乳胶漆。

　　建设规模：（略）

　　工程特征：（略）

　　计划工期：（略）

　　施工现场实际情况：（略）

　　自然地理条件：（略）

　　环境保护要求等：（略）

2.工程招标和专业工程发包范围：

本次招标范围为施工图纸范围内的装饰工程。

3.工程量清单编制依据：

（1）《建设工程工程量清单计价规范》GB 50500—2013、《房屋建筑与装饰工程工程量计算规范》GB 50854—2013；

（2）国家或省级、行业建设主管部门颁发的计价定额和办法；

（3）建设工程设计文件及相关资料；

（4）与建设工程有关的标准、规范、技术资料；

（5）拟定的招标文件；

（6）施工现场情况、地勘水文资料、工程特点及常规施工方案；

（7）其他相关资料。

4.工程质量、材料、施工等的特殊要求：（略）

5.其他需求说明（除清单以外的计价成果文件、总造价、安全文明费、规费、税金、优良工程奖等）：

（1）室内沙发、茶几、办公桌椅等家具、盆花、灯具等不包括在工程量清单内；

（2）装饰前，地面、墙面、天棚面已由土建单位做水泥砂浆基层；

（3）暂列金额5000元。

分部分项工程清单

序号	项目编码	项目名称	项目特征描述	计量单位	工程量	工程量计算规则
1	011302001001	吊顶天棚	(1) 轻钢龙骨：大龙骨 X 方向长，沿 Y 方向中距1000mm，小龙骨 Y 方向长，沿 X 方向中距600mm (2) 纸面石膏板 (3) 灯具、送风口开孔 (4) 板缝贴绷带嵌缝膏	m²	134.83	按设计图示尺寸以水平投影面积计算。天棚面中的灯槽及跌级、锯齿形、吊挂式、藻井式天棚面积不展开计算。不扣除间壁墙、检查口、附墙烟囱、柱垛和管道所占面积，扣除单个>0.3 m²的孔洞、独立柱及与天棚相连的窗帘盒所占的面积
2	011302005001	织物软雕吊顶	(1) 轻钢龙骨：大龙骨 X 方向长，沿 Y 方向中距1000mm，小龙骨 Y 方向长，沿 X 方向中距600mm (2) 透光软膜	m²	90.89	按设计图示尺寸以水平投影面积计算
3	011304002001	送风口、回风口	铝合金送风口600mm×600mm	个	5	按设计图示数量计算
4	011406001001	抹灰面油漆	(1) 找补腻子 (2) 白色乳胶漆两遍	m²	134.83	按设计图示尺寸以面积计算

单价措施项目清单

序号	项目编码	项目名称	项目特征描述	计量单位	工程量	工程量计算规则
1	011701006001	满堂脚手架	(1) 层高：7m (2) 搭设方式和材质由施工方自主决定	m²	228.15	按搭设的水平投影面积计算
2	011701003001	里脚手架	(1) 层高：7m (2) 搭设方式和材质由施工方自主决定	m²	364.80	按所服务对象的垂直投影面积计算
3	011701003002	里脚手架	(1) 层高：7m (2) 搭设方式和材质由施工方自主决定	m²	20.48	

总价措施项目清单计费表

工程名称：×××酒店室内装饰　　　　　　　　　　标段：　　　　　　　　　　

序号	项目编号	项目名称	计算基础	费率（%）	金额（元）	备注
清单计价　装饰装修工程						
1	011707001001	安全文明施工费	基价人工费			
2	011707002001	夜间施工增加费				
3	01B001	提前竣工（赶工）费	基价人工费+基价机械费			
4	011707005001	冬雨季施工增加费	分部分项工程费			
5	01B002	工程定位复测费				
6	01B003	二次搬运				
合　计						

编制人（造价人员）：　　　　　　　　　　复核人（造价工程师）：

注：按施工方案计算的措施费，若无"计算基础"和"费率"的数值，也可只填"金额"数值，但应在备注栏说明施工方案出处或计算方法。

其他项目清单与计价汇总表

工程名称：×××酒店室内装饰　　　　　　　　　　标段：　　　　　　　　　　

序号	项目名称	金额（元）	结算金额（元）	备注
1	暂列金额	5000.00		
2	暂估价	4000.00		
2.1	材料（工程设备）暂估价			
2.2	专业工程暂估价	4000.00		
3	计日工			
4	总承包服务费			
	2.2、3、4项合计			

注：1.暂列金额单列计入工程控制价或投标报价汇总表中税后；

　　2.材料（工程设备）暂估价进入清单项目综合单价，此处不汇总。

暂列金额明细表

序号	项 目 名 称	计量单位	暂定金额（元）	备注
1	图纸设计的变更	项	2000.00	
2	其他不可预见因素	项	3000.00	分部分项工程费（0.5%~1%）
合　　计			5000.00	

注：此表由招标人填写，如不能详列，也可只列暂列金额总额，投标人应当将上述暂列金额计入投标总价中。其中，检验试验费可依据本办法附录M4.11条规定计列。

专业工程暂估价及结算价表

序号	工程名称	工程内容	暂估金额（元）	结算金额（元）	差额±（元）	备注
1	专业工程暂估价		4000.00			不应超过分部分项工程费的15%
1.1	消防工程		1500.00			
1.2	灯具走线安装		2500.00			
合　　计			4000.00			

注：此表暂估金额由招标人填写，投标人应将暂估金额计入投标总价中。结算时按合同约定结算金额填写。

材料（工程设备）暂估单价及调整表

序号	材料（工程设备）名称、规格、型号	计量单位	数量		暂估（元）		确认（元）		差额±（元）		备注
			暂估	确认	单价	合价	单价	合价	单价	合价	
1	织物软雕	m²			125.00						
2	石膏板	m²			12.50						
合　　计											

注：此表由招标人填写暂估单价，并在备注栏内说明暂估的材料、工程设备拟用在哪些清单项目上，投标人应当将上述材料、工程设备暂估单价计入工程量清单综合单价报表中。

计日工表

工程名称：×××酒店室内装饰　　　　　　　　　　标段：　　　　　　　　　　

编号	项目名称	单位	暂定数量	实际数量	综合单价（元）	合价	
						暂定	实际
一	人 工						
1	综合人工	工日	30.00				
	人工小计						
二	材 料						
1	18厘大芯板	m²	5.00				
2	水泥325#	kg	500.00				
	材料小计						
三	施工机械						
1	电锤 520W 小	台班	2.00				
2	木工圆锯机	台班	3.00				
	施工机械小计						
	总 计						

注：此表项目名称、暂定数量由招标人填写，编制招标控制价时，单价由招标人按有关计价规定确定；投标时，单价由投标人自主报价，按暂定数量计算合价计入投标总价中。结算时，按发承包双方确认的实际数量计算合价。

总承包服务费计价表

工程名称：×××酒店室内装饰　　　　　　　　　　标段：　　　　　　　　　　

序号	项目名称	项目价值（元）	服务内容	计算基础	费率（%）	金额（元）
1	发包人发包专业工程服务费	专业工程直接费（1%~2%）				
2	发包人提供材料采保费	发包人提供材料总值				
	合 计					

规费项目计价表

工程名称：×××酒店室内装饰 标段： 第1页 共1页

序号	项目名称	计算基础	计算费率（%）	金额（元）
清单计价 装饰装修工程				
1	其中：社会保险费	分部分项工程费+措施项目费+其他项目		
2	工程排污费			
3	安全生产责任险			
4	职工教育经费	（分部分项工程费+措施项目费+计日工）中的人工费总额		
5	工会经费			
6	住房公积金			
合　计				

编制人（造价人员）： 复核人（造价工程师）：

注：其他规费包括失业保险费、医疗保险费、工伤保险费、生育保险费、住房公积金五项。

工程量计算单（清单工程量）

工程名称：×××酒店室内装饰 标段： 第1页 共1页

序号	项目名称	计量单位	工程量	计算式
分部分项工程				
1	011302001001 吊顶天棚	m^2	134.83	$(18-0.3) \times (12.8-0.3) + (0.7+0.6-0.3+0.15) \times (6.3-0.3) -0.8\times0.8-3.14\times9^2\div4-2\times(12.8-0.15+0.3+0.7) - 0.6\times0.6\times5=134.83m^2$ 单个柱面积0.8×0.8，送风口$0.6\times0.6>0.3m^2$应扣除
2	011302005001 织物软雕吊顶	m^2	90.89	$3.14\times9^2\div4+2\times(12.8-0.15+0.3+0.7) = 90.89m^2$
3	011304002001 送风口、回风口	个	5	5个
4	011406001001 抹灰面油漆	m^2	134.83	抹灰面油漆$=134.83m^2$
单价措施项目				
1	011701006001 满堂脚手架	m^2	228.15	$(18-0.3) \times (12.8-0.3) + (0.7+0.3+0.15) \times (6.3-0.3) = 228.15m^2$
2	011701003001 里脚手架	m^2	364.80	$[(18-0.3+12.8-0.3) + (12.8-0.15+0.3+0.7) + (0.6+0.7) + (18-0.15-6.3+0.3)]\times6.4=364.8m^2$
3	011701003002 里脚手架	m^2	20.48	$0.8\times4\times6.4=20.48m^2$

任务 8　编制招标工程量清单

任务要求：根据附件 5 的实训施工图，结合综合实训二任务 1~ 任务 7 的成果对招标工程量清单进行文件汇编。计日工中的综合人工暂定 100 个工日，18mm 大芯板暂定 20m²，水泥 32.5 暂定 5t，电锤 520W 暂定 20 个台班，木工圆锯机暂定 15 个台班；图纸设计变更暂定 20000 元，其他不可预见因素暂定 50000 元，招标人需另行发包的专业工程中消防工程暂定 50000 元，灯具的安装和走线暂定 15000 元。总承包服务费按另行发包工程费的 1% 计取。

资料准备：（1）《建筑工程工程量清单计价规范》GB 50500—2013；

　　　　　　（2）《房屋建筑与装饰工程工程量计算规范》GB 50854—2013（以下简称国标清单）；

　　　　　　（3）电脑机房或学生自带电脑中（安装工程计价软件）。

提交成果：（1）封面和扉页；

　　　　　　（2）编制说明；

　　　　　　（3）分部分项工程量清单；

　　　　　　（4）单价措施项目清单；

　　　　　　（5）总价措施项目清单；

　　　　　　（6）其他项目清单；

　　　　　　（7）清单工程量计算单。

涉及知识点：

　　　　　　（1）招标工程量清单的编制单位；

　　　　　　（2）招标工程量清单的组成和编制步骤；

　　　　　　（3）招标工程量清单的编制依据；

　　　　　　（4）招标工程量清单成果的装订顺序；

　　　　　　（5）招标工程量清单在招投标中的作用；

　　　　　　（6）其他项目费的费用组成以中各项费用的含义；

　　　　　　（7）工程计价软件的操作。

主要步骤：

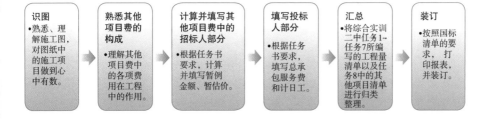

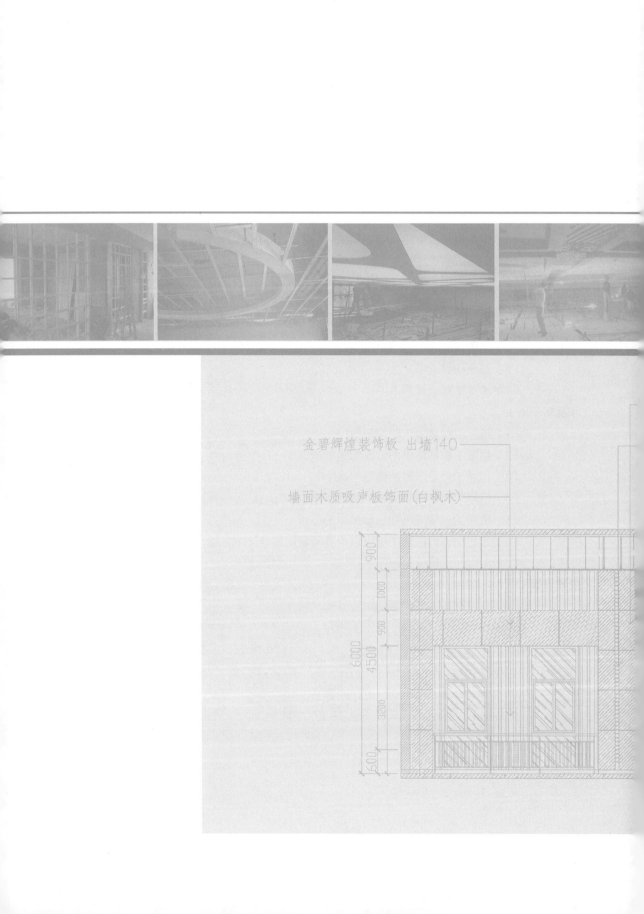

金碧辉煌装饰板 出墙140

墙面木质吸声板饰面(白枫木)

投标报价（招标控制价）

辉煌装饰板 出墙140

文大理石铝塑板出墙面100

木质踢脚线铺贴

墙面木质吸声板饰面（白枫木）

不锈钢栏杆安装

900

4500

6000

1000

530

一、能力目标

(一) 预算员资格考试

考试要求	主要内容
工程量清单计价文件编制	1.掌握装饰工程招标标底和投标报价的编制方法; 2.熟悉装饰工程量清单计价文件的基本内容和编制程序
工程量清单计价表的编制	1.工程量清单的复核、清单项目组合、分部分项工程和单价措施项目工、料、机分析表的编制; 2.分部分项工程和单价措施项目综合单价分析表的编制; 3.工程量清单计价表与造价汇总表的编制; 4.工程量清单计价文件总说明的编制
定额工程量的计算	1.分部分项工程定额工程量计算规则与定额的套用; 2.可计量措施项目定额工程量计算规则与定额的套用

(二) 实践技能

能力要点	教学内容	要求
定额的应用	根据分部分项工程清单(单价措施清单)中项目特征的描述,查找定额,对清单进行组价	能熟悉定额子目,组价时做到不漏项、不重项
	定额子目的换算应用	掌握定额换算的方法,并能灵活的运用
定额工程量的计算	熟悉定额工程量的计算规则;与清单工程量进行对比教学	理解定额工程量与清单工程量的区别以及两种工程量存在的意义
人工费、材料费、机械费的计算	取费人工费、市场人工费、材料费、机械费的计算	了解计算取费人工费的意义,掌握各项费用计算过程
管理费、利润的计算	计费基础、管理费费率、利润率的应用	熟悉计费基础、能通过查找费率熟练计算管理费和利润
综合单价的计算	综合单价的构成和计算	掌握综合单价的构成和计算方法
分部分项(单价措施项目)工程费的计算	分部分项(单价措施项目)工程费的构成和计算	掌握分部分项(单价措施项目)工程费的构成和计算
总价措施项目的计算	总价措施项目费的计费基础、费率的取定	掌握总价措施项目费的计算方法
其他项目费的计算	其他项目费中暂列金额、暂估价、计日工、总承包服务费的构成,计日工计算的依据,总承包服务费计费基础、费率的取定	了解其他项目费中暂列金额、暂估价、计日工、总承包服务费的构成,熟悉计日工、总承包服务费计算方法

二、知识目标

知识要点	教学内容	要求
分部分项工程费的构成以及计算方法	综合单价的构成、计算方法及意义，人工费、材料费、机械费计算方法及意义，管理费、利润等费用的取费标准、计算方法以及各费用在工程造价中的意义	能熟练掌握综合单价、人工费、材料费、机械费、管理费、利润的计算过程，理解各项费用的构成及意义
措施项目费构成以及计算方法		
其他项目费构成以及计算方法		
规费、税金的构成以及计算方法	规费、税金的构成，计费基础，取费标准	能熟练掌握规费、税金的计算过程，熟悉计费基础，理解其构成和意义

三、实训任务

项目	任务	知识体系
综合实训三 编制投标报价文件	任务1　楼地面工程量清单计价	1.查找定额子目，对清单进行组价； 2.计算定额工程量； 3.应用定额消耗量，换算与设计不符的子目； 4.计算人工费、取费人工费、材料费、机械费、管理费、利润、综合单价、分部分项工程费（或单价措施项目费）
	任务2　墙柱面装饰工程量清单计价	
	任务3　天棚工程量清单计价	
	任务4　门窗工程量清单计价	
	任务5　油漆涂料裱糊工程、其他装饰工程量清单计价	
	任务6　改造工程量清单计价	
	任务7　措施项目（单价措施和总价措施）清单计价	1.单价措施项目清单计价所涉及知识体系及要求同分部分项工程； 2.总价措施项目的费用构成、计费基础和费率标准
	任务8　编制投标报价文件	1.其他项目清单的计价主体、计价依据、其他项目费的费用构成； 2.规费、税金的构成，计算依据、计费基础、取费标准； 3.工程造价的构成和计算程序； 4.制作封面、编制说明，按照当地计价办法中的规定顺序，将工程造价文件装订

第5章　装饰工程工程量
　　　　清单计价的编制

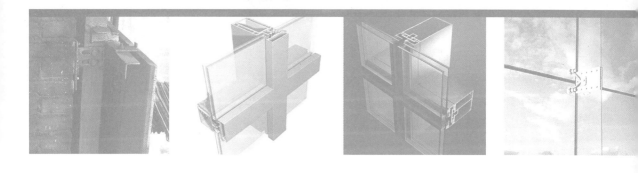

装饰工程工程量清单计价是由投标人根据招标人编制的工程量清单而编制的价格文件。工程量清单是由分部分项工程清单、措施项目清单、其他项目清单、规费税金清单五部分组成，装饰工程工程量清单计价是指完成工程量清单所需的全部费用，包括分部分项工程费、措施项目费、其他项目费、规费、税金五个部分。本章所列例题如无特殊说明，均采用一般计税法计价。用量少、占材料比重小的次要材料合并为其他材料费，其他材料费按《湖南省建筑装饰装修工程消耗量标准》（2014）第二章至第十章中的材料费乘以3%计取其他材料费。

5.1　分部分项工程清单计价

一、分部分项工程量清单的计价方法

　　分部分项工程量清单的计价方法是综合单价法。其计算公式为：

$$分部分项工程量 = \Sigma（分部分项工程量 \times 综合单价）$$

　　式中，综合单价包括直接费（人工费＋材料费＋机械费）、费用和利润（管理费＋利润＋规费）以及税金（增值税＋附加税）。由此可知，分部分项工程费的计算关键就是分部分项工程量清单项目综合单价的确定，综合单价的计算是分部分项工程量清单计价的核心。

二、综合单价计算步骤

　　综合单价的计算，主要有以下几个步骤：

　　（1）根据清单项目特征和《房屋建筑与装饰工程工程量计算规范》GB 50854—2013，确定分部分项工程量清单项目所包括的工作内容，查找对应定额子目。

　　（2）计算定额工程量。

　　在工程量清单计价模式下，招标人提供工程量清单，投标人根据招标人提供的工程量清单进行计价。投标人在计价的过程中，也需要计算工程量，投标人计算的工程量可理解为实际的施工量。在此种模式下，工程造价中会有两种工程量同时存在，为了对这两种工程量进行区分，我们习惯上称招标人提供的工程量叫做清单工程量，投标人计算的工程量叫做定额工程量，这两种工程量存在着很大的差别（表5-1）。

　　在第4章中已经介绍了《房屋建筑与装饰工程工程量计算规范》GB 50854—2013中的工程量计算规则，本章中，通过对计价程序的阐述，穿插定额工程量的计算，所使用的定额为《湖南省建筑装饰装修工程消耗量标准》（2014）。计算定额工程量是投标报价中不可缺少的重要程序。

　　（3）对定额子目进行分析，定额子目中的人工、材料、机械消耗量与实际不相符的内容应按规定进行换算；按现行的市场价格计算直接费中的人工费、

区别	清单工程量	定额工程量
计算主体	招标人计算	投标人计算
计算依据	根据《房屋建筑与装饰工程工程量计算规范》GB 50854—2013中的工程量计算规则计算	根据计价时使用定额的要求来计算,如套用《湖南省建筑装饰装修工程消耗量标准》,则应遵循该定额中的工程量计算规则
表现形式	工程量清单是招标文件中的一部分,实行量的统一	各投标人由于施工方案和使用的定额不同,其结果会有差异
作用	使所有的投标人的计价前提一致,实行量价分离,更有利于招标人进行价的对比	根据施工方案和定额工程量计算规则计算实际施工量,结合消耗量标准可计算出完成清单工作内容所花费的人工费、材料费、机械费

材料费、机械费,按取费单价计算取费人工费(综合单价不包含取费人工费,但装饰工程清单综合单价中的部分费用是以取费人工费为计费基础的,所以必须计算出取费人工费)。

①人工费的计算:

人工费=人工实际消耗量×人工工资单价=定额工程量×定额人工消耗量×人工工资单价

取费人工费=定额工程量×定额人工消耗量×人工工资取费基价(60元/工日)

根据湖南省住建厅发布的湘建价〔2017〕165号文(2017年11月1日起实施)规定,长株潭地区装饰工程的最低工资单价为110元/工日,综合工资单价为120元/工日,综合单价中人工工资单价需在此区间范围内,另外该文件规定人工工资取费基价取60元/工日。

②材料费计算:

材料费=材料实际消耗量×材料预算单价=定额工程量×定额材料消耗量×材料除税预算单价(或市场价格)×(1+3%其他材料费)

根据湖南省住建厅发布的湘建价〔2016〕72号文规定,在实行营业税改增值税(营改增)后建筑业工程造价计税的方法分为一般计税法和简易计税法,本章节以一般计税法为例。根据增值税条件下工程计价要求,税前工程造价中材料应采取不含税价格,材料原价、运杂费等所含税金采取综合税率除税,公式如下:

材料除税预算价格(或市场价格)=材料含税预算价格(或市场价格)/(1+综合税率)

以上公式中综合税率的取定可参考湘建价〔2016〕72号文、湘建价〔2016〕160号文、湘建价〔2017〕134号文、湘建价〔2018〕101号文规定执行(表5-2、表5-3)。

此外用量少、占材料费比重小的次要材料合并为其他材料费。其他材料费按材料费的3%计取。

适用增值税税率的自产自销材料的综合税率　　　　　　　表5-2

序号	材料分类名称	综合税率
1	砂	
2	石子	3.7%
3	水泥为原料的普通及轻骨料商品混凝土	

适用增值税税率的其他材料的综合税率　　　　　　　表5-3

序号	材料分类名称	综合税率
1	水泥、砖、瓦、灰及混凝土制品	
2	沥青混凝土、特种混凝土等其他混凝土	
3	砂浆及其他配合比材料	15.93%
4	黑色及有色金属	
5	园林苗木	
6	自来水	10%
7	以上材料之外的其他未列明分类的材料及设备	15.93%

注：混凝土、砂浆等配合比材料如为现场拌合，则按对应的材料分别除税。

③机械费计算：

机械费＝台班实际消耗量 × 台班单价＝定额工程量 × 定额台班消耗量 × 台班除税单价（或市场价格）

根据湖南省住建厅发布的湘建价〔2016〕160 号文规定，当采用一般计税法时，机械费按湘建价〔2014〕113 号文相关规定计算，并区别不同单位工程乘以系数：机械土石方、强夯、钢板桩和预制管桩的沉桩、结构吊装等大型机械施工的工程乘以 0.92；其他工程乘以 0.95。

（4）计算企业管理费、利润、规费。企业管理费和利润为可竞争费，其费率的取定应根据本企业的管理水平，同时考虑投标报价竞争的情况来确定，并应当符合工程所在地建设行政主管部门发布的管理费费率的有关规定；规费为不可竞争费用，应按照工程所在地建设行政主管部门发布的计价办法的相关规定进行计算。

根据湘建价〔2016〕160 号文、湘建价〔2017〕134 号文规定企业管理费、利润、规费计算方法如下（表 5-4、表 5-5）。

（5）计算增值税和附加税。

①增值税计算：

根据湘建价〔2016〕72 号文、湘建价〔2016〕160 号文、湘建价〔2018〕101 号文规定，采用一般计税法时，增值税包含销项税和进项税两项内容，其计算公式如下：

$$增值税 ＝ 销项税 － 进项税$$

施工企业管理费及利润表　　　　　　　　　　　表5—4

序号	项目名称		计费基础	一般计税法费率标准（%）		简易计税法费率标准（%）	
				企业管理费	利润	企业管理费	利润
1	建筑工程		人工费+机械费	23.33	25.42	23.34	25.12
2	装饰装修工程		人工费	26.48	28.88	26.81	28.88
3	安装工程		人工费	28.98	31.59	29.34	31.59
4	园林景观绿化		人工费	19.90	21.70	20.15	21.70
5	仿古建筑		人工费+机械费	24.36	26.54	24.51	26.39
6	市政	给水排水、燃气工程	人工费	27.82	30.33	25.81	27.80
7		道路、桥涵、隧道工程	人工费+机械费	21.59	23.54	21.82	23.50
8	机械土石方		人工费+机械费	7.31	7.97	6.83	7.35
9	机械打桩、地基处理（不包括强夯地基）、基坑支护		人工费+机械费	13.43	14.64	12.67	13.64
10	装配式混凝土—现浇剪力墙		人工费+机械费	28.12	30.64	28.13	30.28
11	劳务分包企业		人工费	—	—	7	7.36

注：1.计费基础中的人工费和机械费中的人工费均按60元/工日计算。

　　2.当采用"简易计税法"时，机械费直接按湘建价〔2014〕113号文相关规定计算。

　　3.当采用"一般计税法"时，机械费按湘建价〔2014〕113号文相关规定计算，并区别不同单位工程乘以系数：

　　　1）机械土石方、强夯、钢板桩和预制管桩的沉桩、结构吊装等大型机械施工的工程乘以0.92；

　　　2）其他工程乘以0.95。

规费表　　　　　　　　　　　　　　　表5—5

序号	项目名称	一般计税法		简易计税法	
		计费基础	费率（%）	计费基础	费率（%）
1	工程排污费	直接费用+管理费+利润+总价措施项目费	0.4	直接费用+管理费+利润+总价措施项目费	0.4
2	职工教育经费	人工费	1.5	人工费	1.5
3	工会经费		2		2
4	住房公积金		6		6
5	社会保险费	直接费用+管理费+利润+总价措施项目费	3.15	直接费用+管理费+利润+总价措施项目费	3.15
6	安全生产责任险		0.2		0.2

$$销项税 = 税前造价 × 销项税税率$$

税前造价为人工费、材料费、施工机具使用费、企业管理费、利润和规费之和，各费用项目均以不包含增值税可抵扣进项税额的价格计算（表5—6）。

上述公式中的进项税在工程造价中不计算，由财务根据增值税专业发票进项抵扣。

纳税标准表		表5-6
项目名称	计费基础	费率（%）
销项税额（一般计税法）	建安费用	10
应纳税额（简易计税法）	税前造价	3

注：本教材中所列例题均采用一般计税法计算。

②附加税计算（表4-56）：

$$附加税 = （建安费用 + 销项税额）× 附加税税率$$

（6）计算分部分项工程量清单综合单价。

综合单价 = Σ（直接费 + 费用和利润 + 税金）/ 清单工程量 = Σ（人工费 + 材料费 + 机械费 + 企业管理费 + 利润 + 规费 + 销项税 + 附加税）/ 清单工程量

认知训练 9

思考题

1. 分部分项工程费的组成内容是什么？单价措施项目费的组成内容是什么？

2. 综合单价由哪几部分组成？各组成部分如何计算？

3. 什么是清单工程量？什么是定额工程量？有哪些区别？

4. 简述当地规费的组成、费率标准，如何计算？

5.1.1 楼地面装饰工程

1. 定额说明

1）本章水泥砂浆、水泥石子浆、混凝土等的配合比，扶手、栏杆、栏板其材料规格用量与设计规定不同时，可以换算。其中，镶贴块料的水泥砂浆结合层厚度与消耗量标准取定的厚度不同者，可按找平层每增减1mm项目调整。

2）踢脚高度超过30cm者，按墙裙相应项目执行。楼梯段靠墙三角形踢脚部分另按零星项目执行（踢脚线的常用作法见图5-1）。

3）螺旋形楼梯的装饰，按相应弧形项目的人工、机械乘以系数1.20；螺旋形花岗岩楼梯的材料按花岗岩弧形项目执行。

4）同一铺贴面上有不同种类、材质的材料，应分别按本章相应子目执行。

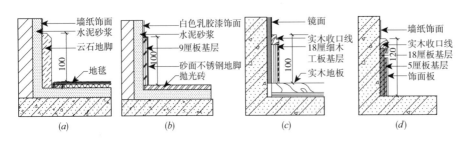

图5-1 踢脚线常用构造作法

(a) 石材面层；(b) 不锈钢面层；(c) 饰面夹板1；(d) 饰面夹板2

5）扶手、栏杆、栏板适用于楼梯、走廊、回廊等工程。

6）零星项目面层适用于楼梯侧面、台阶的牵边，小便池、蹲台、池槽，以及面积在 0.5m² 以内且未列项目的工程。

7）木地板填充材料，按照建筑工程篇相应子目执行。

8）大理石、花岗岩楼地面拼花按成品考虑。

9）镶拼面积小于 0.015m² 的石材执行点缀项目。

2．定额工程量计算规则

1）楼地面工程量：

(1)整体面层及找平层按设计图示尺寸以面积计算。扣除凸出地面构筑物、设备基础、室内地沟等所占面积，不扣除间壁墙及 ≤ 0.3m² 柱、垛、附墙烟囱及孔洞所占面积。门洞、空圈、暖气包槽、壁龛的开口部分不增加面积。

(2)块料面层及其他材料面层按设计图示尺寸以面积计算。门洞、空圈、暖气包槽、壁龛的开口部分并入相应的工程量内。

2）楼梯面积按设计图示尺寸以楼梯（包括踏步、休息平台及 ≤ 500mm 以内的楼梯井）水平投影面积计算；楼梯与楼地面相连时算至梯口梁内侧；无梯口梁者，算至最上一层踏步边沿加 300mm（常用楼梯、台阶防滑条构造作法见图 5-2；地毯和木地板楼梯（台阶）构造作法见图 5-3）。

3）台阶面积（包括踏步及最上一层踏步边沿加 300mm）按水平投影面积计算。

4）踢脚线按实贴长乘高以平方米计算。楼梯踢脚线按相应项目人工、机械乘以 1.15 系数。

5）点缀按个计算，计算主体铺贴地面面积时，不扣除点缀所占面积。

6）零星项目按实铺面积计算。

7）栏杆、栏板、扶手均按其中心线长度以延长米计算，弯头长度并入扶

图 5-2 楼梯（台阶）防滑条常用构造作法（上）
(a) 铣槽；
(b) 烧毛；
(c) 嵌铜条；
(d) 金刚砂条；
(e) 陶瓷防滑砖

图 5-3 地毯和木地板楼梯（台阶）构造作法（下）
(a)、(b) 楼梯地毯常用构造；
(c)、(d)、(e) 楼梯铺木地板常用构造

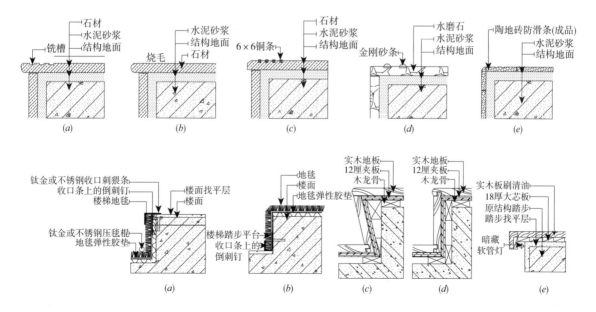

手延长米内计算（扶手连接构造见图5—4、图5—5）。

8）弯头按个计算。

9）石材底面刷养护液包括侧面涂刷，工程量按底面积以平方米计算。

【案例5—1】根据【案例4—1】计算综合单价，工资单价120元／工日（指综合人工和机上人工，下同，不再注明），取费人工工资单价60元／工日，材料预算（市场）单价见附件4，附件4中未包含的材料按定额基期单价执行，管理费率26.48%，利润率为28.88%，按一般计税法计价。

解：（1）根据清单项目特征，查找定额子目，对清单组价，列表如下（表5—7）。

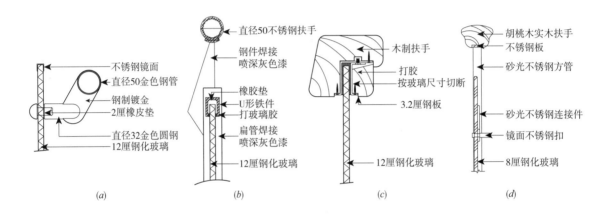

图5—4　扶手与玻璃栏板的连接

(a)、(b) 金属扶手与玻璃栏板的连接；(c)、(d) 硬木扶手与玻璃栏板的连接

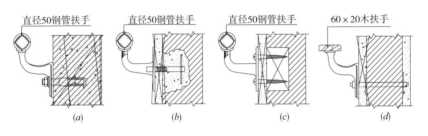

图5—5　靠墙扶手与墙体的连接

(a)、(b)、(c) 钢管扶手与墙体的连接；(d) 硬木扶手墙体的连接

分部分项工程清单组价表　　　　　　表5—7

序号	项目编号	清单名称	工程量	定额组价项目（根据清单项目特征组价）			
				编号	名称	计量单位	工程量
1	011101002001	现浇水磨石楼地面	49.42m²	B1—1	水泥砂浆找平层20mm	100m²	0.4942
				B1—11换	水磨石楼地面带嵌条15mm	100m²	0.4942
2	011101001001	水泥砂浆楼地面	12.4m²	B1—6换	水泥砂浆楼地面	100m²	0.124
3	011105003001	块料踢脚线	47.1m	B1—63换	陶瓷地面砖踢脚线	100m²	0.0565
4	011105001001	水泥砂浆踢脚线	7.44m	B1—10换	水泥砂浆踢脚线	100m²	0.0089

（2）计算定额工程量，并填入表5-8

B1-1：$49.42 \div 100 = 0.4942$　　B1-63：$47.1 \times 0.12 \div 100 = 0.0565$

B1-11：$49.42 \div 100 = 0.4942$　　B1-10：$7.44 \times 0.12 \div 100 = 0.0089$

B1-6：$12.4 \div 100 = 0.124$

注：定额工程量计算规则与清单一致时，不再详细列出定额工程量的计算过程（下同）。

（3）对定额子目进行分析，定额中与实际不相符的内容应进行换算，计算人工费、材料费、机械费（表5-8）。

B1-11$_{换}$　　　　　　定额单位：100m^2

需换算调整的部分：

需将白水泥白石子浆厚度由15mm厚换成10mm厚，且1：2换成1：3。

厚度换算（根据B1-15）：已知15mm厚白水泥白石子浆消耗量：1.73m^3/100m^2

10mm厚白水泥白石子浆消耗量：$1.73-0.1 \times 5 = 1.23$m^3/100m^2

B1-6$_{换}$　　　　　　定额单位：100m^2

需换算调整的部分：

定额采用的是1：2的水泥砂浆，而实际是1：3水泥砂浆，厚度相同。

B1-63$_{换}$　　　　　　定额单位：100m^2

需换算调整的部分：

定额是1：4的水泥砂浆，而实际是1：3水泥砂浆，厚度相同。

B1-10$_{换}$　　　　　　定额单位：100m^2

需换算调整的部分：

定额是1：2水泥砂浆15mm，1：3水泥砂浆10mm，而实际均为6mm，厚度不同，应换算：

6mm 1：2水泥砂浆：套用B1-3，人工$-0.28 \times （15-6） = -2.52$工日，水泥砂浆$-0.1 \times （15-6）$，灰浆搅拌机$-0.01 \times （15-6） = -0.09$台班，1：2水泥砂浆消耗量$= 1.53-0.1 \times （15-6） = 0.63$m^3/100m^2

6mm 1：3水泥砂浆：套用B1-3，人工$-0.28 \times （10-6） = -1.12$工日，水泥砂浆$-0.1 \times （10-6）$，灰浆搅拌机$-0.01 \times （10-6） = -0.04$台班，1：3水泥砂浆消耗量$= 1.02-0.1 \times （10-6） = 0.62$m^3/100m^2

注：楼地面工程中，镶贴块料的水泥砂浆结合层厚度与消耗量标准取定的厚度不同者，可按找平层每增减1mm（B1-3）项目调整。

清单项目人材机用量与单价表（投标报价）（一般计税法）　　　　　　表5-8（a）

工程名称：装饰工程　　　　　　　　　　　　　　　　　　　　　标段：　第1页　共4页

清单编号：011101002001　　　　　　　　　　　　　　　　　　　单位：　m^2

清单名称：现浇水磨石楼地面　　　　　　　　　　　　　　　　　　数量：　49.42

序号	编码	名称（材料、机械规格型号）	单位	数量	基期价（元）	市场价（元）		合价（元）	备注
						含税	除税		
1	00003	综合人工（装饰）	工日	30.383	70.00	120.00	120.00	3646.01	

序号	编码	名称（材料、机械规格型号）	单位	数量	基期价（元）	市场价（元）		合价（元）	备注
						含税	除税		
2	410512	平板玻璃 3mm	m²	2.555	14.92	14.92	12.87	32.88	
3	040139	水泥 32.5级	kg	13.343	0.39	0.51	0.44	5.87	
4	410649	水	m³	3.064	4.38	3.90	3.55	10.88	
5	410369	金刚石（三角形）	块	14.826	4.50	4.50	3.88	57.52	
6	410370	金刚石 200×75×50	块	1.483	12.50	12.50	10.78	15.98	
7	110211	油漆溶剂油	kg	0.262	4.04	4.04	3.48	0.91	
8	P10—44	白水泥白石子浆1:3	m³	0.608	519.68	547.92	500.52	304.25	
9	P10—10	水泥108胶浆1:0.175:0.2	m³	0.099	1130.45	1311.90	1134.42	112.13	
10	P10—5	水泥砂浆1:3	m³	0.998	331.73	488.56	450.33	449.56	
11	J12—19	平面水磨石机 功率3kW 小	台班	5.327	26.25	25.07	23.82	126.88	
12	J6—16	灰浆搅拌机 拌筒容量200L 小	台班	0.321	92.19	141.47	134.40	43.17	
		本页合计						4806.05	
		累计						4806.05	

清单项目人材机用量与单价表（投标报价）（一般计税法）　　　　表5—8（b）

工程名称：装饰工程　　　　　　　　　　　　　　　　　　　标段：　　　第2页 共4页
清单编号：011101001001　　　　　　　　　　　　　　　　单位：　　　m²
清单名称：水泥砂浆楼地面　　　　　　　　　　　　　　　　数量：　　　12.4

序号	编码	名称（材料、机械规格型号）	单位	数量	基期价（元）	市场价（元）		合价（元）	备注
						含税	除税		
1	00003	综合人工（装饰）	工日	1.261	70.00	120.00	120.00	151.33	
2	410649	水	m³	0.471	4.38	3.90	3.55	1.67	
3	P10—10	水泥108胶浆1:0.175:0.2	m³	0.012	1130.45	1311.90	1134.42	14.07	
4	P10—5	水泥砂浆1:3	m³	0.25	331.73	488.56	450.33	112.80	
5	J6—16	灰浆搅拌机 拌筒容量200L 小	台班	0.042	92.19	141.47	134.40	5.67	
		本页合计						285.53	
		累计						285.53	

清单项目人材机用量与单价表（投标报价）（一般计税法）　　　　表5—8（c）

工程名称：装饰工程　　　　　　　　　　　　　　　　　　　标段：　　　第3页 共4页
清单编号：011105003001　　　　　　　　　　　　　　　　单位：　　　m
清单名称：块料踢脚线　　　　　　　　　　　　　　　　　　数量：　　　47.1

序号	编码	名称（材料、机械规格型号）	单位	数量	基期价（元）	市场价（元）		合价（元）	备注
						含税	除税		
1	00003	综合人工（装饰）	工日	2.394	70.00	120.00	120.00	287.27	
2	040015	白水泥	kg	0.791	0.69	0.75	0.65	0.51	
3	410599	石料切割锯片	片	0.018	12.00	12.00	10.35	0.19	
4	060167	陶瓷砖（踢脚线）	m²	5.763	31.00	35.00	30.19	173.98	
5	410649	水	m³	0.17	4.38	3.90	3.55	0.60	
6	P10—5	水泥砂浆1:3	m³	0.068	331.73	488.56	450.33	30.79	
7	P10—10	水泥108胶浆1:0.175:0.2	m³	0.006	1130.45	1311.90	1134.42	6.41	

序号	编码	名称（材料、机械规格型号）	单位	数量	基期价（元）	市场价（元）		合价（元）	备注
						含税	除税		
8	J12-133	石料切割机 小	台班	0.071	10.68	10.44	9.92	0.71	
9	J6-16	灰浆搅拌机 拌筒容量200L 小	台班	0.012	92.19	141.47	134.40	1.67	
		本页合计						502.13	
		累计						502.13	

清单项目人材机用量与单价表（投标报价）（一般计税法） 表5-8（d）

工程名称：装饰工程   标段：   第4页 共4页

清单编号：011105001001   单位：   m

清单名称：水泥砂浆踢脚线   数量：   7.44

序号	编码	名称（材料、机械规格型号）	单位	数量	基期价（元）	市场价（元）		合价（元）	备注
						含税	除税		
1	00003	综合人工（装饰）	工日	0.262	70.00	120.00	120.00	31.47	
2	P10-3	水泥砂浆1:2	m³	0.006	374.40	539.18	491.57	2.76	
3	P10-5	水泥砂浆1:3	m³	0.006	331.73	488.56	450.33	2.48	
4	410649	水	m³	0.034	4.38	3.90	3.55	0.12	
5	J6-16	灰浆搅拌机 拌筒容量200L 小	台班	0.003	92.19	141.47	134.40	0.35	
		本页合计						37.18	
		累计						37.18	

（4）将人工费、材料费、机械费填入综合单价分析表，计算取费人工费、管理费、利润、综合单价（表5-9）。

清单项目费用计算表（综合单价表）（投标报价）（一般计税法） 表5-9（a）

工程名称：装饰工程   标段：   第1页 共4页

清单编号：011101002001   单位：   m²

清单名称：现浇水磨石楼地面   数量：49.42   综合单价：143.20

序号	工程内容	计费基础说明	费率（%）	金额（元）	备注
1	直接费用	1.1+1.2+1.3		4835.75	
1.1	人工费			3646.01	
1.1.1	其中：取费人工费			1823.00	
1.2	材料费			1019.68	
1.3	机械费			170.05	
1.3.1	其中：取费机械费				
2	费用和利润	2.1+2.2+2.3		1574.77	
2.1	管理费	1.1.1或1.1.1+1.3.1	26.48	482.73	
2.2	利润	1.1.1或1.1.1+1.3.1	28.88	526.48	
2.3	规费	2.3.1+2.3.2+2.3.3+2.3.4+2.3.5		565.56	

序号	工程内容	计费基础说明	费率（%）	金额（元）	备注
2.3.1	工程排污费	1+2.1+2.2	0.40	23.38	
2.3.2	职工教育经费和工会经费	1.1	3.50	127.61	
2.3.3	住房公积金	1.1	6.00	218.76	
2.3.4	安全生产责任险	1+2.1+2.2	0.20	11.69	
2.3.5	社会保险费	1+2.1+2.2	3.15	184.12	
3	建安造价	1+2		6410.51	
4	销项税额	3项×税率	10.00	641.05	
5	附加税费	（3+4）项×费率	0.36	25.39	
合计		3+4+5		7076.94	

清单项目费用计算表（综合单价表）（投标报价）（一般计税法） 表5-9（b）

工程名称：装饰工程   标段：   第2页 共4页

清单编号：011101001001   单位：   m²

清单名称：水泥砂浆楼地面   数量：12.40   综合单价：31.88

序号	工程内容	计费基础说明	费率（%）	金额（元）	备注
1	直接费用	1.1+1.2+1.3		289.39	
1.1	人工费			151.33	
1.1.1	其中：取费人工费			75.66	
1.2	材料费			132.39	
1.3	机械费			5.67	
1.3.1	其中：取费机械费				
2	费用和利润	2.1+2.2+2.3		68.69	
2.1	管理费	1.1.1或1.1.1+1.3.1	26.48	20.04	
2.2	利润	1.1.1或1.1.1+1.3.1	28.88	21.85	
2.3	规费	2.3.1+2.3.2+2.3.3+2.3.4+2.3.5		26.80	
2.3.1	工程排污费	1+2.1+2.2	0.40	1.33	
2.3.2	职工教育经费和工会经费	1.1	3.50	5.30	
2.3.3	住房公积金	1.1	6.00	9.08	
2.3.4	安全生产责任险	1+2.1+2.2	0.20	0.66	
2.3.5	社会保险费	1+2.1+2.2	3.15	10.44	
3	建安造价	1+2		358.07	
4	销项税额	3项×税率	10.00	35.81	
5	附加税费	（3+4）项×费率	0.36	1.42	
合计		3+4+5		395.30	

工程名称：装饰工程　　　　　　　　　　　　　　　　　　　　　　　　　标段：　　第3页　共4页

清单编号：011105003001　　　　　　　　　　　　　　　　　　　　　　单位：　　　m

清单名称：块料踢脚线　　　　　　　　　　　　　　　　　　　数量：47.10　综合单价：14.94

序号	工程内容	计费基础说明	费率（%）	金额（元）	备注
1	直接费用	1.1+1.2+1.3		508.50	
1.1	人工费			287.27	
1.1.1	其中：取费人工费			143.63	
1.2	材料费			218.86	
1.3	机械费			2.38	
1.3.1	其中：取费机械费				
2	费用和利润	2.1+2.2+2.3		128.86	
2.1	管理费	1.1.1或1.1.1+1.3.1	26.48	38.03	
2.2	利润	1.1.1或1.1.1+1.3.1	28.88	41.48	
2.3	规费	2.3.1+2.3.2+2.3.3+2.3.4+2.3.5		49.34	
2.3.1	工程排污费	1+2.1+2.2	0.40	2.35	
2.3.2	职工教育经费和工会经费	1.1	3.50	10.05	
2.3.3	住房公积金	1.1	6.00	17.24	
2.3.4	安全生产责任险	1+2.1+2.2	0.20	1.18	
2.3.5	社会保险费	1+2.1+2.2	3.15	18.52	
3	建安造价	1+2		637.37	
4	销项税额	3项×税率	10.00	63.74	
5	附加税费	（3+4）项×费率	0.36	2.52	
合计		3+4+5		703.63	

工程名称：装饰工程　　　　　　　　　　　　　　　　　　　　　　　　　标段：　　第4页　共4页

清单编号：011105001001　　　　　　　　　　　　　　　　　　　　　　单位：　　　m

清单名称：水泥砂浆踢脚线　　　　　　　　　　　　　　　　　数量：7.44　综合单价：7.53

序号	工程内容	计费基础说明	费率（%）	金额（元）	备注
1	直接费用	1.1+1.2+1.3		37.34	
1.1	人工费			31.47	
1.1.1	其中：取费人工费			15.74	
1.2	材料费			5.52	
1.3	机械费			0.35	
1.3.1	其中：取费机械费				
2	费用和利润	2.1+2.2+2.3		13.43	
2.1	管理费	1.1.1或1.1.1+1.3.1	26.48	4.17	
2.2	利润	1.1.1或1.1.1+1.3.1	28.88	4.54	
2.3	规费	2.3.1+2.3.2+2.3.3+2.3.4+2.3.5		4.72	

序号	工程内容	计费基础说明	费率（%）	金额（元）	备注
2.3.1	工程排污费	1+2.1+2.2	0.40	0.18	
2.3.2	职工教育经费和工会经费	1.1	3.50	1.10	
2.3.3	住房公积金	1.1	6.00	1.89	
2.3.4	安全生产责任险	1+2.1+2.2	0.20	0.09	
2.3.5	社会保险费	1+2.1+2.2	3.15	1.45	
3	建安造价	1+2		50.77	
4	销项税额	3项×税率	10.00	5.08	
5	附加税费	（3+4）项×费率	0.36	0.20	
合计		3+4+5		56.05	

（用量少、占材料比重小的次要材料合并为其他材料费。其他材料费按《湖南省建筑装饰装修工程消耗量标准》（2014）第二章至第十章中的材料费乘以3%计取其他材料费。）

【案例5-2】根据【案例4-2】对清单套用定额子目组价，计算定额工程量，并对定额子目进行换算。

解：(1) 根据清单项目特征，查找定额子目，列表如下（表5-10）。

分部分项工程清单组价表　　　　　　　　　　　　　表5-10

序号	项目编码	清单名称	工程量	定额组价项目（根据清单项目特征组价）			
				编号	名称	计量单位	工程量
1	011102001001	石材楼地面	26.2m²	B1-25换	花岗岩楼地面	100m²	0.262
				B1-4换	细石混凝土 50mm	100m²	0.2627
				B1-54	石材底面刷养护液	100m²	0.262
				B1-55	石材表面刷保护液	100m²	0.262
2	011102003001	块料楼地面	21.83m²	B1-60换	陶瓷地面砖	100m²	0.2183
				B1-4换	细石混凝土 50mm	100m²	0.2186
				B1-1	水泥砂浆找平 20mm	100m²	0.2186
3	011105002001	石材踢脚线	18.52m	B1-32换	石材块料面层踢脚线	100m²	0.0222
				B1-54	石材底面刷养护液	100m²	0.0222
				B1-55	石材表面刷保护液	100m²	0.0222
4	011105003001	块料踢脚线	25.76m	B1-63换	陶瓷地面砖踢脚线	100m²	0.0309
5	011108001001	石材零星项目	0.74m²	B1-47换	零星项目花岗岩	100m²	0.0074
				B1-4换	细石混凝土 50mm	100m²	0.0074
				B1-54	石材底面刷养护液	100m²	0.0074
				B1-55	石材表面刷保护液	100m²	0.0074

(2) 计算定额工程量，并填入表 5-10：

B1-25：　　　　　　　26.2÷100 = 0.262

B1-60：　　　　　　　21.83÷100 = 0.2183

B1-4（石材）：　　　　(4.8-0.24)×(6-0.24)÷100 = 0.2627

B1-4（块料）：　　　　(4.2-0.24)×(3-0.24)×2÷100 = 0.2186

B1-54：　　　　　　　26.2÷100 = 0.262

B1-1（块料）：　　　　(4.2-0.24)×(3-0.24)×2÷100 = 0.2186

B1-55：　　　　　　　26.2÷100 = 0.262

B1-47：　　　　　　　0.74÷100 = 0.0074

B1-63：　　　　　　　25.76×0.12÷100 = 0.0309

B1-4（零星）：　　　　0.74÷100 = 0.0074

B1-32：　　　　　　　18.52×0.12÷100 = 0.0222

B1-54（零星）：　　　　0.74÷100 = 0.0074

B1-54（踢脚线）：　　　18.52×0.12÷100 = 0.0222

B1-55（零星）：　　　　0.74÷100 = 0.0074

B1-55（踢脚线）：　　　18.52×0.12÷100 = 0.0222

特别提示：

零星项目面层适用于面积在 $0.5m^2$ 以内且未列项目的工程，通常指单块面积在 $0.5m^2$ 以内。$0.74m^2$ 是门坎的总面积，虽然 $> 0.5m^2$，但仍套用 B1-47。

(3) 对定额子目进行分析，定额中与实际不相符的内容应进行换算。

B1-25换　　　　　　定额单位：$100m^2$

需换算调整的部分：

① 800mm×800mm 石榴红花岗岩替换花岗岩板 1000×1000（综合）名称及单价。

② 1:3 水泥砂浆替换水泥砂浆 1:4 的名称及单价。

B1-4换　　　　　　定额单位：$100m^2$

需换算的部分：

定额厚度是 30mm，实际 50mm，应对厚度进行换算：套 B1-5 每增加 1mm 应增加综合人工 0.28 工日、现浇混凝土 $0.1m^3$、搅拌机 0.01 台班，增加 20mm。人工工日增加 0.28×20=5.6 工日，现浇混凝土 $0.1×20 = 2m^3$，搅拌机 0.01×20 = 0.2 台班。

B1-60换　　　　　　定额单位：$100m^2$

需换算的部分：

① 1:3 水泥砂浆替换水泥砂浆 1:4 的名称和单价。

② 1:3 水泥砂浆定额厚度为 25mm，消耗量为 $2.53m^3/100m^2$，实际为 20mm，应对消耗量进行换算：套用 B1-3，人工 -0.28×(25-20) = -1.4 工日，水泥砂浆 $-0.1×(25-20) = -0.5m^3$，灰浆搅拌机 -0.01×(25-20) = -0.05 台班。

B1-32换　　　　　　定额单位：$100m^2$

需换算的部分：

① 120mm 宽黑金砂替换花岗岩板（踢脚线）的名称及单价。

②定额中是 1：2.5 水泥砂浆，实际为 1：3 水泥砂浆，厚度相同。

B1-63换　　　　**定额单位：100m²**

需换算的部分：

① 1：3 水泥砂浆替换水泥砂浆 1：4 的名称和单价。

② 1：3 水泥砂浆定额厚度为 12mm，消耗量为 1.21m³/100m²，实际为 20mm，应对消耗量进行换算：套用 B1-3，人工增加 0.28×（20-12）= 2.24 工日，水泥砂浆增加 0.1×（20-12）= 0.8m³，灰浆搅拌机增加 0.01×（20-12）= 0.08 台班。

B1-47换　　　　**定额单位：100m²**

需换算调整的部分：

① 240mm 宽黑金砂花岗岩替换花岗岩板（综合）的名称和单价。

② 1：3 水泥砂浆定额厚度为 20mm，消耗量为 2.02m³/100m²，实际为 30mm，应对消耗量进行换算：套用 B1-3，人工增加 0.28×（30-20）= 2.8 工日，水泥砂浆增加 0.1×（30-20）= 1m³，灰浆搅拌机增加 0.01×（30-20）= 0.1 台班。

【案例 5-3】根据【案例 4-3】对清单套用定额子目组价，计算定额工程量，并对定额子目进行换算。

解：(1) 根据清单项目特征，查找定额子目，对清单组价，列表如下（表5-11）。

分部分项工程清单组价表

表5-11

序号	项目编码	清单名称	工程量	定额组价项目（根据清单项目特征组价）			
				编号	名称	计量单位	工程量
1	011104002001	竹、木（复合）地板	41.04m²	B1-1换	水泥砂浆找平层20mm	100m²	0.4942
				B1-129	条形复合地板	100m²	0.4104
2	011102003001	块料楼地面	10.91m²	B1-60换	陶瓷地面砖	100m²	0.1091
3	011108001001	石材零星项目	1.94m²	B1-47换	零星项目花岗岩	100m²	0.0194

(2) 计算定额工程量，并填入表5-11：

B1-1：　　[(3.6-0.24)×(4.2-0.24)×2+(6-0.24)×(4.2-0.24)]÷
　　　　　100 = 0.4942

B1-60：　10.91÷100 = 0.1091

B1-129：　41.04÷100 = 0.4104

B1-47：　1.94÷100 = 0.0194

特别提示：

现场制作的储物柜，一般情况下，在地面找平后、铺木地板之前制作，下面不会铺木地板，但会有找平层。

（3）对定额子目进行分析，定额中与实际不相符的内容应进行换算。

B1-1换　　　　　　**定额单位：100m²**

需换算调整的部分：

1：3水泥砂浆定额厚度为20mm，消耗量为2.02m³/100m²，实际为30mm，应对消耗量进行换算：套用B1-3，人工增加0.28×（30-20）＝2.8工日，水泥砂浆增加0.1×（30-20）＝1m³，灰浆搅拌机增加0.01×（30-20）＝0.1台班。

B1-60换　　　　　　**定额单位：100m²**

需换算调整的部分：

①1：3水泥砂浆替换水泥砂浆1：4的名称和单价。

②1：3水泥砂浆定额厚度为25mm，消耗量为2.53m³/100m²，实际为30mm，应对消耗量进行换算：套用B1-3，人工增加0.28×（30-25）＝1.4工日，水泥砂浆增加0.1×（30-25）＝0.5m³，灰浆搅拌机增加0.01×（30-25）＝0.05台班。

B1-47换　　　　　　**定额单位：100m²**

需换算调整的部分：

①黑金砂花岗岩替换花岗岩板（综合）的名称和单价。

②1：3水泥砂浆定额厚度为20mm，消耗量为2.02m³/100m²，实际为30mm，应对消耗量进行换算：套用B1-3，人工增加0.28×（30-20）＝2.8工日，水泥砂浆增加0.1×（30-20）＝1m³，灰浆搅拌机增加0.01×（30-20）＝0.1台班。

【案例5-4】根据【案例4-4】对清单套用定额子目组价，计算定额工程量，并对定额子目进行换算。

解：（1）根据清单项目特征，查找定额子目，对清单组价，列表如下（表5-12）。

分部分项工程清单组价表　　　　　　表5-12

序号	项目编码	清单名称	工程量	定额组价项目（根据清单项目特征组价）			
				编号	名称	计量单位	工程量
1	011104002001	木地板	41.69m²	B1-124换	硬木企口木地板	100m²	0.4169
2	011104001001	地毯楼地面	12.2m²	B1-110	化纤地毯	100m²	0.122
				B1-1换	水泥砂浆找平	100m²	0.124
3	011105004001	塑料板踢脚线	35.22m	B1-103	塑料踢脚线	100m²	0.0352

（2）计算定额工程量，并填入表5-12：

B1-124：　　　41.69÷100＝0.4169

B1-1：　　　（3.6+3.6+0.3-0.12）×（1.8-0.12）÷100＝0.124

B1-110：　　　12.2÷100＝0.122

B1-103：　　　35.22×0.1÷100＝0.0352

(3) 对定额子目进行分析，定额与实际不相符的内容应进行换算。

B1-124换　　　　**定额单位：100m²**

需换算调整的部分：

①杉木锯材（木龙骨）换算：

木垫块：（10÷0.4+1）×（10÷0.4+1）×0.04×0.04×0.024×（1+5%）= 0.03m³

50mm×50mm木龙骨：（10÷0.4+1）×10×0.05×0.05×（1+5%）= 0.68m³

40mm×50mm木龙骨：（10÷0.8+1）×10×0.05×0.04×（1+5%）= 0.28m³

杉木锯材消耗量：0.03+0.68+0.28 = 0.99m³

定额消耗量为1.42m³，将实际消耗量0.99m³替换定额消耗量1.42m³

②松木锯材（毛地板）换算：0.018×100×（1+5%）= 1.89m³

定额消耗量为2.63m³，将实际消耗量1.89m³替换定额消耗量2.63m

【案例5-5】根据【案例4-5】对清单套用定额子目组价，计算定额工程量，并对定额子目进行换算。

解：（1）根据清单项目特征，查找定额子目，对清单组价，列表如下（表5-13）。

分部分项工程清单组价表　　　　表5-13

序号	项目编码	清单名称	工程量	定额组价项目（根据清单项目特征组价）			
				编号	名称	计量单位	工程量
1	011102001001	石材楼地面	202.69m²	B1-18换	大理石块料面层	100m²	1.7725
				B1-21	大理石点缀	100个	0.33
				B1-51	大理石波打线	100m²	0.2544
				B1-54	石材底面刷养护液	100m²	2.0269
				B1-55	石材表面刷保护液	100m²	2.0269
				B1-97	酸洗打蜡	100m²	2.0269
2	011102001002	石材楼地面（拼花）	23.04m²	B1-20换	大理石楼地面拼花	100m²	0.2304
				B1-54	石材底面刷养护液	100m²	0.2304
				B1-55	石材表面刷保护液	100m²	0.2304
				B1-97	酸洗打蜡	100m²	0.2304

(2) 计算定额工程量，并填入表5-13：

B1-18：　[（18-0.24-0.48×2）×（12.8-0.24-0.3×2）-4.8×4.8-0.8×0.8]÷100 = 1.7725

B1-51：　（202.69-177.25）÷100 = 0.2544

或：　[（12.8-0.24）×0.48×2+（18-0.24-0.96）×0.3×2+4.8×0.24+（0.72-0.3）×（6.3-0.6）-0.18×0.18×4-0.6×0.18]÷100 = 0.2544

B1—21： $33 \div 100 = 0.33$

B1—54、B1—55、B1—97： $202.69 \div 100 = 2.0269$

B1—20、B1—54、B1—55、B1—97： $23.04 \div 100 = 0.2304$

（3）对定额子目进行分析，定额与实际不相符的内容应进行换算。

B1—18$_{换}$ **定额单位：$100m^2$**

需换算调整的部分：

1：3水泥砂浆替换水泥砂浆1：4的名称和单价，厚度相同，消耗量不变。

B1—20$_{换}$ **定额单位：$100m^2$**

需换算调整的部分：

1：3水泥砂浆替换水泥砂浆1：4的名称和单价，厚度相同，消耗量不变。

（4）计算人工费、材料费、机械费、管理费、利润、综合单价（计算过程同【案例5—1】）。

【案例5—6】根据【案例4—6】对清单套用定额子目组价，计算定额工程量，并对定额子目进行换算。

解：（1）根据清单项目特征，查找定额子目，对清单组价，列表如下（表5—14）。

分部分项工程清单组价表   表5—14

序号	项目编码	清单名称	工程量	定额组价项目（根据清单项目特征组价）			
				编号	名称	计量单位	工程量
1	011106001001	石材楼梯面层	$32.94m^2$	B1—34	大理石楼梯面层	$100m^2$	0.3294
				B1—54	石材底面刷养护液	$100m^2$	0.4581
				B1—55	石材表面刷保护液	$100m^2$	0.4581
				B1—98	楼梯酸洗打蜡	$100m^2$	0.3294
				B1—92	楼梯踏步防滑条	100m	0.792
				B6—93	现场磨半圆边	100m	0.792
2	011105002001	石材踢脚线	$5.09m^2$	B1—30$_{换}$	踢脚线 大理石	$100m^2$	0.0412
				B1—45$_{换}$	零星项目大理石（三角形踢脚部分）	$100m^2$	0.0097
				B1—54$_{换}$	石材底面刷养护液	$100m^2$	0.0509
				B1—55$_{换}$	石材表面刷保护液	$100m^2$	0.0509
				B1—98$_{换}$	踢脚线酸洗打蜡	$100m^2$	0.0509

（2）计算定额工程量，并填入表5—14：

B1—34、B1—98： $32.94 \div 100 = 0.3294$

B1—54、B1—55： $(32.94 + 3.9 \times 1.65 \times 2) \div 100 = 0.4581$

B1—92、B6—93： $(1.65 \times 12 \times 4) \div 100 = 0.792$

B1—45： $[(0.27 \times 0.1625 \div 2) \times 11 \times 4] \div 100 = 0.0097$

B1—30： $[5.09 - (0.27 \times 0.1625 \div 2) \times 11 \times 4] \div 100 = 0.0412$

B1—54、B1—55、B1—98： $5.09 \div 100 = 0.0509$

特别提示：

楼梯石材底面刷养护液、表面刷保护液，包括踢面和踏面面积，32.94m²是水平投影面积（踏面面积），还应加上踢面面积；5.09m²是楼梯踢脚线的实贴面积，定额中规定楼梯段靠墙三角形踢脚部分另按零星项目执行，套用B1-45。定额规定楼梯踢脚线按相应项目人工、机械×1.15系数。

（3）对定额子目进行分析，定额与实际不相符的内容应进行换算。

B1-30_换　　　　定额单位：100m²

需换算调整的部分：

①定额消耗为1：2.5水泥砂浆20mm厚，用1：3水泥砂浆替换水泥砂浆1：2.5的名称和单价，厚度相同，消耗量不变。

②定额规定楼梯踢脚线按相应项目人工、机械×1.15系数

综合人工消耗量＝43.86×1.15＝50.44工日/100m²

灰浆搅拌机消耗量＝0.33×1.15＝0.38台班/100m²

石料切割机消耗量＝1.68×1.15＝1.93台班/100m²

B1-45_换　　　　定额单位：100m²

需换算调整的部分：

定额规定楼梯踢脚线按相应项目人工、机械×1.15系数

综合人工消耗量＝49.6×1.15＝57.04工日/100m²

灰浆搅拌机消耗量＝0.34×1.15＝0.39台班/100m²

石料切割机消耗量＝7.6×1.15＝8.74台班/100m²

B1-54_换　　　　定额单位：100m²

需换算调整的部分：

定额规定楼梯踢脚线按相应项目人工、机械×1.15系数

综合人工消耗量＝4.95×1.15＝5.69工日/100m²

B1-55_换　　　　定额单位：100m²

需换算调整的部分：

定额规定楼梯踢脚线按相应项目人工、机械×1.15系数

综合人工消耗量＝4.95×1.15＝5.69工日/100m²

B1-98_换　　　　定额单位：100m²

需换算调整的部分：

定额规定楼梯踢脚线按相应项目人工、机械×1.15系数

综合人工消耗量＝6.53×1.15＝7.51工日/100m²

（4）计算人工费、材料费、机械费、管理费、利润、综合单价、分部分项工程费。（计算过程同【案例5-1】）

【案例5-7】根据【案例4-7】对清单套用定额子目组价，计算定额工程量，并对定额子目进行换算。

解：（1）根据清单项目特征，查找定额子目，对清单组价，列表如下（表5-15）。

序号	项目编码	清单名称	工程量	定额组价项目（根据清单项目特征组价）			
				编号	名称	计量单位	工程量
1	011107001001	石材台阶面	11.88m²	B1-41	台阶花岗岩	100m²	0.1188
				B1-95	台阶踏步防滑条	100m	0.414
				B1-54	石材底面刷养护液	100m²	0.1809
				B1-55	石材表面刷保护液	100m²	0.1809
				B6-93	现场磨半圆边	100m	0.414
2	011102001001	石材楼地面	15.12m²	B1-23换	花岗岩楼地面周长3200mm以内	100m²	0.1512
				B1-54	石材底面刷养护液	100m²	0.1512
				B1-55	石材表面刷保护液	100m²	0.1512

（2）计算定额工程量，并填入表5-15：

B1-41：　　　　　　　　11.88÷100＝0.1188

B1-95、B6-93：　　　　[7.8+8.4+9+（2.4+2.7+3）×2]÷100＝0.414

B1-54（台阶）、B1-55（台阶）：　　[7.8+8.4+9+（2.4+2.7+3）×2]×
　　　　　　　　　　　　　　　　0.15÷100+0.1188＝0.1809

B1-54（楼面）、B1-55（楼面）、B1-23：　15.12÷100＝0.1512

（3）对定额子目进行分析，定额与项目特征描述不相符的内容应进行换算。

B1-23换　　　　　　**定额单位：100m²**

需换算调整的部分：

定额消耗为1：4水泥砂浆30mm厚，用1：3水泥砂浆替换1：4水泥砂浆的名称和单价，厚度相同，消耗量不变。

（4）计算人工费、材料费、机械费、管理费、利润、综合单价、分部分项工程费（计算过程同【案例5-1】）。

综合实训三　编制投标报价文件

根据附件5的实训施工图纸、综合实训二任务1~任务8已编制完成的招标工程量清单、《建筑工程工程量清单计价规范》GB 50500—2013、《房屋建筑与装饰工程工程量计算规范》GB 50854—2013、当时当地的计价办法、装饰工程预算定额、人工材料机械等资源的单价信息以及各项取费标准等其他相关法律法规的规定，编制投标报价文件。

为便于课堂教学指导，将综合实训三分解为任务1~任务8等八个任务（与综合实训二的任务1~任务8对应），最终按规范的要求汇编成册，完成投标报价文件的编制。

任务 1 楼地面工程量清单计价

任务要求：根据附件 5 的实训施工图，对综合实训二任务 1 已编制完成的楼地面工程量清单计算综合单价。人工、材料等资源的单价，请参照当时当地的市场价格；各项取费标准请参照当地的有相关规定。

资料准备：（1）《建筑工程工程量清单计价规范》GB 50500—2013；

            （2）《房屋建筑与装饰工程工程量计算规范》GB 50854—2013（以下简称国标清单）；

            （3）当时当地的计价办法，如《湖南省建设工程计价办法》；

            （4）当时当地的装饰工程预算定额，如《湖南省建筑装饰装修工程消耗量标准》；

            （5）当时当地的人工、材料、机械等资源的单价信息和各项取费标准；

            （6）电脑机房或学生自带电脑中需安装工程计价软件。

提交成果：（1）分部分项工程量清单计价表；

            （2）综合单价分析表；

            （3）定额工程量计算单。

涉及知识点：

            （1）工程量清单中各分项工程的施工工艺、材料、构造的分析；

            （2）工程量清单中各分项工程项目特征的解读；

            （3）定额子目组价；

            （4）定额工程量的计算规则；

            （5）人工、材料、机械消耗量的计算；

            （6）材料、机械单价的计算；

            （7）人工费、取费人工费、材料费、机械费的计算；

            （8）管理费、利润等各项费用的计算；

            （9）综合单价的计算与意义；

            （10）工程计价软件的操作。

主要步骤：

5.1.2 墙柱面工程

1. 定额说明

1）抹灰项目其砂浆配合比与设计不同者，允许调整。

2）饰面材料及型材的型号规格与设计不同时，可按设计规定调整。

3）圆弧形、锯齿形等不规则墙面抹灰、镶贴块料按相应项目人工乘以系数 1.25。

4）勾缝镶贴面砖子目，面砖消耗量分别按缝宽 5mm 和 10mm 以内考虑，如灰缝宽度与取定不同者，其块料及灰缝材料（水泥砂浆 1：1）用量允许调整。

5）镶贴块料和装饰抹灰的"零星项目"适用于挑檐、天沟、腰线、窗台线、门窗套、飘窗板、空调搁板、压顶、扶手、雨篷周边和壁柜、碗柜、池槽、花台等。

6）一般抹灰工程的"零星项目"适用于各种壁柜、碗柜、过人洞、飘窗板、空调搁板、暖气罩、池槽、花台以及 1m² 以内的其他各种零星抹灰。抹灰工程的装饰线条适用于门窗套、挑檐、腰线、压顶、遮阳板、楼梯梁边、宣传栏边框等项目的抹灰，以及突出墙面且展开宽度在 300mm 以内的竖横线条抹灰。

7）干挂石材骨架（图 5-8）及玻璃幕墙型钢骨架（图 4-23b），均按钢骨架项目执行。预埋铁件按建筑工程消耗量标准项目执行。

8）外墙面砖现场切割 45°斜边（包括打磨），按石材切割相应项目乘以系数 0.50。

图 5-6　隔断龙骨（双
　　　　向）（左）
图 5-7　墙饰面木龙骨
　　　　（双向）（右）

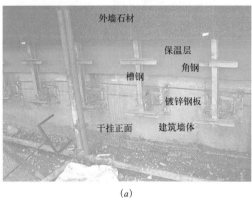

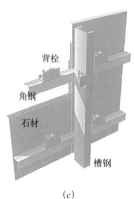

（a）　　　　　　　　　（b）　　　　　　　　　（c）

图 5-8　石材干挂幕墙
（a）石材干挂正面；（b）石材干挂侧面；（c）石材干挂背面（背栓式）

9) 木龙骨基层是按双向计算的（图 5-6、图 5-7），如设计为单向时，材料、人工用量乘以系数 0.55。

10) 面层、隔墙（间壁）、隔断（护壁）项目内，除注明者外均未包括压边、收边、装饰线（板），如设计要求时，应按照第六章相应项目执行。

11) 面层、木基层均未包括刷防火材料，如设计要求时，应按照第 5 章相应项目执行。

12) 隔墙（间壁）、隔断（护壁）、幕墙等项目中龙骨间距、规格如与设计不同时，用量允许调整。

13) 玻璃幕墙中的玻璃按成品玻璃考虑，幕墙中的避雷装置已综合，但幕墙的封边、封顶的费用另行计算。

14) 幕墙饰面规格与消耗量标准取定规格不同，其结构胶与耐候胶用量允许调整，消耗量按设计计算的用量加 15% 的施工损耗计算。

15) 玻璃幕墙设计带有平、推拉窗者，并入幕墙面积计算，窗的型材用量应予调整，窗的五金用量相应增加，五金施工损耗按 2% 计算。

16) 石材面如设计要求酸洗打蜡者，按楼地面工程相应项目执行，其中零星项目按楼地面项目乘系数 1.10。

17) 在保温砂浆层上贴面砖者，除执行抗裂砂浆保护层及贴面砖抗裂砂浆材料用量项目外，另按镶贴块料面层相应项目执行，并应扣除块料面层相应项目中的水泥砂浆用量及综合人工 10 工日 /100m² 计算。如设计要求做防水砂浆者，另按建筑工程第八章屋面及防水工程相应项目执行。

18) 贴纸面砖者，按相应规格面砖项目人工乘以系数 1.15。

19) 铝板幕墙其骨架按铝合金型材考虑，如设计采用型钢骨架者，应予换算；如设计用量与消耗量标准取定用量不同者允许调整，消耗量按设计计算的用量加 6% 的施工损耗计算。

20) 外墙抹灰项目层高≥ 10 层或≥ 30m 以上部分，其人工乘以系数 1.20；抹灰砂浆乘以系数 1.05。

2. 定额工程量计算规则

1) 内墙面、墙裙抹灰面积应扣除门窗洞口和 0.3m² 以上的空圈所占的面积，且门窗洞口、空圈、孔洞的侧壁面积亦不增加。不扣除踢脚线、挂镜线及 0.3m² 以内的孔洞和墙与构件交接处的面积。附墙柱的侧面抹灰应并入墙面、墙裙抹灰工程量内计算。墙面、墙裙的长度以主墙间的图示净长计算，墙面高度按室内地面至天棚底面净高计算，墙面抹灰面积应扣除墙裙抹灰面积，如墙面和墙裙抹灰种类相同者，工程量合并计算，套同一项目。

2) 钉板天棚（不包括灰板条天棚）的内墙抹灰，其高度自楼、地面至天棚底另加 200mm 计算。

3) 砖墙中的钢筋混凝土梁、柱侧面抹灰，按砖墙项目计算。

4) 外墙抹灰面积，按垂直投影面积计算，应扣除门窗洞口、外墙裙和 0.3m² 以上的孔洞所占面积，不扣除 0.3m² 以内的孔洞所占面积，门窗洞口及孔洞侧壁面积亦不增加。附墙柱侧面抹灰面积应并入外墙面抹灰面积工程量内。

5）外墙裙抹灰按展开面积计算，扣除门窗洞口及 $0.3m^2$ 以上孔洞所占面积，但门窗洞口及孔洞的侧壁面积亦不增加。

6）柱抹灰按结构断面周长乘高计算。

7）女儿墙（包括泛水、挑砖）、阳台栏板（不扣除花格所占孔洞面积）内侧与阳台栏板外侧抹灰工程量按垂直投影面积计算，块料按展开面积计算；无泛水挑砖者，人工及机械系数 1.10；带泛水挑砖者，人工及机械乘系数 1.30 按墙面项目执行；女儿墙外侧并入墙面计算；压顶按相应说明及相应项目执行。

8）"零星项目"按设计图示尺寸以展开面积计算。

9）墙面贴块料面层，按实贴面积计算。

10）墙面贴块料、饰面高度在 300mm 以内者，按踢脚线执行。

11）柱饰面面积按外围饰面尺寸乘以高计算。

12）挂贴大理石、花岗岩其他零星项目是按成品考虑的，柱墩、柱帽按最大外径周长计算。

13）除已列有挂贴大理石、花岗岩柱帽、柱墩项目外，其他项目的柱帽、柱墩工程量按设计图示尺寸以展开面积计算，并入相应柱面积内，每个柱帽或柱墩另增人工：抹灰 0.25 工日，块料 0.38 日，饰面 0.5 工日。

14）隔断按墙的净长乘净高计算，扣除门窗洞及 $0.3m^2$ 以上的孔洞所占面积。

15）全玻隔断、全玻幕墙如有加强肋者（图 4—23a，c），工程量按其展开面积计算；玻璃幕墙、铝板幕墙以框外围面积计算。

16）装饰抹灰分格、嵌缝按装饰抹灰面面积计算。

17）抹灰线子按展开宽度在 300mm 以内计算，超过 300mm 者，按相应项目执行。

【案例 5—8】根据【案例 4—8】计算综合单价，工资单价 120 元／工日（指综合人工和机上人工，下同，不再注明），取费人工工资单价 60 元／工日，材料预算（市场）单价见附件 4，附件 4 中未包含的材料按定额基期单价执行，管理费率 26.48%，利润率为 28.88%，按一般计税法计价。

解：（1）根据清单项目特征，查找定额子目，对清单组价，列表如下（表5—16）。

分部分项工程清单组价表 表5—16

序号	项目编码	清单名称	工程量	定额组价项目（根据清单项目特征组价）			
				编号	名称	计量单位	工程量
1	011201001001	墙面一般抹灰	$89.03m^2$	B2—1换	墙面石灰砂浆二遍 砖墙	$100m^2$	0.8903
2	011201001002	墙面一般抹灰	$102.69m^2$	B2—18换	墙面抹水泥砂浆 外砖墙	$100m^2$	1.027
3	011204003001	块料墙面	$42.39m^2$	B2—173换	面砖水泥砂浆粘贴	$100m^2$	0.4239
4	011105003001	块料踢脚线	37.74m	B1—63换	陶瓷地面砖踢脚	$100m^2$	0.0566

（2）计算定额工程量，并填入表5-16：

B2-1： 89.03÷100 = 0.8903　　B2-18：102.69÷100 = 1.027

B2-173： 42.39÷100 = 0.4239　　B1-63：37.74×0.15÷100 = 0.0566

（3）对定额子目进行分析，定额与实际不相符的内容应进行换算；计算人工费、材料费、机械费（表5-17）。

B2-1$_换$　　　　　　　　**定额单位：100m²**

需换算调整的部分：

1：3石灰砂浆定额消耗量与项目特征描述不符，设计砂浆厚度为14mm，应进行换算：

$$设计消耗量 = 0.014×100×（1+1\%） = 1.41m^3/100m^2$$

B2-18$_换$　　　　　　　　**定额单位：100m²**

需换算调整的部分：

①1：3水泥砂浆定额消耗量与项目特征描述不符，设计砂浆厚度为9mm，应进行换算：

$$设计消耗量 = 0.009×100×（1+2\%） = 0.92m^3/100m^2$$

②定额采用的是1：2水泥砂浆，设计砂浆为1：2.5的水泥砂浆，应查配合比表，计算1：2.5的水泥砂浆的单价，替换材料名称和单价，消耗量不变。

定额编号：B2-173$_换$　　　　　**定额单位：100m²**

需换算调整的部分：

①定额中是全瓷墙面砖300mm×300mm，设计为300mm×400mm釉面砖，应对材料名称和单价进行替换。

②设计采用1：3水泥砂浆打底10mm厚，与定额厚度不符，计算设计消耗量：

1：3水泥砂浆消耗量 = 0.01×100×（1+2%） = 1.02m³/100m² 替换定额消耗量

③定额中采用1：1水泥砂浆结合层，设计为1：2水泥砂浆，应查配合比表，计算1：2的水泥砂浆的单价，计算素水泥浆1：0.42，替换材料名称和单价，消耗量不变。

定额编号：B1-63$_换$　　　　　**定额单位：100m²**

需换算调整的部分：

①定额中是陶瓷砖，设计为仿古砖，应对材料名称和单价进行替换。

②定额采用的是1：4水泥砂浆，设计砂浆为9mm厚1：3的水泥砂浆打底和8mm厚1：2水泥砂浆结合层，与定额不符。删除1：4水泥砂浆，将1：3的水泥砂浆和1：2水泥砂浆的单价和消耗量加入定额中。

1：3的水泥砂浆消耗量 = 0.009×100×（1+2%） = 0.92m³/100m²

1：2的水泥砂浆消耗量 = 0.008×100×（1+2%） = 0.82m³/100m²

清单项目人材机用量与单价表（投标报价）（一般计税法）

表5-17（a）

工程名称：装饰工程
清单编号：011201001001
清单名称：墙面一般抹灰

标段：
第1页 共4页
单位： m²
数量： 89.03

序号	编码	名称（材料、机械规格型号）	单位	数量	基期价（元）	市场价（元） 含税	市场价（元） 除税	合价（元）	备注
1	00003	综合人工（装饰）	工日	11.369	70.00	120.00	120.00	1364.30	
2	410649	水	m³	0.623	4.38	3.90	3.55	2.21	
3	P10-15	石灰砂浆1:3	m³	1.255	285.12	393.25	367.78	461.68	
4	P10-3	水泥砂浆1:2	m³	0.027	374.40	539.18	491.57	13.13	
5	P10-59	纸筋石灰浆	m³	0.187	429.70	429.46	370.78	69.32	
6	J6-16	灰浆搅拌机 拌筒容量200L 小	台班	0.321	92.19	141.47	134.40	43.08	
		本页合计						1953.72	
		累计						1953.72	

清单项目人材机用量与单价表（投标报价）（一般计税法）

表5-17（b）

工程名称：装饰工程
清单编号：011201001002
清单名称：墙面一般抹灰

标段：
第2页 共4页
单位： m²
数量： 102.69

序号	编码	名称（材料、机械规格型号）	单位	数量	基期价（元）	市场价（元） 含税	市场价（元） 除税	合价（元）	备注
1	00003	综合人工（装饰）	工日	19.347	70.00	120.00	120.00	2321.62	
2	410649	水	m³	0.719	4.38	3.90	3.55	2.55	
3	P10-4	水泥砂浆1:2.5	m³	0.555	363.71	530.30	486.41	269.73	
4	P10-5	水泥砂浆1:3	m³	0.945	331.73	488.56	450.33	425.45	
5	J6-16	灰浆搅拌机 拌筒容量200L 小	台班	0.37	92.19	141.47	134.40	49.68	
		本页合计						3069.03	
		累计						3069.03	

清单项目人材机用量与单价表（投标报价）（一般计税法）

表5-17（c）

工程名称：装饰工程
清单编号：011204003001
清单名称：块料墙面

标段：
第3页 共4页
单位： m²
数量： 42.39

序号	编码	名称（材料、机械规格型号）	单位	数量	基期价（元）	市场价（元） 含税	市场价（元） 除税	合价（元）	备注
1	00003	综合人工（装饰）	工日	16.786	70.00	120.00	120.00	2014.37	
2	040015	白水泥	kg	8.732	0.69	0.75	0.65	5.68	
3	410599	石料切割锯片	片	0.424	12.00	12.00	10.35	4.39	
4	P10-8	素水泥浆1:0.42	m³	0.042	593.91	774.18	669.33	28.37	
5	070027~2	釉面砖300mm×400mm	m²	44.086	45.00	65.00	56.07	2471.88	
6	410649	水	m³	0.382	4.38	3.90	3.55	1.35	
7	110002	108胶	kg	12.971	2.00	2.00	1.73	22.44	

序号	编码	名称（材料、机械规格型号）	单位	数量	基期价（元）	市场价（元）		合价（元）	备注
						含税	除税		
8	P10—3	水泥砂浆1：2	m³	0.216	374.40	539.18	491.57	106.27	
9	P10—5	水泥砂浆1：3	m³	0.432	331.73	488.56	450.33	194.71	
10	J6—16	灰浆搅拌机 拌筒容量200L 小	台班	0.157	92.19	141.47	134.40	21.08	
11	J12—133	石料切割机 小	台班	0.636	10.68	10.44	9.92	6.31	
		本页合计						4876.85	
		累计						4876.85	

清单项目人材机用量与单价表（投标报价）（一般计税法） 表5—17（d）

工程名称：装饰工程
清单编号：011105003001
清单名称：块料踢脚线

标段： 第4页 共4页
单位： m
数量： 37.74

序号	编码	名称（材料、机械规格型号）	单位	数量	基期价（元）	市场价（元）		合价（元）	备注
						含税	除税		
1	00003	综合人工（装饰）	工日	2.398	70.00	120.00	120.00	287.78	
2	040015	白水泥	kg	0.792	0.69	0.75	0.65	0.52	
3	410599	石料切割锯片	片	0.018	12.00	12.00	10.35	0.19	
4	060167~1	仿古砖（踢脚线）	m²	5.773	31.00	35.00	30.19	174.29	
5	410649	水	m³	0.17	4.38	3.90	3.55	0.60	
6	P10—10	水泥108胶浆1：0.175：0.2	m³	0.006	1130.45	1311.90	1134.42	6.42	
7	P10—5	水泥砂浆1：3	m³	0.052	331.73	488.56	450.33	23.45	
8	P10—4	水泥砂浆1：2.5	m³	0.046	363.71	530.30	486.41	22.58	
9	J12—133	石料切割机 小	台班	0.071	10.68	10.44	9.92	0.71	
10	J6—16	灰浆搅拌机 拌筒容量200L 小	台班	0.012	92.19	141.47	134.40	1.67	
		本页合计						518.20	
		累计						518.20	

（4）将人工费、材料费、机械费填入综合单价分析表，计算取费人工费、管理费、利润、综合单价（表5—18）。

清单项目费用计算表（综合单价表）（投标报价）（一般计税法） 表5—18（a）

工程名称：装饰工程
清单编号：011201001001
清单名称：墙面一般抹灰

标段： 第1页 共4页
单位： m²
数量：89.03 综合单价：31.81

序号	工程内容	计费基础说明	费率（%）	金额（元）	备注
1	直接费用	1.1+1.2+1.3		1970.11	
1.1	人工费			1364.30	
1.1.1	其中：取费人工费			682.15	
1.2	材料费			562.74	

序号	工程内容	计费基础说明	费率（%）	金额（元）	备注
1.3	机械费			43.08	
1.3.1	其中：取费机械费				
2	费用和利润	2.1+2.2+2.3		595.29	
2.1	管理费	1.1.1或1.1.1+1.3.1	26.48	180.63	
2.2	利润	1.1.1或1.1.1+1.3.1	28.88	197.00	
2.3	规费	2.3.1+2.3.2+2.3.3+2.3.4+2.3.5		217.65	
2.3.1	工程排污费	1+2.1+2.2	0.40	9.39	
2.3.2	职工教育经费和工会经费	1.1	3.50	47.75	
2.3.3	住房公积金	1.1	6.00	81.86	
2.3.4	安全生产责任险	1+2.1+2.2	0.20	4.70	
2.3.5	社会保险费	1+2.1+2.2	3.15	73.95	
3	建安造价	1+2		2565.44	
4	销项税额	3项×税率	10.00	256.54	
5	附加税费	（3+4）项×费率	0.36	10.16	
合计		3+4+5		2832.13	

清单项目费用计算表（综合单价表）（投标报价）（一般计税法）　　　　表5-18（b）

工程名称：装饰工程　　　　　　　　　　　　　　　　　　　　　　标段：　　第2页　共4页
清单编号：011201001002　　　　　　　　　　　　　　　　　　　单位：　　m²
清单名称：墙面一般抹灰　　　　　　　　　　　　　　　　　　　数量：102.69　综合单价：44.00

序号	工程内容	计费基础说明	费率（%）	金额（元）	备注
1	直接费用	1.1+1.2+1.3		3089.96	
1.1	人工费			2321.62	
1.1.1	其中：取费人工费			1160.81	
1.2	材料费			718.66	
1.3	机械费			49.68	
1.3.1	其中：取费机械费				
2	费用和利润	2.1+2.2+2.3		1003.15	
2.1	管理费	1.1.1或1.1.1+1.3.1	26.48	307.38	
2.2	利润	1.1.1或1.1.1+1.3.1	28.88	335.24	
2.3	规费	2.3.1+2.3.2+2.3.3+2.3.4+2.3.5		360.53	
2.3.1	工程排污费	1+2.1+2.2	0.40	14.93	
2.3.2	职工教育经费和工会经费	1.1	3.50	81.26	
2.3.3	住房公积金	1.1	6.00	139.30	
2.3.4	安全生产责任险	1+2.1+2.2	0.20	7.47	
2.3.5	社会保险费	1+2.1+2.2	3.15	117.58	
3	建安造价	1+2		4093.15	
4	销项税额	3项×税率	10.00	409.31	
5	附加税费	（3+4）项×费率	0.36	16.21	
合计		3+4+5		4518.67	

清单项目费用计算表（综合单价表）（投标报价）（一般计税法）　　　表5-18（c）

工程名称：装饰工程　　　　　　　　　　　　　　　　　　　　　　　标段：　　　第3页 共4页
清单编号：011204003001　　　　　　　　　　　　　　　　　　　　单位：　　　m²
清单名称：块料墙面　　　　　　　　　　　　　　　　　　　　数量：42.39　综合单价：154.12

序号	工程内容	计费基础说明	费率（%）	金额（元）	备注
1	直接费用	1.1+1.2+1.3		4961.91	
1.1	人工费			2014.37	
1.1.1	其中：取费人工费			1007.19	
1.2	材料费			2920.15	
1.3	机械费			27.39	
1.3.1	其中：取费机械费				
2	费用和利润	2.1+2.2+2.3		955.92	
2.1	管理费	1.1.1或1.1.1+1.3.1	26.48	266.70	
2.2	利润	1.1.1或1.1.1+1.3.1	28.88	290.88	
2.3	规费	2.3.1+2.3.2+2.3.3+2.3.4+2.3.5		398.35	
2.3.1	工程排污费	1+2.1+2.2	0.40	22.08	
2.3.2	职工教育经费和工会经费	1.1	3.50	70.50	
2.3.3	住房公积金	1.1	6.00	120.86	
2.3.4	安全生产责任险	1+2.1+2.2	0.20	11.04	
2.3.5	社会保险费	1+2.1+2.2	3.15	173.86	
3	建安造价	1+2		5917.84	
4	销项税额	3项×税率	10.00	591.78	
5	附加税费	(3+4) 项×费率	0.36	23.43	
合计		3+4+5		6533.06	

清单项目费用计算表（综合单价表）（投标报价）（一般计税法）　　　表5-18（d）

工程名称：装饰工程　　　　　　　　　　　　　　　　　　　　　　　标段：　　　第4页 共4页
清单编号：011105003001　　　　　　　　　　　　　　　　　　　　单位：　　　m
清单名称：块料踢脚线　　　　　　　　　　　　　　　　　　数量：37.74　综合单价：19.15

序号	工程内容	计费基础说明	费率（%）	金额（元）	备注
1	直接费用	1.1+1.2+1.3		525.04	
1.1	人工费			287.78	
1.1.1	其中：取费人工费			143.89	
1.2	材料费			234.89	
1.3	机械费			2.38	
1.3.1	其中：取费机械费				
2	费用和利润	2.1+2.2+2.3		129.67	
2.1	管理费	1.1.1或1.1.1+1.3.1	26.48	38.10	
2.2	利润	1.1.1或1.1.1+1.3.1	28.88	41.55	
2.3	规费	2.3.1+2.3.2+2.3.3+2.3.4+2.3.5		50.02	

序号	工程内容	计费基础说明	费率（%）	金额（元）	备注
2.3.1	工程排污费	1+2.1+2.2	0.40	2.42	
2.3.2	职工教育经费和工会经费	1.1	3.50	10.07	
2.3.3	住房公积金	1.1	6.00	17.27	
2.3.4	安全生产责任险	1+2.1+2.2	0.20	1.21	
2.3.5	社会保险费	1+2.1+2.2	3.15	19.05	
3	建安造价	1+2		654.73	
4	销项税额	3项×税率	10.00	65.47	
5	附加税费	（3+4）项×费率	0.36	2.59	
合计		3+4+5		722.80	

【案例5-9】根据【案例4-10】对清单套用定额子目组价，计算定额工程量，并对定额子目进行换算。

解：（1）根据清单项目特征，查找定额子目，对清单组价，列表如下（表5-19）。

分部分项工程清单组价表　　　　　　　　表5-19

序号	项目编码	清单名称	工程量	定额组价项目（根据清单项目特征组价）			
				编号	名称	计量单位	工程量
1	011204001001	石材墙面	292.08m²	B2-97换	干挂花岗岩勾缝	100m²	2.9208
2	011204004001	干挂石材钢骨架	3.640t	B2-104	干挂石材钢骨架	t	3.48
				B2-105换	干挂石材后置件	块	230

（2）计算定额工程量，并填入表5-19：

B2-97：　292.08÷100 = 2.9208

B2-104：　2028.14+1452.58 = 3.48t　　B2-105：115×2 = 230 块

（3）对定额子目进行分析，定额与实际不相符的内容应进行换算。

B2-97换　　　　定额单位：100m²

需换算调整的部分：

①6mm 缝隙，花岗岩消耗量计算：

$100 ÷ [（0.8+0.006）×（0.8+0.006）] × 0.8×0.8×（1+2\%）= 100.49m²/100m²$

替换定额消耗量

②一般情况下，一块方形石材需要4套不锈钢挂件，单块石材面积越大，100m² 干挂墙面所消耗的挂件相对越少。计算800mm×800mm 石材干挂 100m² 所需的挂件数量：

石材净块数：$100 ÷ [（0.8+0.006）×（0.8+0.006）]=154$ 块

不锈钢挂件消耗量：$154×4×（1+2\%）= 628$ 套　替换定额消耗量

B2-105换　　　　定额单位：块

需换算调整的部分：

定额为镀锌铁件 150mm×150mm×8mm，设计为冷弯钢板 100mm×110mm×8mm，对材料名称和单价进行替换，消耗量 1.02 块／块不变。

【案例 5-10】根据【案例 4-11】对清单套用定额子目组价，计算定额工程量，并对定额子目进行换算。

解：（1）根据清单项目特征，查找定额子目，对清单组价，列表如下（表5-20）。

分部分项工程清单组价表 表5-20

序号	项目编码	清单名称	工程量	定额组价项目（根据清单项目特征组价）			
				编号	名称	计量单位	工程量
1	011205001001	石材柱面	52.03m²	B2-99	干挂花岗岩墙面背栓式	100m²	0.5203
				B2-105换	干挂石材后置件	块	192
				B6-92	现场磨45°斜边	100m	0.48
				B1-97	酸洗打蜡	100m²	0.5203

（2）计算定额工程量，并填表 5-20：

B2-99：52.03÷100 = 0.5203　　B1-97：52.03÷100 = 0.5203

B6-92：4×3×4÷100 = 0.48　　B2-105：（3÷1×4×4）×4 = 192 块

特别提示：

定额子目没有干挂石材柱面背栓式，套用干挂墙面背栓式；定额中规定墙面石材酸洗打蜡，按楼地面工程相应项目执行。

（3）对定额子目进行分析，定额与实际不相符的内容应进行换算。

B2-105换　　　　**定额单位：块**

需换算调整的部分：

①设计中未使用镀锌铁件 150mm×150mm×8mm，应将其删除。

②查∟100×63×6 角钢理论重量：7.55kg/m

增加镀锌角钢∟100×63×6 消耗量：7.55×0.22×（1+6%）= 1.76 kg/块

③查∟50×50×5 角钢理论重量：3.77kg/m

增加镀锌角钢∟50×50×5 消耗量：3.77×0.175×（1+6%）= 0.7kg/块

【案例 5-11】根据【案例 4-12】对清单套用定额子目组价，计算定额工程量，并对定额子目进行换算。

解：（1）根据清单项目特征，查找定额子目，对清单组价，列表如下（表5-21）。

分部分项工程清单组价表 表5-21

序号	项目编码	清单名称	工程量	定额组价项目（根据清单项目特征组价）			
				编号	名称	计量单位	工程量
1	011208001001	柱面装饰	26.38m²	B2-274换	方柱包圆柱镜面不锈钢饰面	100m²	0.2638

（2）计算定额工程量，并填入表 5-21：

B2-274：26.38÷100 = 0.2638

(3) 对定额子目进行分析，定额与实际不相符的内容应进行换算。

B2-274_换　　　　　定额单位：100m²

需换算调整的部分：

① 10m² 柱面装饰 40mm×50mm 木龙骨（杉木锯材）消耗量：
（0.04×0.05×2.8×8）÷（3.14×1.5×2.8）×100×（1+5%）=0.34m³/100m²

② 18 厘大芯板层数：2.8÷0.4+1＝8 层

100m² 柱面装饰 18 厘大芯板净用量：（3.14×0.75²－0.8×0.8）×8÷（3.14×1.5×2.8）×100=68.32m²/100m²

18 厘大芯板设计消耗量＝68.32×（1+5%）＝71.74m²/100m²

③设计用双层 5 厘板基层，定额为单层 3mm 胶合板，替换定额材料名称和单价，消耗量＝105×2＝210m²/100m²。

④设计用镜面不锈钢面层，定额为装饰铜板 δ=1.00，替换定额材料名称和单价，消耗量不变。

【案例 5-12】 根据【案例 4-13】对清单套用定额子目组价，计算定额工程量，并对定额子目进行换算。

解：(1) 根据清单项目特征，查找定额子目，对清单组价，列表如下（表5-22）。

分部分项工程清单组价表　　　　　　　　　　　　　　　　表5-22

序号	项目编码	清单名称	工程量	定额组价项目（根据清单项目特征组价）			
				编号	名称	计量单位	工程量
1	011207001001	墙面装饰板（吸声板）	10.28m²	B2-193_换	龙骨断面13cm²以内中距（30cm以内）	100m²	0.1028
				B2-213	胶合板基层9mm	100m²	0.1028
				B2-234	硬木条吸声墙面	100m²	0.1028
2	011207001002	墙面装饰板（软包+镜面）	13.65m²	B2-193_换	龙骨断面13cm²以内中距（30cm以内）	100m²	0.1365
				B2-213	胶合板基层9mm	100m²	0.1365
				B2-272_换	贴鳄鱼皮饰面　墙面	100m²	0.0683
				B2-216_换	镜面玻璃在胶合板上粘贴	100m²	0.0683
				B6-70	木质装饰线条（80mm以内）	100m	0.1538

(2) 计算定额工程量，并填入表 5-22：

B2-193、B2-213、B2-234：　　　10.28÷100＝0.1028

B2-193、B2-213：　　　　　　　13.65÷100＝0.1365

B2-230、B2-216：　　　　　　　13.65÷2÷100＝0.0683

B6-70：　　　　　　　　　　　（5.09+0.08+2.52）×2÷100＝0.1538

(3) 对定额子目进行换算，定额与实际不相符的内容应进行换算。

B2-193_换　　　　　定额单位：100m²

需换算调整的部分：

设计木龙骨是按单向考虑，定额中的木龙骨是按双向计算的，如设计为单向时，材料、人工用量乘以 0.55。

综合人工：$11.61×0.55＝6.39$ 工日 $/100m^2$

$M8×55$ 膨胀螺栓：$315.93×0.55＝173.76$ 套 $/100m^2$

铁钉：$3.84×0.55＝2.11kg/100m^2$

合金钢钻头：$7.82×0.55＝4.3$ 个 $/100m^2$

电锤520W：$3.91×0.55＝2.15$ 台班 $/100m^2$

木工圆锯机：$0.26×0.55＝0.14$ 台班 $/100m^2$

10m 宽墙面杉木锯材根数：$10÷0.3+1＝34$ 根

$100m^2$ 杉木锯材消耗量 $＝0.03×0.04×10×34×（1+5\%）＝0.43m^3/100m^2$

B2-216$_{换}$　　　**定额单位：$100m^2$**

需换算调整的部分：

①设计不锈钢压条为30mm宽，定额为15mm宽，规格不同，单价必然不同，需替换定额中的材料名称和单价。

②30mm不锈钢压条消耗量计算：

$100m^2$ 墙面方块个数：$100÷（0.45×0.45）＝493.83$ 个

$100m^2$ 墙面30mm不锈钢压条消耗量：$493.83÷2×（0.45×4）×（1+6\%）$
$＝471.11m/100m^2$

定额中有压条仅 $124.65m/100m^2$，将设计消耗量替换定额消耗量。

注：方块中只有一半是镜面玻璃，且不锈钢压条是压在镜面玻璃周边，金属条需锯裁损耗率为6%。

B2-272$_{换}$　　　**定额单位：$100m^2$**

需换算调整的部分：

①用鳄鱼皮饰面替换丝绒面料名称和单价；

②木龙骨已单独列项，删除杉木锯材 $1.23m^3/100m^2$；

③木质装饰线80mm宽已单独列项，删除 $50×20mm$ 木质装饰线 $163m/100m^2$。

【案例5-13】根据【案例4-14】对清单套用定额子目组价，计算定额工程量，并对定额子目进行换算。

解：(1) 根据清单项目特征，查找定额子目，对清单组价，列表如下（表5-23）。

分部分项工程清单组价表　　　　　　　　　　　　　　　　　　　表5-23

序号	项目编码	清单名称	工程量	定额组价项目（根据清单项目特征组价）			
				编号	名称	计量单位	工程量
1	011210006001	其他隔断	11.18m²	B2-207$_{换}$	轻钢龙骨	100m²	0.1118
				B2-211$_{换}$	石膏板基层	100m²	0.2236
				B3-286	嵌缝	100m²	0.1118
2	011105005001	木质踢脚线实木	4.3m	B1-140	木踢脚线 实木	100m²	0.0043
3	011105005002	木质踢脚线（饰面板）	4.3m	B1-141$_{换}$	木踢脚线 夹板	100m²	0.0043

(2) 计算定额工程量，并填入表5-23：

B2-207、B3-286：　　　$11.18÷100＝0.1118$

B2－211：　　　　　　　$11.18 \times 2 \div 100 = 0.2236$

B1－140、B1－141：　　$4.3 \times 0.1 \div 100 = 0.0043$

（3）对定额子目进行分析，定额与实际不相符的内容应进行换算。

B2－207换　　　　　定额单位：$100m^2$

需换算调整的部分：

龙骨间距与定额不相符，应对消耗量进行换算。

$100m^2$（$10 \times 10m$）墙面 75mm×40mm×0.63mm 中距 500mm 的根数：$10 \div 0.5 + 1 = 21$ 根

$100m^2$ 墙面 75mm×40mm×0.63mm 中距 500mm 的消耗量：$21 \times 10 \times （1+6\%） = 222.6m/100m^2$

$100m^2$（$10m \times 10m$）墙面 75m×50m×0.63m 中距 800mm 的根数：$10 \div 0.8 + 1 = 14$ 根

$100m^2$ 墙面 75mm×40mm×0.63mm 中距 800mm 的消耗量：$14 \times 10 \times （1+6\%） = 148.4m/100m^2$

B2－211换　　　　　定额单位：$100m^2$

需换算调整的部分：

两层石膏板中间夹玻璃棉（隔声），在定额中没有玻璃棉这一项材料，应增加玻璃棉消耗量和单价。

$$玻璃棉的填塞厚度＝龙骨宽度$$

$100m^2$（$10m \times 10m$）墙面玻璃棉消耗量 $= 0.075 \times 100 \times （1+5\%） = 7.88m^3$

B1－141换　　　　　定额单位：$100m^2$

需换算调整的部分：

设计使用 12mm 宽木线条压边，定额中没有包括，应增加 12mm 宽木线条消耗量和单价。

$$100m^2 踢脚线木线条消耗量 = 100 \div 0.1 \times （1+6\%） = 1060m$$

注：$100m^2$ 踢脚线 ÷ 踢脚线高度 0.1 ＝踢脚线净长度

【案例 5-14】根据【案例 4-15】对清单套用定额子目组价，计算定额工程量，并对定额子目进行换算。

解：（1）根据清单项目特征，查找定额子目，对清单组价，列表如下（表 5-24）。

分部分项工程清单组价表　　　　　　　　　表5-24

序号	项目编码	清单名称	工程量	定额组价项目（根据清单项目特征组价）			
				编号	名称	计量单位	工程量
1	011210003001	玻璃隔断	10.43m²	B2-255换	木骨架玻璃隔断全玻	100m²	0.1043
				B2-214	细木工板基层	100m²	0.0195
				B2-224	面层不锈钢面板	100m²	0.0206
				B2-212换	胶合板基层（3厘板）	100m²	0.0447
				B2-233换	饰面板面层	100m²	0.0447

（2）计算定额工程量，并填入表 5-24：

B2-255： $10.43 \div 100 = 0.1043$

B2-214： $[（0.046 \times 2+0.012）+（0.061-0.02）\times 2+0.012+0.1-0.018 \times 2]$
$\times 2 \times 3.725 \div 100 = 0.0195$

B2-224： $（0.1+0.046+0.061+0.05+0.02）\times 3.725 \times 2 \div 100 = 0.0206$

B2-212、B2-233： $0.6 \times 3.725 \times 2 \div 100 = 0.0447$

（3）对定额子目进行分析，定额与实际不相符的内容应进行换算。

B2-255$_换$ 定额单位：100m^2

需换算调整的部分：

①设计用 12mm 厚钢化玻璃，定额为平板玻璃 5mm，且消耗量与定额不符，替换定额材料名称、单价和消耗量。

100m^2 木骨架玻璃隔断钢化玻璃消耗量 $= 2.1 \times 3.725 \div（3.725 \times 2.8）\times$
$（1+3\%）\times 100 = 77.25m^2/100m^2$

②杉木锯材（木龙骨）与设计不符应换算。

水平木龙骨 20mm×20mm 中距 400mm 根数 $= 5 \times 2 = 10$ 根

水平木龙骨 20mm×20mm 中距 400mm 单根长度 $= 3.725m$

竖向木龙骨 20mm×20mm 中距 300mm 根数 $= 3.725 \div 0.3+1 = 13$ $13 \times 2 = 26$ 根

竖向木龙骨 20mm×20mm 中距 300mm 单根长度 $= 2.8-2.1 = 0.7m$

垫木 20mm×20mm×35mm 中距 600mm 竖向 5 个，水平向 $= 3.725 \div 0.6+1 = 7$ 个

垫木 20mm×20mm×35mm 总数 $= 5 \times 7 = 35$ 个

20mm×45mm×50mm 木砖中距 600mm 数量 $= 3.725 \div 0.6+1 = 7$ 个 $7 \times 2 = 14$ 个

100m^2 木骨架玻璃隔断木龙骨消耗量 $= [（10 \times 3.725+26 \times 0.7+35 \times 0.035）$
$\times 0.02 \times 0.02+0.02 \times 0.045 \times 0.05 \times 14] \div（3.725 \times 2.8）\times（1+3\%）\times 100 =$
$0.23m^3/100m^2$ 替换定额消耗量

B2-212$_换$ 定额单位：100m^2

需换算调整的部分：

设计用 3mm 胶合板基层，定额为 5mm 胶合板，替换定额材料名称和单价，消耗量不变。

B2-233$_换$ 定额单位：100m^2

需换算调整的部分：

设计用胡桃木饰面板，定额为 3mm 胶合板面层，替换定额材料名称和单价，消耗量不变。

任务2 墙柱面装饰工程量清单计价

任务要求：根据附件 5 的实训施工图，对综合实训二任务 2 已编制完成

的墙柱面装饰工程量清单计算综合单价。人工、材料等资源的单价，请参照当时当地的市场价格；各项取费标准请参照当地的有相关规定。

资料准备：（1）《建筑工程工程量清单计价规范》GB 50500—2013；

（2）《房屋建筑与装饰工程工程量计算规范》GB 50854—2013（以下简称国标清单）；

（3）当时当地的计价办法，如《湖南省建设工程计价办法》；

（4）当时当地的装饰工程预算定额，如《湖南省建筑装饰装修工程消耗量标准》；

（5）当时当地的人工、材料、机械等资源的单价信息和各项取费标准；

（6）电脑机房或学生自带电脑（需安装工程计价软件）。

提交成果：（1）分部分项工程量清单计价表；

（2）综合单价分析表；

（3）定额工程量计算单。

涉及知识点：（1）工程量清单中各分项工程的施工工艺、材料、构造的分析；

（2）工程量清单中各分项工程项目特征的解读；

（3）定额子目组价；

（4）定额工程量的计算规则；

（5）人工、材料、机械消耗量的计算；

（6）材料、机械单价的计算；

（7）人工费、取费人工费、材料费、机械费的计算；

（8）管理费、利润等各项费用的计算；

（9）综合单价的计算与意义；

（10）工程计价软件的操作。

主要步骤：

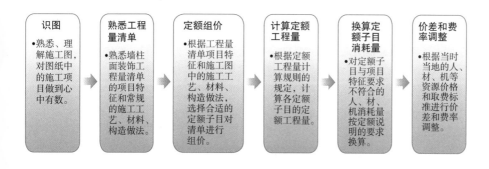

5.1.3 天棚工程

1.定额说明

1）抹灰项目中砂浆配合比与设计不同者，允许调整。

2）除部分项目为龙骨、基层、面层合并列项外，其余均为天棚龙骨、基层、面层分别列项编制。

3）龙骨的种类、间距、规格和基层、面层材料的型号、规格是按常用材料和常用做法考虑的，如设计要求不同时，材料可以调整，但人工、机械不变（常见龙骨种类如图5-9、图5-10所示）。

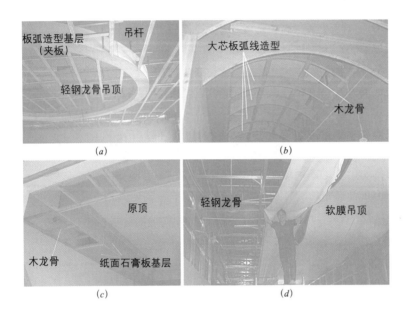

(a)　　　　　　(b)

(c)　　　　　　(d)

图5-9　吊顶内部结构图

(a) 平面弧形吊顶龙骨；
(b) 立面弧形吊顶龙骨；
(c) 局部吊顶龙骨和基层；
(d) 轻钢龙骨和软膜面层

4）天棚面层在同一标高者为平面天棚，天棚面层不在同一标高者为跌级天棚。跌级天棚面层其侧面面层按相应项目人工乘系数1.30。

5）轻钢龙骨、铝合金龙骨项目中为双层结构（图5-10），即中、小龙骨紧贴大龙骨底面吊挂，如为单层结构时，即大、中龙骨面在同一水平上者，人工乘0.85系数。

6）平面天棚和跌级天棚指一般直线型天棚，不包括灯光槽的制作安装。灯光槽制作安装应按本章相应子目执行。艺术造型天棚项目中包括灯光槽的制作安装。

7）天棚面层不在同一标高，且高差在400mm以下三级以内的一般直线型平面天棚，按跌级天棚相应项目执行；高差在400mm以上或超过三级以及圆弧形、拱形等造型天棚，按艺术造型天棚相应项目执行。

8）天棚检查孔的工料已包括在项目内，不另计算。

9）轻钢龙骨上安装纸面石膏板，设计要求采用自攻螺钉固定，其螺钉采用防锈漆或腻子封闭处理，每100m²纸面石膏板增加人工0.78工日，其他材料费21元。

10）龙骨、基层、面层的防火处理，应按第5章相应子目执行。

图5-10　金属龙骨（双层结构）

2. 定额工程量计算规则

1）本章抹灰及各种吊顶天棚龙骨按主墙间净空面积计算，不扣除间壁墙、检查孔、附墙烟囱、柱、垛和管道所占面积。带梁的天棚抹灰，其梁侧面抹灰并入天棚抹灰工程量内计算。

2）天棚基层按展开面积计算。

3）天棚装饰面层，按主墙间实钉（胶）展开面积以平方米计算，不扣除间壁墙、检查口、附墙烟囱、垛和管道所占面积，但应扣除 $0.3m^2$ 以上的孔洞、独立柱、灯槽及天棚相连的窗帘盒所占面积。

4）龙骨、基层、面层合并列项的子目，工程量计算规则同第一条。

5）板式楼梯底面的装饰工程量按水平投影面积乘 1.15 系数计算，梁式楼梯底面按水平投影面积乘以 1.37 系数计算，套用天棚定额。

6）灯光槽按延长米计算。

7）网架按水平投影面积计算。

8）石膏板面层嵌缝按天棚面积计算。

【案例 5-15】根据【案例 4-17】对清单套用定额子目组价，计算定额工程量，并对定额子目进行换算。

解：（1）根据清单项目特征，查找定额子目，对清单组价，列表如下（表5-25）。

分部分项工程清单组价表　　　　　　　　　　　表5-25

序号	项目编码	清单名称	工程量	定额组价项目（根据清单项目特征组价）			
				编号	名称	计量单位	工程量
1	011301001001	天棚抹灰	78.25m²	B3-1换（楼梯）	天棚抹灰面层石灰砂浆	100m²	0.3808
				B3-1换	天棚抹灰面层石灰砂浆	100m²	0.4176

（2）计算定额工程量，并填入表 5-25：

B3-1（楼梯底）：$(1.7+2.97+0.2)×(3.6-0.2)×2×1.15÷100 = 0.3808$

B3-1：天棚抹灰总面积－梯段斜面积－标高 1.95、5.85m 休息平面底面积 －2 根梯口梁底面积

$[78.25-23.57-11.56-0.2×(3.6-0.2)×2]÷100 = 0.4176$

注：板式楼梯底面的装饰工程量按水平投影面积 ×1.15 系数计算。

（3）对定额子目进行分析，定额与实际不相符的内容应进行换算。

B3-1换　　　　　　定额单位：100m²

需换算调整的部分：

定额中 1：1：4 水泥石灰砂浆的厚度为 12 厚，设计为 10mm，需对砂浆消耗量换算。

100m² 墙面抹 10mm 水泥石灰砂浆 1：1：4 消耗量＝ $0.01×100×（1+1.5\%）= 1.02m^3/100m^2$

【案例 5-16】根据【案例 4-18】对清单套用定额子目组价，计算定额工程量，并对定额子目进行换算。

解：（1）根据清单项目特征，查找定额子目，对清单组价，列表如下（表5-26）。

分部分项工程清单组价表　　　　　表5-26

序号	项目编码	清单名称	工程量	定额组价项目（根据清单项目特征组价）				
				编号	名称		计量单位	工程量
1	011302001001	吊顶天棚（石膏板）	18.56m²	B3-38换	平面天棚方木天棚龙骨（吊板下）双层楞 面层规格（600mm×600mm以上）		100m²	0.1856
				B3-95	石膏板天棚基层		100m²	0.2172
				B3-286	嵌缝		100m²	0.2172
				B3-281换	天棚面层开灯光孔		10个	1.4
2	011302001002	吊顶天棚（铝扣板）	11.03m²	B3-43	装配式U形轻钢天棚龙骨（不上人型）面层规格（600mm×600mm）平面		100m²	0.1103
				B3-147	铝扣板收边线		100m	0.1635
				B3-145	方型铝扣板 600mm×600mm		100m²	0.1103
3	011304001001	灯带（槽）	4.39m²	B3-164换	悬挑式灯槽 直型 细木工板面		100m	0.1246

（2）计算定额工程量，并填入表5-26：

B3-38： 18.56÷100 = 0.1856　　　B3-281： 14÷10 = 1.4

B3-95、B3-286： [18.56+0.1×（2.16+3.868）×2+0.15×（3.6-0.3-0.6）×4-0.08×0.3×4+0.08×（4.2-0.3-0.6×2）×2]÷100 = 0.2172

B3-43、B3-145： 11.03÷100 = 0.1103

B3-147： [(3.6+3.6+0.3-0.15)×2+1.8-0.3+0.15]÷100 = 0.1635

B3-164： (2.16+0.05×2+3.868+0.05×2)×2÷100 = 0.1246

注：天棚吊顶龙骨按主墙间净空面积计算；天棚基层按展开面积计算；灯带按延长米计算。

（3）对定额子目进行分析，定额与实际不相符的内容应进行换算。

B3-38换　　　　定额单位：100m²

需换算调整的部分：

定额中木龙骨的消耗量与设计不符，应换算，龙骨的规格均为30mm×40mm中距600mm。

顶角4根木龙骨总长度：（3.6-0.3-0.6）×4×4+（4.2-0.3-0.6×2）×4×2+（4.2-0.3-0.6）×4×2+（6-0.3-0.8+0.1-1.092+0.1）×4×2 = 123.26m

600mm长木龙骨根数：（3.6-0.3-0.6）÷0.6+1 = 6　　6×2×4 = 48根
（6-0.3-0.8-1.092）÷0.6+1 = 7　7×2×2 = 28根

300mm长木龙骨根数：（4.2-0.3-0.6×2）÷0.6+1 = 6　　6×2×2 = 24根
（800-100）mm长木龙骨根数：（4.2-0.3-0.6）÷0.6+1 = 7　7×2 = 14根
（1092-100）mm长木龙骨根数：（4.2-0.3-0.6）÷0.6+1 = 7　7×2 = 14根

150mm长木龙骨3×4中距600mm（沿骨架边支撑）根数：48+28+14+14 = 104根

80mm 长木龙骨 3×4 中距 600mm（沿骨架边支撑）根数：24 根

30mm×40mm 木龙骨实际净用量：[123.26+（48+28）×0.6+24×0.3+14×0.7+14×0.992+104×0.15+24×0.08]×0.03×0.04＝0.26m³

100m² 天棚吊顶 30mm×40mm 木龙骨消耗量：0.26÷18.56×（1+5%）×100＝1.47m³/100m² 替换定额消耗量

B3-281换　　　　**定额单位：10 个**

需换算调整的部分：

开灯光孔、风口以方形为准，如为圆形，其人工乘以系数 1.3。

B3-164换　　　　**定额单位：100m²**

需换算调整的部分：

定额中大芯板消耗量与设计不相符，计算设计消耗量

已知灯带大芯板的总面积为 4.39m²，灯带总长 12.46m 长，每 m 灯带大芯板含量：4.39÷12.46＝0.35m²/m

100m 灯带大芯板消耗量：0.35×（1+5%）×100＝36.75m²

【案例 5-17】根据【案例 4-19】对清单套用定额子目组价，计算定额工程量，并对定额子目进行换算。

解：（1）根据清单项目特征，查找定额子目，对清单组价，列表如下（表 5-27）。

分部分项工程清单组价表　　　　　　　　表5-27

序号	项目编码	清单名称	工程量	定额组价项目（根据清单项目特征组价）			
				编号	名称	计量单位	工程量
1	011302001001	吊顶天棚	25.65m²	B3-167	轻钢龙骨藻井天棚 平面圆弧型	100m²	0.2565
				B3-180	石膏板基层藻井天棚 平面圆弧型	100m²	0.3264
				B3-286	嵌缝	100m²	0.3264
				B3-281	天棚面层开孔	10个	0.8
2	011302002001	格栅吊顶	21.04m²	B3-249	铝合金格栅天棚	100m²	0.2104
				B3-89	铝合金条板天棚龙骨 轻型	100m²	0.2104

（2）计算定额工程量，并填入表 5-27：

B3-167：　25.65÷100＝0.2565　　　B3-281：　8÷10＝0.8

B3-180、B3-286：[25.65+[3.14×（1.8+0.1+0.1）+3.14×（2.6+0.1+0.1）+3.14×（3.4+0.1+0.1）]×0.2+（3.14×1.8+3.14×2.6+3.14×3.4）×0.07]÷100＝0.3264

B3-249、B3-89：　21.04÷100＝0.2104

注：高差在 400mm 以上或超过三级以及圆弧形、拱形等造型天棚，按艺术造型天棚相应项目执行；艺术造型天棚项目中包括灯光槽的制作安装，无需另列灯光槽子目；天棚龙骨按主墙间净空面积计算，天棚装饰面层按实钉胶展

开面积计算；定额子目与设计基本一致，不用换算。

【案例5-18】根据【案例4-20】对清单套用定额子目组价,计算定额工程量,并对定额子目进行换算。

解：(1) 根据清单项目特征，查找定额子目，对清单组价，列表如下(表5-28)。

分部分项工程清单组价表

表5-28

序号	项目编码	清单名称	工程量	定额组价项目（根据清单项目特征组价）			
				编号	名称	计量单位	工程量
1	011302001001	吊顶天棚	53.24m²	B3-95	石膏板天棚基层	100m²	0.5693
				B3-45	装配式U形轻钢天棚龙骨（不上人型）面层规格（600mm×600mm）平面	100m²	1.8755
				B3-286	嵌缝	100m²	0.5693
2	011302002001	格栅吊顶	115.3m²	B3-241	铝合金格栅天棚（直接吊在天棚下）规格（125mm×125mm×60mm）	100m²	1.153
3	011302002002	格栅吊顶（挂片）	53.1m²	B3-139	平面、跌级天棚 铝合金挂片天棚 条型 间距（100mm）	100m²	0.531
4	011304001001	灯槽	28.54m²	B3-166换	附加式灯槽	100m	0.2848
				B3-159	天棚灯片（乳白胶片搁放型）	100m²	0.1709

(2) 计算定额工程量，并填入表5-28：

B3-45：　　　　　　$(12.88+2.38+2.5)×(5.56+2.5+2.5)÷100 = 1.8755$

B3-95、B3-286：$[53.24+(5.56+12.88)×2×0.1]÷100 = 0.5693$

B3-241：　　　　　$115.3÷100 = 1.153$

B3-139：　　　　　$53.1÷100 = 0.531$

B3-166：　　　　　$3.56×8÷100 = 0.2848$

B3-159：　　　　　$3.56×0.6×8÷100 = 0.1709$

(3) 对定额子目进行分析，定额与实际不相符的内容应进行换算。

B3-166换　　　　**定额单位：100m**

需换算调整的部分：

① 5mm胶合板消耗量，定额与设计不符，计算设计消耗量：

100m灯带5mm胶合板消耗量：$[(0.6+0.172×2)×3.56+0.6×0.172×2]÷3.56×100×(1+5\%) = 105.21$m² 替换定额消耗量

② 定额中缺木龙骨材料，应增加木龙骨消耗量：

600mm长木龙骨根数：$3.56÷0.4+1 = 10$　$10+2 = 12$ 根　注：灯片两端各一根，中间没有木龙骨

3560mm长木龙骨根数：4根

172mm长木龙骨根数：$3.56÷0.4+1 = 10$　$10×2 = 20$ 根

一根灯带木龙骨净用量：$(12×0.6+4×3.56+20×0.172)×0.03×0.04 = 0.03$m³

100m 灯带木龙骨消耗量：$0.03 \div 3.56 \times （1+5\%） \times 100 = 0.88 \text{m}^3 / 100\text{m}$

【案例5-19】根据【案例4-21】计算综合单价，工资单价120元／工日（指综合人工和机上人工，下同，不再注明），取费人工工资单价60元／工日，材料预算（市场）单价见附件4，附件4中未包含的材料按定额基期单价执行，管理费率26.48%，利润率为28.88%，按一般计税法计价。

解：(1) 根据清单项目特征，查找定额子目，对清单组价，列表如下（表5-29）。

分部分项工程清单组价表　　　　　　　　　　表5-29

序号	项目编码	清单名称	工程量	定额组价项目（根据清单项目特征组价）			
				编号	名称	计量单位	工程量
1	011302001001	吊顶天棚	134.83m²	B3-172换	轻钢龙骨 吊挂式天棚 圆形	100m²	2.2815
				B3-190	基层吊挂式天棚 圆形 石膏板	100m²	1.3483
				B3-286	嵌缝	100m²	1.3483
				B3-281换	天棚面层开灯光孔	10个	2.4
				B3-284	天棚面层开送风口	10个	0.5
2	011302005001	织物软雕吊顶	90.89m²	B3-274	织物软雕吊顶	100m²	0.9089
3	011304002001	送风口、回风口	5个	B3-279	铝合金 送风口安装	个	5

(2) 计算定额工程量，并填入表5-29：

B3-172： $[（18-0.3）\times（12.8-0.3）+（0.7+0.6-0.3+0.15）\times（6.3-0.3）] \div 100 = 2.2815$

B3-190、B3-286： $134.83 \div 100 = 1.3483$

B3-281： $24 \div 10 = 2.4$　　　　B3-284： $5 \div 10 = 0.5$

B3-274： $90.89 \div 100 = 0.9089$　　B3-279： 5个

(3) 对定额子目进行分析，定额与实际不相符的内容应进行换算；计算人工费、材料费、机械费（表5-30）。

B3-172换　　　　**定额单位：100m²**

需换算调整的部分：

大龙骨设计消耗量与定额消耗量不符，计算大龙骨消耗量：

100m^2（10m×10m）天棚吊顶大龙骨消耗量：$10 \div 1 + 1 = 11$ 根　$11 \times 10 \times （1+5\%）= 115.5\text{m}$

100m^2（10m×10m）天棚吊顶小龙骨消耗量：$10 \div 0.6 + 1 = 18$ 根　$18 \times 10 \times （1+5\%）= 189\text{m}$

B3-281换　　　　**定额单位：10个**

需换算调整的部分：

定额中开灯光孔、风口以方形为准，如为圆形者，其人工乘以系数1.3。

清单项目人材机用量与单价表（投标报价）（一般计税法）　　表5-30（*a*）

工程名称：装饰工程　　　　　　　　　　　　　　　　　　　　标段：　　第1页 共3页
清单编号：011302001001　　　　　　　　　　　　　　　　　　单位：　　m²
清单名称：吊顶天棚　　　　　　　　　　　　　　　　　　　　　数量：　　134.83

序号	编码	名称（材料、机械规格型号）	单位	数量	基期价（元）	市场价（元）含税	市场价（元）除税	合价（元）	备注
1	00003	综合人工（装饰）	工日	93.361	70.00	120.00	120.00	11203.34	
2	080154	轻钢龙骨主接件	个	136.89	0.80	0.80	0.69	94.45	
3	080144	轻钢龙骨平面连接件	个	1733.94	0.30	0.30	0.26	450.82	
4	030094	紧固件	套	456.30	8.00	8.00	6.90	3148.47	
5	030001	38吊件	件	1026.675	0.26	0.26	0.22	225.87	
6	050018	大龙骨	m	263.513	3.13	3.13	2.70	711.49	
7	050209	中小龙骨	m	431.204	2.26	2.26	1.95	840.85	
8	010946	膨胀螺栓M8×55	套	456.30	0.40	0.40	0.35	159.71	
9	320054	合金钢钻头	个	2.282	20.00	20.00	17.25	39.36	
10	030049	吊杆	kg	342.225	5.00	5.00	4.31	1474.99	
11	080229	石膏板	m²	175.279	11.50	12.50	10.78	1889.51	
12	030224	自攻螺栓	个	5460.615	0.03	0.03	0.03	163.82	
13	410085	绷带	m	202.447	0.20	0.20	0.17	34.42	
14	110056	嵌缝膏	kg	48.498	0.95	0.95	0.82	39.77	
15	J7-114	电锤 520W 小	台班	5.704	8.99	8.87	8.43	48.06	
		本页合计						20524.92	
		累计						20524.92	

清单项目人材机用量与单价表（投标报价）（一般计税法）　　表5-30（*b*）

工程名称：装饰工程　　　　　　　　　　　　　　　　　　　　标段：　　第2页 共3页
清单编号：011302005001　　　　　　　　　　　　　　　　　　单位：　　m²
清单名称：织物软雕吊顶　　　　　　　　　　　　　　　　　　　数量：　　90.89

序号	编码	名称（材料、机械规格型号）	单位	数量	基期价（元）	市场价（元）含税	市场价（元）除税	合价（元）	备注
1	00003	综合人工（装饰）	工日	13.497	70.00	120.00	120.00	1619.66	
2	010377	镀锌铁丝	kg	2.727	5.75	5.75	4.96	13.52	
3	080168~1	透光软膜	m²	254.492	110.00	125.00	107.82	27439.33	
4	010946	膨胀螺栓M8×55	套	181.78	0.40	0.40	0.35	63.62	
5	320054	合金钢钻头	个	0.909	20.00	20.00	17.25	15.68	
6	J7-114	电锤 520W 小	台班	2.272	8.99	8.87	8.43	19.15	
		本页合计						29170.96	
		累计						29170.96	

工程名称：装饰工程　　　　　　　　　　　　　　　　　　　　标段：　第3页 共3页
清单编号：011304002001　　　　　　　　　　　　　　　　　　单位：　个
清单名称：送风口、回风口　　　　　　　　　　　　　　　　　数量：　5

序号	编码	名称（材料、机械规格型号）	单位	数量	基期价（元）	市场价（元）含税	市场价（元）除税	合价（元）	备注
1	00003	综合人工（装饰）	工日	0.65	70.00	120.00	120.00	78.00	
2	190006	铝合金送风口（成品）	个	5.00	150.00	150.00	129.39	646.95	
		本页合计						724.95	
		累计						724.95	

（4）将人工费、材料费、机械费填入综合单价分析表，计算取费人工费、管理费、利润、综合单价（表5-31）。

清单项目费用计算表（综合单价表）（投标报价）（一般计税法）　　表5-31（a）

工程名称：装饰工程　　　　　　　　　　　　　　　　　　　标段：第1页 共3页
清单编号：011302001001　　　　　　　　　　　　　　　　　单位：m²
清单名称：吊顶天棚　　　　　　　　　　　　　数量：134.83　综合单价：211.78

序号	工程内容	计费基础说明	费率（%）	金额（元）	备注
1	直接费用	1.1+1.2+1.3		20803.12	
1.1	人工费			11203.34	
1.1.1	其中：取费人工费			5601.67	
1.2	材料费			9551.72	
1.3	机械费			48.06	
1.3.1	其中：取费机械费				
2	费用和利润	2.1+2.2+2.3		5061.81	
2.1	管理费	1.1.1或1.1.1+1.3.1	26.48	1483.32	
2.2	利润	1.1.1或1.1.1+1.3.1	28.88	1617.76	
2.3	规费	2.3.1+2.3.2+2.3.3+2.3.4+2.3.5		1960.73	
2.3.1	工程排污费	1+2.1+2.2	0.40	95.62	
2.3.2	职工教育经费和工会经费	1.1	3.50	392.12	
2.3.3	住房公积金	1.1	6.00	672.20	
2.3.4	安全生产责任险	1+2.1+2.2	0.20	47.81	
2.3.5	社会保险费	1+2.1+2.2	3.15	752.98	
3	建安造价	1+2		25864.97	
4	销项税额	3项×税率	10.00	2586.49	
5	附加税费	（3+4）项×费率	0.36	102.42	
合计		3+4+5		28553.89	

清单项目费用计算表（综合单价表）（投标报价）（一般计税法）　　　表5-31（b）

工程名称：装饰工程　　　　　　　　　　　　　　　　　　标段：　　第2页　共3页

清单编号：011302005001　　　　　　　　　　　　　　　　单位：　　m²

清单名称：织物软雕吊顶　　　　　　　　　　　　　　数量：90.89　综合单价：385.53

序号	工程内容	计费基础说明	费率（%）	金额（元）	备注
1	直接费用	1.1+1.2+1.3		29996.92	
1.1	人工费			1619.66	
1.1.1	其中：取费人工费			809.83	
1.2	材料费			28358.12	
1.3	机械费			19.15	
1.3.1	其中：取费机械费				
2	费用和利润	2.1+2.2+2.3		1743.89	
2.1	管理费	1.1.1或1.1.1+1.3.1	26.48	214.44	
2.2	利润	1.1.1或1.1.1+1.3.1	28.88	233.88	
2.3	规费	2.3.1+2.3.2+2.3.3+2.3.4+2.3.5		1295.56	
2.3.1	工程排污费	1+2.1+2.2	0.40	121.78	
2.3.2	职工教育经费和工会经费	1.1	3.50	56.69	
2.3.3	住房公积金	1.1	6.00	97.18	
2.3.4	安全生产责任险	1+2.1+2.2	0.20	60.89	
2.3.5	社会保险费	1+2.1+2.2	3.15	959.02	
3	建安造价	1+2		31740.77	
4	销项税额	3项×税率	10.00	3174.08	
5	附加税费	(3+4)项×费率	0.36	125.69	
合计		3+4+5		35040.55	

清单项目费用计算表（综合单价表）（投标报价）（一般计税法）　　　表5-31（c）

工程名称：装饰工程　　　　　　　　　　　　　　　　　　标段：　　第3页　共3页

清单编号：011304002001　　　　　　　　　　　　　　　　单位：　　个

清单名称：送风口、回风口　　　　　　　　　　　　数量：5.00　综合单价：177.09

序号	工程内容	计费基础说明	费率（%）	金额（元）	备注
1	直接费用	1.1+1.2+1.3		744.36	
1.1	人工费			78.00	
1.1.1	其中：取费人工费			39.00	
1.2	材料费			666.36	
1.3	机械费				
1.3.1	其中：取费机械费				
2	费用和利润	2.1+2.2+2.3		57.72	
2.1	管理费	1.1.1或1.1.1+1.3.1	26.48	10.33	
2.2	利润	1.1.1或1.1.1+1.3.1	28.88	11.27	
2.3	规费	2.3.1+2.3.2+2.3.3+2.3.4+2.3.5		36.13	
2.3.1	工程排污费	1+2.1+2.2	0.40	3.07	

序号	工程内容	计费基础说明	费率（%）	金额（元）	备注
2.3.2	职工教育经费和工会经费	1.1	3.50	2.73	
2.3.3	住房公积金	1.1	6.00	4.68	
2.3.4	安全生产责任险	1+2.1+2.2	0.20	1.53	
2.3.5	社会保险费	1+2.1+2.2	3.15	24.13	
3	建安造价	1+2		802.08	
4	销项税额	3项×税率	10.00	80.21	
5	附加税费	（3+4）项×费率	0.36	3.18	
合计		3+4+5		885.47	

任务3 天棚工程量清单计价

任务要求：根据附件5的实训施工图，对综合实训二任务3已编制完成的天棚工程量清单计算综合单价。人工、材料等资源的单价，请参照当时当地的市场价格；各项取费标准请参照当地的有相关规定。

资料准备：（1）《建筑工程工程量清单计价规范》GB 50500—2013；

（2）《房屋建筑与装饰工程工程量计算规范》GB 50854—2013（以下简称国标清单）；

（3）当时当地的计价办法，如《湖南省建设工程计价办法》；

（4）当时当地的装饰工程预算定额，如《湖南省建筑装饰装修工程消耗量标准》；

（5）当时当地的人工、材料、机械等资源的单价信息和各项取费标准；

（6）电脑机房或学生自带电脑（需安装工程计价软件）。

提交成果：（1）分部分项工程量清单计价表；

（2）综合单价分析表；

（3）定额工程量计算单。

涉及知识点：

（1）工程量清单中各分项工程的施工工艺、材料、构造的分析；

（2）工程量清单中各分项工程项目特征的解读；

（3）定额子目组价；

（4）定额工程量的计算规则；

（5）人工、材料、机械消耗量的计算；

（6）材料、机械单价的计算；

（7）人工费、取费人工费、材料费、机械费的计算；

（8）管理费、利润等各项费用的计算；

（9）综合单价的计算与意义；

（10）工程计价软件的操作。

主要步骤：

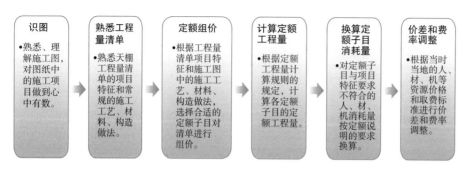

5.1.4 门窗工程

1. 定额说明

1）本章木材木种除说明者外，均以一、二类木种为准，如采用三、四类木种时，人工和机械乘以 1.24。

2）木门窗一般小五金配件费（折页、插销、铁搭扣、风钩、普通拉手）按附表计算；其五金配件安装用工已在门窗制作安装项目中综合计算。特种五金另按相应项目执行。

3）铝合金门窗制作、安装项目不分现场或施工企业附属加工厂制作，均执行本标准。

4）铝合金地弹门制作型材（框料）按 101.6mm×44.5mm、厚 1.5mm 方管制定，单扇平开门、双扇平开窗按 38 系列厚 1.2mm 制定，推拉窗按 70 系列厚 1.2mm 制定。如实际采用的型材断面及厚度与规格不同者，可按图示尺寸乘以线密度加 6% 的施工损耗计算型材重量。

5）装饰板门制作安装按木骨架、基层、饰面板面层分别计算。

6）成品门窗安装项目中，门窗附件包含在成品门窗单价内，玻璃则不包括在成品单价内。铝合金门窗制作、安装项目中未含五金配件，五金配件按本章附表选用。

2. 定额工程量计算规则

1）普通木门窗、彩板组角门窗、塑钢门窗、铝合金门窗均按洞口面积以平方米计算。铝合金纱扇制作安装按纱扇外围面积计算。

2）普通窗上部带有半圆窗的工程量应分别按半圆窗和普通窗计算。其分界线以普通窗和半圆窗之间的横框上裁口线为分界线。

3）卷闸门安装按其安装高度乘以门的实际宽度以平方米计算（不扣除小门面积）。安装高度算至滚筒顶点为准。带卷筒罩的按展开面积增加。电动装置安装以套计算，小门安装以扇计算。

4）防盗门、不锈钢格栅门按框外围面积以平方米计算。防盗窗按展开面积计算。

5）成品防火门以框外围面积计算，防火卷帘门从地（楼）面算至端板顶点乘设计宽度。

6）实木门框制作安装以延长米计算。实木门扇制作安装及装饰门扇制作按扇外围面积计算。装饰门扇及成品门扇安装按扇计算。

7）木门扇皮制隔音面层和装饰板隔音面层，按单面面积计算。

8）不锈钢板包门框、门窗套、花岗岩门套、门窗筒子板（图4-38）按展开面积计算。门窗贴脸、窗帘盒（图5-11）、窗帘轨按延长米计算。

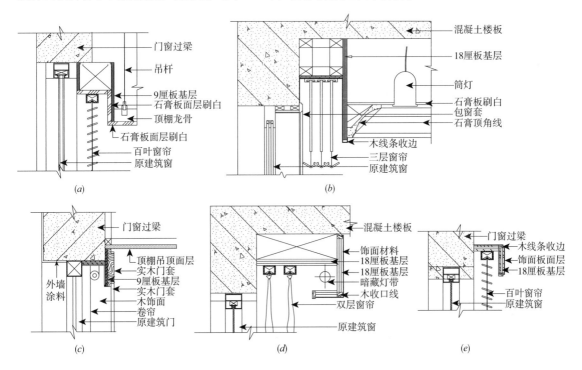

（a）　　　　（b）

（c）　　　　（d）　　　　（e）

图5-11　窗帘盒常用构造作法

（a）、（b）暗装（与天棚一体式）；（c）、（d）、（e）明装

9）窗台板按实铺面积计算。

10）电子感应门及转门按成品考虑以樘计算。

11）不锈钢电动伸缩门以樘计算。

【案例5-20】根据【案例4-22】计算综合单价，工资单价120元／工日（指综合人工和机上人工，下同，不再注明），取费人工工资单价60元／工日，材料预算（市场）单价见附件4，附件4中未包含的材料按定额基期单价执行，管理费率26.48%，利润率为28.88%，按一般计税法计价。

解：（1）根据清单项目特征，查找定额子目，对清单组价，列表如下（表5-32）。

分部分项工程清单组价表　　　　　表5-32

序号	项目编码	清单名称	工程量	定额组价项目（根据清单项目特征组价）			
				编号	名称	计量单位	工程量
1	010801004001	木质防火门	1樘	B4-94	防火门 木质	100m²	0.0504
2	010802001001	金属门	26.4m²	B4-72	铝合金平开门成品安装	100m²	0.048
				B4-73	铝合金推拉门成品安装	100m²	0.216

序号	项目编码	清单名称	工程量	定额组价项目（根据清单项目特征组价）			
				编号	名称	计量单位	工程量
3	010807001001	金属窗	28.44m²	B4-74	铝合金推拉窗成品安装	100m²	0.1134
				B4-75	铝合金固定窗成品安装	100m²	0.0855
				B4-76	铝合金平开窗成品安装	100m²	0.0855

（2）计算定额工程量，并填入表5-32：

B4-94：$1.2 \times 2.1 \times 2 \div 100 = 0.0504$　　B4-72：$1 \times 2.4 \times 2 \div 100 = 0.048$

B4-73：$1.8 \times 2.4 \times 5 \div 100 = 0.216$　　B4-75：$0.9 \times 1.9 \times 5 \div 100 = 0.0855$

B4-74：$2.1 \times 1.8 \times 3 \div 100 = 0.1134$　　B4-76：$0.9 \times 1.9 \times 5 \div 100 = 0.0855$

（3）对定额子目进行分析，定额与设计相符，不用换算；计算人工费、材料费、机械费（表5-33）。

清单项目人材机用量与单价表（投标报价）（一般计税法）　　　　表5-33（a）

工程名称：装饰工程　　　　　　　　　　　　　　　　　　　标段：　　第1页　共3页

清单编号：010801004001　　　　　　　　　　　　　　　　单位：　　樘

清单名称：木质防火门　　　　　　　　　　　　　　　　　　数量：　　1

序号	编码	名称（材料、机械规格型号）	单位	数量	基期价（元）	市场价（元）		合价（元）	备注
						含税	除税		
1	00003	综合人工（装饰）	工日	2.31	70.00	120.00	120.00	277.24	
2	090037	木质防火门（成品）	m²	5.04	320.00	350.00	301.91	1521.63	
		本页合计						1798.87	
		累计						1798.87	

清单项目人材机用量与单价表（投标报价）（一般计税法）　　　　表5-33（b）

工程名称：装饰工程　　　　　　　　　　　　　　　　　　　标段：　　第2页　共3页

清单编号：010802001001　　　　　　　　　　　　　　　　单位：　　m²

清单名称：金属门　　　　　　　　　　　　　　　　　　　　数量：　　26.4

序号	编码	名称（材料、机械规格型号）	单位	数量	基期价（元）	市场价（元）		合价（元）	备注
						含税	除税		
1	00003	综合人工（装饰）	工日	9.06	70.00	120.00	120.00	1087.14	
2	320202	合金钢钻头 ϕ10	个	0.898	8.50	8.50	7.33	6.58	
3	090030	铝合金平开门（不含玻璃）	m²	4.56	175.00	220.00	189.77	865.35	
4	060116	平板玻璃 6mm	m²	25.296	28.00	38.00	32.78	829.20	
5	040021	玻璃胶350g	支	11.28	8.00	13.00	11.21	126.45	
6	110055	密封油膏	kg	7.608	5.74	5.74	4.95	37.66	
7	090032	铝合金推拉门（不含玻璃）	m²	20.736	200.00	255.00	219.96	4561.09	
8	J7-114	电锤 520W 小	台班	1.79	8.99	8.87	8.43	15.09	
		本页合计						7528.56	
		累计						7528.56	

工程名称：装饰工程　　　　　　　　　　　　　标段：　　第3页　共3页
清单编号：010807001001　　　　　　　　　　　单位：　　m²
清单名称：金属窗　　　　　　　　　　　　　　数量：　　28.44

序号	编码	名称（材料、机械规格型号）	单位	数量	基期价（元）	市场价（元）		合价（元）	备注
						含税	除税		
1	00003	综合人工（装饰）	工日	7.897	70.00	120.00	120.00	947.70	
2	320202	合金钢钻头 φ10	个	16.094	8.50	8.50	7.33	117.97	
3	090031	铝合金推拉窗（不含玻璃）	m²	10.773	260.00	280.00	241.63	2602.00	
4	060115	平板玻璃 5mm	m²	26.42	22.00	28.00	24.15	638.03	
5	040021	玻璃胶350g	支	17.214	8.00	13.00	11.21	192.97	
6	110055	密封油膏	kg	14.633	5.74	5.74	4.95	72.43	
7	090026	铝合金固定窗（不含玻璃）	m²	7.952	190.00	160.00	138.01	1097.39	
8	090029	铝合金平开窗（不含玻璃）	m²	7.695	240.00	251.00	216.51	1666.04	
9	J7-114	电锤 520W 小	台班	5.351	8.99	8.87	8.43	45.09	
	本页合计							7379.63	
	累计							7379.63	

（4）将人工费、材料费、机械费填入综合单价分析表，计算取费人工费、管理费、利润、综合单价（表5-34）。

工程名称：装饰工程　　　　　　　　　　　　　标段：　　第1页　共3页
清单编号：010801004001　　　　　　　　　　　单位：　　樘
清单名称：木质防火门　　　　　　　　　　　　数量：　1.00　综合单价：2229.60

序号	工程内容	计费基础说明	费率（%）	金额（元）	备注
1	直接费用	1.1+1.2+1.3		1844.52	
1.1	人工费			277.24	
1.1.1	其中：取费人工费			138.62	
1.2	材料费			1567.28	
1.3	机械费				
1.3.1	其中：取费机械费				
2	费用和利润	2.1+2.2+2.3		175.13	
2.1	管理费	1.1.1或1.1.1+1.3.1	26.48	36.71	
2.2	利润	1.1.1或1.1.1+1.3.1	28.88	40.03	
2.3	规费	2.3.1+2.3.2+2.3.3+2.3.4+2.3.5		98.38	
2.3.1	工程排污费	1+2.1+2.2	0.40	7.69	
2.3.2	职工教育经费和工会经费	1.1	3.50	9.70	
2.3.3	住房公积金	1.1	6.00	16.63	
2.3.4	安全生产责任险	1+2.1+2.2	0.20	3.84	
2.3.5	社会保险费	1+2.1+2.2	3.15	60.52	

序号	工程内容	计费基础说明	费率（%）	金额（元）	备注
3	建安造价	1+2		2019.64	
4	销项税额	3项×税率	10.00	201.96	
5	附加税费	（3+4）项×费率	0.36	8.00	
合计		3+4+5		2229.60	

清单项目费用计算表（综合单价表）（投标报价）（一般计税法）　　表5-34（b）

工程名称：装饰工程　　　　　　　　　　　　　　　　　　　　标段：　　　第2页 共3页
清单编号：010802001001　　　　　　　　　　　　　　　　　　单位：　　　m²
清单名称：金属门　　　　　　　　　　　　　　　　　　数量：26.40　综合单价：352.36

序号	工程内容	计费基础说明	费率（%）	金额（元）	备注
1	直接费用	1.1+1.2+1.3		7721.35	
1.1	人工费			1087.14	
1.1.1	其中：取费人工费			543.57	
1.2	材料费			6619.12	
1.3	机械费			15.09	
1.3.1	其中：取费机械费				
2	费用和利润	2.1+2.2+2.3		705.03	
2.1	管理费	1.1.1或1.1.1+1.3.1	26.48	143.94	
2.2	利润	1.1.1或1.1.1+1.3.1	28.88	156.98	
2.3	规费	2.3.1+2.3.2+2.3.3+2.3.4+2.3.5		404.11	
2.3.1	工程排污费	1+2.1+2.2	0.40	32.09	
2.3.2	职工教育经费和工会经费	1.1	3.50	38.05	
2.3.3	住房公积金	1.1	6.00	65.23	
2.3.4	安全生产责任险	1+2.1+2.2	0.20	16.04	
2.3.5	社会保险费	1+2.1+2.2	3.15	252.70	
3	建安造价	1+2		8426.38	
4	销项税额	3项×税率	10.00	842.64	
5	附加税费	（3+4）项×费率	0.36	33.37	
合计		3+4+5		9302.38	

清单项目费用计算表（综合单价表）（投标报价）（一般计税法）　　表5-34（c）

工程名称：装饰工程　　　　　　　　　　　　　　　　　　　　标段：　　　第3页 共3页
清单编号：010807001001　　　　　　　　　　　　　　　　　　单位：　　　m²
清单名称：金属窗　　　　　　　　　　　　　　　　　　数量：28.44　综合单价：318.97

序号	工程内容	计费基础说明	费率（%）	金额（元）	备注
1	直接费用	1.1+1.2+1.3		7571.23	
1.1	人工费			947.70	
1.1.1	其中：取费人工费			473.85	
1.2	材料费			6578.45	

序号	工程内容	计费基础说明	费率（%）	金额（元）	备注
1.3	机械费			45.09	
1.3.1	其中：取费机械费				
2	费用和利润	2.1+2.2+2.3		646.11	
2.1	管理费	1.1.1或1.1.1+1.3.1	26.48	125.48	
2.2	利润	1.1.1或1.1.1+1.3.1	28.88	136.85	
2.3	规费	2.3.1+2.3.2+2.3.3+2.3.4+2.3.5		383.79	
2.3.1	工程排污费	1+2.1+2.2	0.40	31.33	
2.3.2	职工教育经费和工会经费	1.1	3.50	33.17	
2.3.3	住房公积金	1.1	6.00	56.86	
2.3.4	安全生产责任险	1+2.1+2.2	0.20	15.67	
2.3.5	社会保险费	1+2.1+2.2	3.15	246.76	
3	建安造价	1+2		8217.35	
4	销项税额	3项×税率	10.00	821.73	
5	附加税费	（3+4）项×费率	0.36	32.54	
合计		3+4+5		9071.62	

【案例 5-21】根据【案例 4-23】对清单套用定额子目组价,计算定额工程量,并对定额子目进行换算。

解：(1) 根据清单项目特征，查找定额子目，对清单组价，列表如下（表5-35）。

分部分项工程清单组价表　　　　　　　　　　　　表5-35

序号	项目编码	清单名称	工程量	定额组价项目（根据清单项目特征组价）			
				编号	名称	计量单位	工程量
1	010808005001	石材门窗套	407.16m²	B4-119换	大理石花岗岩门套（成品）	100m²	4.0716
				B6-66换	不锈钢装饰线 100mm以外	100m	2.7

(2) 计算定额工程量，并填入表 5-35：

B4-119： 407.16÷100 = 4.0716

B6-66： ［（2.6+0.075×2）+（2.3+0.075）×2］×18×2÷100 = 2.7

(3) 对定额子目进行分析，定额与实际不相符的内容应进行换算。

B4-119换　　　　　　　**定额单位：100m²**

需换算调整的部分：

①定额中是按水泥砂浆粘贴编制的，设计为干挂，应删除 1：2.5 水泥砂浆。

②定额中没有不锈钢挂件消耗量，应增加不锈钢挂件消耗量，挂件间距为 600mm：

单个门套不锈钢挂件数量：

门洞侧面：（2.3+0.075）÷0.6+1 = 5　5×2×2 = 20 套

门洞上面：（2.6+0.075+0.075）÷0.6+1 = 6　6×2 = 12套

100m² 门套不锈钢挂件消耗量：（20+12）÷（4.25+1.43+5.63）×100×（1+2%）= 289套

注：（4.25+1.43+5.63）为单个门套面积，数据来源见清单工程量的计算；定额中规定，石材装饰线条磨边、磨圆角均包括在成品单价中，不再另计。

B6-66换　　　　定额单位：100m

需换算调整的部分：

定额中是按镜面不锈钢板编制的，设计为砂钢饰面套，替换定额中的材料名称和单价。

【案例5-22】根据【案例4-24】对清单套用定额子目组价，计算定额工程量，并对定额子目进行换算。

解：（1）根据清单项目特征，查找定额子目，对清单组价，列表如下（表5-36）。

分部分项工程清单组价表　　　　　　　　　　　　　　　　　表5-36

序号	项目编码	清单名称	工程量	定额组价项目（根据清单项目特征组价）			
				编号	名称	计量单位	工程量
1	010801001001	木质门	36.08m²	B4-101换	装饰板门扇制作 木骨架	100m²	0.3608
				B4-102换	装饰板门扇制作 基层	100m²	0.3608
				B4-103换	装饰板门扇制作 装饰面层	100m²	0.3608
				B4-104换	装饰门安装	扇	22
2	010801006001	门锁安装	22套	B4-136	五金安装L形执手插锁	把	22

（2）计算定额工程量，并填入表5-36：

B4-101、B4-102、B4-103：　　　　36.08÷100 = 0.3608

B4-104、B4-136：　　　　22扇（把）

注：定额消耗中的基层和面层是按双面计算的，只需按单面计算工程量。

（3）对定额子目进行分析，定额与实际不相符的内容应进行换算。

B4-101换　　　　定额单位：100m²

需换算调整的部分：

定额中的杉木锯材（木龙骨）与设计不符，应换算，计算设计木龙骨消耗量：

单扇门木龙骨0.8m长木龙骨根数：2.05÷0.2+1 = 11根

单扇门木龙骨2.05m长木龙骨根数：0.8÷0.2+1 = 5根

100m² 木骨架龙骨消耗量：（11×0.8+5×2.05）×0.02×0.03÷（0.8×2.05）×（1+5%）×100 = 0.73m³/100m²

B4-102换　　　　定额单位：100m²

需换算调整的部分：

定额中的基层板是1.8cm的大芯板，设计为12厘板，替换定额中材料名称和单价，消耗量不变。

B4-103换　　　**定额单位：100m²**

需换算调整的部分：

定额中的饰面板为红榉木夹板，设计为樱桃木饰面板，替换定额中材料名称和单价，消耗量不变。

B4-104换　　　**定额单位：扇**

需换算调整的部分：

定额中包含了实木装饰门扇（成品）的单价和消耗量，设计为现场制作后安装饰，前面定额子目中已计算了装饰门扇制作，现只需对其安装，删除实木装饰门扇（成品）的单价和消耗量。

【案例5-23】根据【案例4-25】对清单套用定额子目组价，计算定额工程量，并对定额子目进行换算。

解：(1)根据清单项目特征，查找定额子目，对清单组价，列表如下（表5-37）。

分部分项工程清单组价表　　　　　　　　　　　　　表5-37

序号	项目编码	清单名称	工程量	定额组价项目（根据清单项目特征组价）			
				编号	名称	计量单位	工程量
1	010808002001	木筒子板	47.39m²	B4-125换	筒子板柚木装饰面层 大芯板基层不带木筋	100m²	0.4739
2	010808006001	门窗木贴脸	323.84m	B4-120	门窗贴脸 宽80mm	100m	3.2384

(2) 计算定额工程量，并填入表5-37：

B4-125：47.39÷100 = 0.4739　　　B4-120：323.84÷100 = 3.2384

(3) 对定额子目进行分析，定额与实际不相符的内容应进行换算。

B4-125换　　　**定额单位：100m²**

需换算调整的部分：

①定额中的装饰面板为红榉木夹板，设计为柚木面板，替换材料名称和单价，消耗量不变。

②定额中没有9厘板及其消耗量，应增加9厘板消耗量。

9厘板总净用量：（0.8+2.05×2）×0.25×32 = 39.2m²

100m²筒子板中9厘板的消耗量：39.2÷47.04×（1+5%）×100 = 87.5m²

③定额中没有柚木收口线及其消耗量，应增加柚木收口线及消耗量。

柚木收口线总净用量：（0.8+2.05×2）×32 = 156.8m

100m²筒子板中柚木收口线的消耗量：156.8÷47.04×（1+6%）×100 = 353.33m

【案例5-24】根据【案例4-26】对清单套用定额子目组价，计算定额工程量，并对定额子目进行换算。

解：(1)根据清单项目特征，查找定额子目，对清单组价，列表如下（表5-38）。

序号	项目编码	清单名称	工程量	定额组价项目（根据清单项目特征组价）			
				编号	名称	计量单位	工程量
1	010810001001	窗帘	65.52m²		按实计价	m²	65.52
2	010810003001	饰面夹板窗帘盒	11.7m	B4-127换	窗帘盒 榉木饰面板 大芯板基层板	100m	0.117
3	010810005001	窗帘轨	11.7m	B4-132	窗帘道轨 不锈钢管	100m	0.117

（2）计算定额工程量，并填入表5-38：

B4-127、B4-132：　　　　　11.7÷100 = 0.117

（3）对定额子目进行分析，定额与实际不相符的内容应进行换算。

B4-127换　　　**定额单位：100m**

需换算调整的部分：

①定额中的大芯板1.8cm消耗量与设计不符，应换算，计算设计大芯板1.8cm消耗量。

100m窗帘盒大芯板1.8cm消耗量：（0.17+0.1）×100×（1+5%）= 28.35m²/100m

②定额中的装饰面板为红榉木夹板，且消耗量与设计不符，设计为樱桃木面板，替换材料名称和单价，计算消耗量。

100m窗帘盒樱桃木面板消耗量：（0.17+0.1）×（1+10%）×100 = 29.7m²/100m

③窗帘的制作与安装，定额子目中缺项，应按实计价。

【案例5-25】根据【案例4-27】对清单套用定额子目组价，计算定额工程量，并对定额子目进行换算。

解：（1）根据清单项目特征，查找定额子目，对清单组价，列表如下（表5-39）。

序号	项目编码	清单名称	工程量	定额组价项目（根据清单项目特征组价）			
				编号	名称	计量单位	工程量
1	010809004001	石材窗台板	31.36m²	B4-131	窗台板（大理石厚25mm）	100m²	0.3136
				B6-91	现场磨边 磨边（倒角）	100m	0.828

（2）计算定额工程量，并填入表5-39：

B4-131：　　　　　31.36÷100 = 0.3136

B6-91：　　　　　（2.1+0.1+0.1）×2×18÷100 = 0.828

（3）对定额子目进行分析，定额与设计基本一致，不用换算。

任务4　门窗工程量清单计价

任务要求：根据附件5的实训施工图，对综合实训二任务4已编制完成的门窗工程量清单计算综合单价。人工、材料等资源的单价，请参照当时当地的市场价格；各项取费标准请参照当地的有相关规定。

资料准备：（1）《建筑工程工程量清单计价规范》GB 50500—2013；

（2）《房屋建筑与装饰工程工程量计算规范》GB 50854—2013（以下简称国标清单）；

（3）当时当地的计价办法，如《湖南省建设工程计价办法》；

（4）当时当地的装饰工程预算定额，如《湖南省建筑装饰装修工程消耗量标准》；

（5）当时当地的人工、材料、机械等资源的单价信息和各项取费标准；

（6）电脑机房或学生自带电脑（需安装工程计价软件）。

提交成果：（1）分部分项工程量清单计价表；

（2）综合单价分析表；

（3）定额工程量计算单。

涉及知识点：

（1）工程量清单中各分项工程的施工工艺、材料、构造的分析；

（2）工程量清单中各分项工程项目特征的解读；

（3）定额子目组价；

（4）定额工程量的计算规则；

（5）人工、材料、机械消耗量的计算；

（6）材料、机械单价的计算；

（7）人工费、取费人工费、材料费、机械费的计算；

（8）管理费、利润等各项费用的计算；

（9）综合单价的计算与意义；

（10）工程计价软件的操作。

主要步骤：

5.1.5　油漆、涂料、裱糊工程

1. 定额说明

1）在同一平面上的分色及门窗内外分色已综合考虑。如需做美术图案者，另外计算。

2）喷、涂、刷遍数与设计要求不同时，可按每增加一遍项目进行调整。

3）喷塑（一塑三油）。底油、装饰漆、面油，其规格划分如下：

（1）大压花：喷点压平、点面积在1.2cm²以上。

（2）中压花：喷点压平、点面积在1~1.2cm²以内。

（3）喷中点、幼点：喷点面积在1cm²以下。

4）双层木门窗（单裁口）是指双层框扇。三层二玻一纱窗是指双层框三层扇。

5）隔墙、护壁、柱、天棚、木龙骨刷防火漆是指龙骨刷防火漆。

6）木龙骨刷防火漆按不刷底油、不刮腻子只刷漆编制的，包括龙骨四面（木地板、木龙骨带毛地板的项目还包括毛地板）的涂刷。

7）金属面刷油漆项目中，各种金属门窗、间壁、屋面等按相应的工程量系数计算，执行单层钢门窗的相应项目。钢构（配）件，包括钢屋架、天窗架、挡风架、屋架梁、支撑、檩条、吊车梁、车挡、制动梁、钢柱、钢平台、钢梯、钢栏栅、栏杆、管道、零星铁件等。

8）刮仿瓷涂料项目包括一底二面，如设计在一底二面上再增加一遍者，其人工及材料乘系数1.20。

2.定额工程量计算规则

1）木材面油漆的工程量分别按表5-40~ 表5-44规定乘以系数以平方米计算。

单层木门工程量系数表　　　　　　　　　　　　　　　　表5-40

项目名称	系数	工程量计算方法
单层木门	1.00	按单面洞口面积计算
双层（一板一纱）木门	1.36	
双层（单裁口）木门	2.00	
单层全玻门	0.83	
木百叶门	1.25	
厂库房大门	1.10	

单层木窗工程量系数表　　　　　　　　　　　　　　　　表5-41

项目名称	系数	工程量计算方法
单层木窗	1.00	按单面洞口面积计算
双层（一玻一纱）窗	1.36	
双层框扇（单裁口）窗	2.00	
双层框三层（二玻一纱）窗	2.60	
单层组合窗	0.83	
双层组合窗	1.13	
木百叶窗	1.50	

木扶手（不带托板）工程量系数表　　　　　表5—42

项目名称	系数	工程量计算方法
木扶手（不带托板）	1.00	按延长米计算
木扶手（带托板）	2.60	
窗帘盒	2.04	
封檐板、顺水板	1.74	
挂衣板、单独木线100mm以外	0.52	
生活园地框、挂镜线、单独木线100mm以内	0.35	

木地板工程量系数表　　　　　表5—43

项目名称	系数	工程量计算方法
木地板、木踢脚线	1.00	长×宽
木楼梯（不包括底面）	2.30	水平投影面积

其他木材面工程量系数表　　　　　表5—44

项目名称	系数	工程量计算方法
木板、纤维板、胶合板天棚、檐口	1.10	长×宽
清水板条天棚、檐口	1.07	
木方格吊顶天棚	1.00	
吸声板墙面、天棚面	0.87	
木护墙、墙裙	1.00	
窗台板、筒子板、门窗	1.00	
暖气罩	1.28	
屋面板（带檩条）	1.11	斜长×宽
木间壁、木隔断	1.90	单面外围面积
玻璃间壁露明墙筋	1.65	
木栅栏、木栏杆（带扶手）	1.82	
木屋架	1.79	跨度（长）×中高×1/2
衣柜、壁柜	1.00	按实刷展开面积
零星木装修	1.00	
梁、柱饰面	1.00	

2）隔墙（间壁）、隔断、护壁木龙骨刷防火漆，按隔墙（间壁）、隔断、护壁木龙骨的垂直投影面积计算。

3）柱面木龙骨刷防火漆按柱装饰面外表面积计算。

4）木地板、木龙骨刷防火漆按木地板水平投影面积计算。

5）基层板刷防火漆按板面面积计算，双面涂刷时，工程量乘以系数2。

6）金属面油漆，单层钢门窗按表5—45规定的工程量系数表计算。

7）钢构（配）件按型材的展开面积以平方米计算。其中：钢栅栏门、栏

单层钢门窗工程量系数表　　　　　　　　　表5—45

项目名称	系数	工程量计算方法
单层钢门窗	1.00	洞口面积
双层（一玻一纱）钢门窗	1.48	
百叶钢门	2.74	
半截百叶钢门	2.22	
满钢门或包铁皮门	1.63	
钢折叠门	2.30	
射线防护门	2.96	框（扇）外围面积
厂库房平开、推拉门	1.70	
铁丝网大门	0.81	
间壁	1.85	长×高
平板屋面	0.74	斜长×宽
瓦垄铁屋面	0.89	
排水、伸缩缝盖板	0.78	展开面积
暖气罩	1.63	水平投影面积

杆、窗棚、钢爬梯、踏步式钢扶梯、零星铁件等金属面油漆可按每吨重量折合 58m² 计算。

8）抹灰面油漆、喷（刷）涂料及裱糊的工程量：楼地面、天棚、墙、柱、梁面按装饰工程相应的工程量计算规则规定计算；墙面抹灰面上做油漆、喷（刷）涂料及裱糊的工程量，按墙面抹灰工程量乘系数 1.04；混凝土花格窗、栏杆花饰按单面外围面积计算。

【案例 5—26】根据【案例 4—28】对清单套用定额子目组价，计算定额工程量，并对定额子目进行换算。

解：（1）根据清单项目特征，查找定额子目，对清单组价，列表如下（表5—46）。

分部分项工程清单组价表　　　　　　　　　表5—46

序号	项目编码	清单名称	工程量	定额组价项目（根据清单项目特征组价）			
				编号	名称	计量单位	工程量
1	011401001001	木门油漆	36.08m²	B5—65	刷底油、油色、刮腻子、酚醛清漆二遍 单层木门	100m²	0.3608
				B5—153	基层板刷防火漆二遍 单层木门	100m²	1.4432
				B5—157	木龙骨刷防火漆 刷防火涂料二遍 双向	100m²	0.3608
2	011403002001	窗帘盒油漆	11.7m	B5—67	刷底油、油色、刮腻子、酚醛清漆二遍 木扶手（不带托板）	100m	0.2387
				B5—155	刷防火漆二遍 木扶手（不带托板）	100m	0.4774
3	011404002001	筒子板、门窗套油漆	72.95m²	B5—68	刷底油、油色、刮腻子、酚醛清漆二遍 其他木材面	100m²	0.7295
				B5—156	基层板刷防火漆二遍 其他木材面	100m²	1.7248

（2）计算定额工程量，并填入表 5—46：

B5—65、B5—157：36.08÷100 = 0.3608

B5-153：	$36.08 \times 2 \times 2 \div 100 = 1.4432$
B5-67：	$11.7 \times 2.04 \div 100 = 0.2387$
B5-155：	$11.7 \times 2.04 \times 2 \div 100 = 0.4774$
B5-68：	$72.95 \div 100 = 0.7295$
B5-156：	$[47.04 + (0.8 + 2.05 \times 2) \times 0.25 \times 32] \times 2 \div 100 = 1.7248$

注：单层木门油漆工程量按单面洞口面积计算；窗帘盒油漆工程量按延长米 ×2.04；隔墙（间壁）、隔断、护壁木龙骨刷防火漆按垂直投影面积计算；基层板刷防火漆按板面面积计算，双面涂刷时，工程量 ×2。

（3）对定额子目进行分析，定额与设计基本一致，不用换算。

【案例 5-27】根据【案例 4-29】对清单套用定额子目组价，计算定额工程量，并对定额子目进行换算。

解：（1）根据清单项目特征，查找定额子目，对清单组价，列表如下（表 5-47）。

（2）计算定额工程量，并填入表 5-47：

B5-184： $(80.67 + 77.06 + 5.06) \div 100 = 1.6279$

分部分项工程清单组价表　　　　　　　　　　表5-47

| 序号 | 项目编码 | 清单名称 | 工程量 | 定额组价项目（根据清单项目特征组价） | | | |
				编号	名称	计量单位	工程量
1	011405001001	金属面油漆	3.64t	B5-184	红丹防锈漆一遍钢构（配）件	100m²	1.6279

根据前例计算的钢材总重量 ÷ 每 m 钢材重量＝钢材总长度

或钢板总重量 ÷ 每 m² 钢板重量＝钢板单面面积

钢材防锈漆工程量＝钢材长度 × 每米钢材表面积

查 8 号镀锌槽钢表面积：$0.32m^2/m$，$50mm \times 50mm \times 5mm$ 镀锌角钢表面积：$0.2m^2/m$

8 号镀锌槽钢总表面积：　　　　$2028.14 \div 8.045 \times 0.32 = 80.67m^2$

$50mm \times 50mm \times 5mm$ 镀锌角钢表面积：　　$1452.58 \div 3.77 \times 0.2 = 77.06m^2$

后置件 8 号钢板表面积：　　　　$158.88 \div 62.8 \times 2$（钢板正反两面）$= 5.06m^2$

（3）对定额子目进行分析，定额与设计基本一致，不用换算。

【案例 5-28】根据【案例 4-30】对清单套用定额子目组价，计算定额工程量，并对定额子目进行换算。

解：（1）根据清单项目特征，查找定额子目，对清单组价，列表如下（表 5-48）。

分部分项工程清单组价表　　　　　　　　　　表5-48

| 序号 | 项目编码 | 清单名称 | 工程量 | 定额组价项目（根据清单项目特征组价） | | | |
				编号	名称	计量单位	工程量
1	011407001001	墙面喷刷涂料	204.49m²	B5-262	刮腻子二遍	100m²	2.1267
				B5-227	刮仿瓷涂料二遍	100m²	2.1267

序号	项目编码	清单名称	工程量	定额组价项目（根据清单项目特征组价）			
				编号	名称	计量单位	工程量
2	011407002001	天棚喷刷涂料	78.25m²	B5-262	楼梯底面刮腻子二遍	100m²	0.3808
				B5-227	楼梯底面刮仿瓷涂料二遍	100m²	0.3808
				B5-262	刮腻子二遍	100m²	0.4176
				B5-227	刮仿瓷涂料二遍	100m²	0.4176

（2）计算定额工程量，并填入表 5-48：

B5-262、B5-227（墙面）： $204.49 \times 1.04 \div 100 = 2.1267$

B5-262、B5-227（楼梯）： 0.3808　　（注：计算过程同案例 5-15）

B5-262、B5-227（天棚）： 0.4176

注：墙面抹灰面上做油漆、喷（刷）涂料及裱糊的工程量，按墙面抹灰工程量×1.04；板式楼梯底面的装饰工程量按水平投影面积×1.15；天棚、梁面按装饰工程相应的计算规则规定计算。

（3）对定额子目进行分析，定额与设计基本一致，不用换算。

【案例 5-29】根据【案例 4-31】对清单套用定额子目组价，计算定额工程量，并对定额子目进行换算。

解：（1）根据清单项目特征，查找定额子目，对清单组价，列表如下（表5-49）。

分部分项工程清单组价表　　　　　　　　　　　　　表5-49

序号	项目编码	清单名称	工程量	定额组价项目（根据清单项目特征组价）			
				编号	名称	计量单位	工程量
1	011408001001	墙纸裱糊（墙面）	115.96m²	B5-271	墙面贴装饰纸 墙纸 对花	100m²	1.206
2	011408001002	墙纸裱糊（天棚）	48.03m²	B5-277	天棚面贴装饰纸 墙纸 对花	100m²	0.4803

（2）计算定额工程量，并填入表 5-49：

B5-271：$115.96 \times 1.04 \div 100 = 1.206$　　　B5-277：$48.06 \div 100 = 0.4803$

注：墙面抹灰面上做油漆、喷（刷）涂料及裱糊的工程量，按墙面抹灰工程量×1.04。

（3）对定额子目进行分析，定额与设计基本一致，不用换算。

【案例 5-30】根据【案例 4-32】计算综合单价，工资单价 120 元／工日（指综合人工和机上人工，下同，不再注明），取费人工工资单价 60 元／工日，材料预算（市场）单价见附件 4，附件 4 中未包含的材料按定额基期单价执行，管理费率 26.48%，利润率为 28.88%，按一般计税法计价。

解：（1）根据清单项目特征，查找定额子目，对清单组价，列表如下（表 5-50）。

表5-50

分部分项工程清单组价表

序号	项目编码	清单名称	工程量	定额组价项目（根据清单项目特征组价）			
				编号	名称	计量单位	工程量
1	011406001001	抹灰面油漆	134.83m²	B5-197	刷乳胶漆 抹灰面 二遍	100m²	1.3483

（2）计算定额工程量，并填入表5-50：

B5-197：　　　　134.83÷100＝1.3483

（3）对定额子目进行分析，计算人工费、材料费、机械费（表5-51）。

清单项目人材机用量与单价表（投标报价）（一般计税法）　　　　表5-51

工程名称：装饰工程　　　　　　　　　　　　　　　　　　　　标段：　第1页 共1页

清单编号：011406001001　　　　　　　　　　　　　　　　　单位：　m²

清单名称：抹灰面油漆　　　　　　　　　　　　　　　　　　　数量：　134.83

序号	编码	名称（材料、机械规格型号）	单位	数量	基期价（元）	市场价（元）		合价（元）	备注
						含税	除税		
1	00003	综合人工（装饰）	工日	5.595	70.00	120.00	120.00	671.45	
2	110184	乳胶漆	kg	31.847	32.00	34.00	29.33	934.07	
		本页合计						1605.52	
		累计						1605.52	

（4）将人工费、材料费、机械费的人工填入综合单价分析表，计算取费
人工费、管理费、利润、综合单价（表5-52）。

清单项目费用计算表（综合单价表）（投标报价）（一般计税法）　　　　表5-52

工程名称：装饰工程　　　　　　　　　　　　　　　　　　　　标段：　第1页 共1页

清单编号：011406001001　　　　　　　　　　　　　　　　　单位：　m²

清单名称：抹灰面油漆　　　　　　　　　　　　　数量：134.83　综合单价：15.98

序号	工程内容	计费基础说明	费率（%）	金额（元）	备注
1	直接费用	1.1+1.2+1.3		1633.54	
1.1	人工费			671.45	
1.1.1	其中：取费人工费			335.73	
1.2	材料费			962.09	
1.3	机械费				
1.3.1	其中：取费机械费				
2	费用和利润	2.1+2.2+2.3		317.87	
2.1	管理费	1.1.1或1.1.1+1.3.1	26.48	88.90	
2.2	利润	1.1.1或1.1.1+1.3.1	28.88	96.96	
2.3	规费	2.3.1+2.3.2+2.3.3+2.3.4+2.3.5		132.02	
2.3.1	工程排污费	1+2.1+2.2	0.40	7.28	
2.3.2	职工教育经费和工会经费	1.1	3.50	23.50	
2.3.3	住房公积金	1.1	6.00	40.29	

序号	工程内容	计费基础说明	费率（%）	金额（元）	备注
2.3.4	安全生产责任险	1+2.1+2.2	0.20	3.64	
2.3.5	社会保险费	1+2.1+2.2	3.15	57.31	
3	建安造价	1+2		1951.44	
4	销项税额	3项×税率	10.00	195.14	
5	附加税费	（3+4）项×费率	0.36	7.73	
	合计	3+4+5		2154.31	

5.1.6　其他装饰工程

1.定额说明

1）本章项目设计采用的材料品种、规格、数量与取定不同时，可以换算，但人工、机械不变。

2）本章中铁件已包括刷防锈漆一遍。如设计需涂刷油漆、防火涂料按第五章相应子目执行。

3）招牌基层：

（1）平面招牌是指安装在门前的墙面上；箱式招牌、竖式灯箱是指六面体固定在墙面上；沿雨篷、檐口、阳台走向立式招牌，按平面招牌复杂项目执行。

（2）一般招牌和矩形招牌是指正立面平整无凸面；复杂招牌和异形招牌是指正立面有凹凸造型。

（3）招牌不包括灯饰。

4）美术字安装：

（1）美术字均以成品安装固定为准。

（2）美术字不分字体。

5）装饰线条：

（1）木装饰线、石膏装饰线（图5-12）均以成品安装为准。

（2）石材装饰线条均以成品安装为准。石材装饰线条磨边、磨圆角均包括在成品的单价中，不再另计。

6）石材磨边、磨半圆边及台面开孔子目均为现场磨制。

7）装饰线条以墙面直线安装为准，如天棚安装直线形、圆弧形或其他图案者，按以下规定计算：

（1）天棚面安装直线装饰线条人工乘以1.34系数。

（2）天棚面安装圆弧装饰线条人工乘以1.6系数，材料乘1.1系数。

（3）墙面安装圆弧装饰线条人工乘以1.2系数，材料乘1.1系数。

（4）装饰线条做艺术图案者，人工乘以1.8系数，材料乘1.1系数。

8）暖气罩挂板式是指钩挂在暖气片上；平墙式是指凹入墙内；明式是指凸出墙面；半凹半凸式按明式子目执行。

(a)   (b)

9) 货架、柜类中未考虑面板拼花及饰面板上贴其他材料的花饰、造型艺术品。

图 5-12　石膏装饰线图（左）
(a) 天棚石膏线；
(b) 石膏角线
图 5-13　挂镜线（右）

2. 定额工程量计算规则

1) 招牌、灯箱：

(1) 平面招牌基层按正立面面积计算，复杂形的凹凸造型部分亦不增减。

(2) 沿雨篷、檐口或阳台走向的立式招牌基层，按平面招牌复杂型执行时，应按展开面积计算。

(3) 箱体招牌和竖式标箱的基层，按外围体积计算。突出箱外的灯饰、店徽及其他艺术装潢等均另行计算。

(4) 灯箱的面层按展开面积以平方米计算。

(5) 广告牌钢骨架以吨计算。

2) 美术字安装按字的最大外围矩形面积以个计算。

3) 压条、装饰线条均按延长米计算。

4) 暖气罩（包括脚的高度在内）按正立面边框外围尺寸垂直投影面积计算。

5) 镜面玻璃安装、盥洗室木镜箱以正立面面积计算。

6) 塑料镜箱、毛巾环、肥皂盒、金属帘子杆、浴缸拉手、毛巾杆安装以只或副计算（图 5-13）。大理石洗漱台以台面投影面积计算（不扣除孔洞面积）。

7) 货架、柜类均以正立面的高（包括脚的高度在内）乘以宽以平方米计算。

8) 收银台、试衣间等以个计算，其他以延长米为单位计算。

【案例 5-31】根据【案例 4-33】对清单套用定额子目组价，计算定额工程量，并对定额子目进行换算。

解：(1) 根据清单项目特征，查找定额子目，对清单组价，列表如下（表 5-53）。

分部分项工程清单组价表   表5-53

序号	项目编码	清单名称	工程量	定额组价项目（根据清单项目特征组价）			
				编号	名称	计量单位	工程量
1	011502003001	石材装饰线	114.8m	B6-86	石材装饰线　干挂	100m	1.148
				B2-105换	干挂石材　后置件	块	230
				B1-97	酸洗打蜡　楼地面	100m²	0.264

（2）计算定额工程量，并填入表 5-53：

B6-86、B1-97： $114.8 \div 100 = 1.148$

B2-105： $114.8 \times 2 = 230$ 块

B1-97： $114.8 \times 0.23 \div 100 = 0.264$

（3）对定额子目进行分析，定额与实际不相符的内容应进行换算。

B2-105换   **定额单位：块**

需换算调整的部分：

①设计中未使用镀锌铁件 150mm×150mm×8mm，应将其删除。

②查∟100×63×6 角钢理论重量：7.55kg/m

增加镀锌角钢∟100×63×6 消耗量：$7.55 \times 0.22 \times （1+6\%） = 1.76$ kg/块

查∟50×50×5 角钢理论重量：3.77kg/m

③增加镀锌角钢∟50×50×5 消耗量：$3.77 \times 0.175 \times （1+6\%） = 0.7$ kg/块

【案例 5-32】根据【案例 4-34】对清单套用定额子目组价，计算定额工程量，并对定额子目进行换算。

解：（1）根据清单项目特征，查找定额子目，对清单组价，列表如下（表 5-54）。

分部分项工程清单组价表   表5-54

序号	项目编码	清单名称	工程量	定额组价项目（根据清单项目特征组价）			
				编号	名称	计量单位	工程量
1	011503001001	金属扶手、栏杆、栏板	17.17m	B1-162换	不锈钢栏杆嵌钢化玻璃栏板 10mm厚半玻 37×37方管	100m	0.1717
				B1-180换	不锈钢扶手直形 $\phi50$	100m	0.1822
				B1-200换	不锈钢 $\phi50$弯头	10个	0.8

（2）计算定额工程量，并填入表 5-54：

B1-164： $17.17 \div 100 = 0.1717$

B1-180： $（17.17+1.05） \div 100 = 0.1822$

B1-200： $8 \div 10 = 0.8$

（3）对定额子目进行分析，定额与实际不相符的内容应进行换算。

B1-162换   **定额单位：100m**

需换算调整的部分：

定额中为 10mm 厚钢化玻璃，设计为 12mm 厚钢化玻璃，应替换定额中材料名称、单价，消耗量不变。

B1-180换   **定额单位：100m**

需换算调整的部分：

定额中扶手为不锈钢管 $\phi60×1.2$，设计为不锈钢管 $\phi50$，应替换定额中材料名称和单价，消耗量不变。

B1-200_换　　　**定额单位：10 个**

需换算调整的部分：

定额中弯头为不锈钢管 $\phi 60 \times 1.0$，设计为不锈钢管 $\phi 50$，应替换定额中材料名称和单价，消耗量不变。

【案例 5-33】根据【案例 4-35】对清单套用定额子目组价，计算定额工程量，并对定额子目进行换算。

解：（1）根据清单项目特征，查找定额子目，对清单组价，列表如下（表5-55）。

分部分项工程清单组价表

表5-55

序号	项目编码	清单名称	工程量	定额组价项目（根据清单项目特征组价）			
				编号	名称	计量单位	工程量
1	011501003001	衣柜	19个	B6-139_换	附墙衣柜	100m²	0.7617
				B2-216_换	镜面玻璃在胶合板上粘贴	100m²	0.1366
				B6-149_换	金属 帘子杆	付	19
				B4-73	铝合金推拉门成品	100m²	0.4577
				B6-70	木质装饰线条60mm宽	100m	1.1628
				B1-142_换	踢脚线白橡木饰面	100m²	0.0338
				B6-133_换	大理石台板	100m²	0.0366
				B6-93	现场磨边 半圆边	100m	0.1093

（2）计算定额工程量，并填入表5-55：

B6-139：　　　$1.9 \times (2.05+0.06) \times 19 \div 100 = 0.7617$

B2-216：　　　$(0.62+0.01+0.62) \times 0.575 \times 19 \div 100 = 0.1366$

B4-73：　　　$1.175 \times 2.05 \times 19 \div 100 = 0.4577$

B6-93：　　　$0.575 \times 19 \div 100 = 0.1093$

B6-70：　　　$[1.9+ (2.05+0.06) \times 2] \times 19 \div 100 = 1.1628$

B6-133：　　　$0.335 \times 0.575 \times 19 \div 100 = 0.0366$

B1-142：　　　$(1.9-0.06-0.06) \times 0.1 \times 19 \div 100 = 0.0338$

B6-149：　　　19 付

（3）对定额子目进行分析，定额与实际不相符的内容应进行换算。

B6-139_换　　　**定额单位：100m²**

需换算调整的部分：

①定额中 1.8cm 大芯板消耗量为 $187.06m^2/100m^2$，与设计不相符，计算设计用大芯板消耗量：

3块竖向大芯板：$0.6 \times (2.05+0.06) \times 3 = 3.8m^2$

上、下水平大芯板：$0.6 \times 1.9 \times 2 = 2.28m^2$

小柜水平大芯板：$0.58 \times (0.575+0.06) \times 2 = 0.74m^2$

小柜背板和柜门大芯板：$(0.64+0.02) \times (0.575+0.06) \times 2 = 0.84m^2$

挂衣间下层板:$(0.5+0.03+0.06)×0.48×2+0.48×(0.27+0.03+0.17+0.03)$ $= 0.81m^2$

挂衣间水平隔板:$0.48×(0.645+0.03+0.5+0.03+0.06) = 0.61m^2$

挡板(小柜):$0.035×(0.575+0.06) = 0.02m^2$

挡板(挂衣间隔板处):$0.1×(0.645+0.03+0.5) = 0.12m^2$

单个柜子大芯板净用量:$3.8+2.28+0.74+0.84+0.81+0.61+0.02+0.12 = 9.22m^2$

$100m^2$ 柜子大芯板消耗量:$9.22÷[1.9×(2.05+0.06)]×(1+5%)×100 = 241.48m^2/100m^2$

②定额中为红榉木夹板饰面,设计为白橡木饰面板饰面,且消耗量 $475.96m^2/100m^2$,与设计不符,应替换定额中材料名称、单价和消耗量。

注:一般情况下饰面板都贴在基层(大芯板)上,不会单独存在,根据题意可知,大芯板的表面,都会贴饰面板,根据基层位置的不同,有的贴单面,有的贴双面。

3块竖向大芯板:$0.6×(2.05+0.06)×4 = 5.06m^2$

上、下水平大芯板:$0.6×1.9×2 = 2.28m^2$

小柜水平大芯板:$0.58×(0.575+0.06)×3 = 1.1m^2$

小柜背板和柜门大芯板:$(0.64+0.02)×(0.575+0.06)×3 = 1.26m^2$

挂衣间下层板:$0.81×2 = 1.62m^2$

挂衣间水平隔板:$0.61×2 = 1.22m^2$

挡板:$0.02+0.12 = 0.14m^2$

单个柜子白橡木饰面板净用量:$5.06+2.28+1.1+1.26+1.62+1.22+0.14 = 12.68m^2$

$100m^2$ 柜子白橡木饰面板消耗量:$12.68÷[1.9×(2.05+0.06)]×(1+10%)×100 = 347.92m^2/100m^2$

③定额中为红榉木线条,设计为白橡木线条,且消耗量 $778.72m/100m^2$,与设计不符,应替换定额中材料名称、单价和消耗量。

注:大芯板上、下表面均为饰面板饰面,侧面没有装饰不美观,因此,需对大芯板的侧面用木线条封边。

小柜门侧面封边:$0.575×2+0.64×4 = 3.71m$

小柜挡板封边:$0.575+0.06 = 0.635m$

小柜搁板封边:$(0.575+0.06)×2 = 1.27m$

挂衣间下层板封边:$0.5+0.5+0.03+0.27+0.03+0.17+0.03 = 1.53m$

挂衣间挡板封边:$(0.645+0.03+0.5)×2 = 2.35m$

竖向搁板封边:$2.05m$

单个柜子白橡木线条净用量:$3.71+0.635+1.27+1.53+2.35+2.05 = 11.545m$

$100m^2$ 柜子白橡木线条消耗量:$11.545÷[1.9×(2.05+0.06)]×(1+6%)×100 = 305.26m/100m^2$

④定额中没有10mm平板玻璃消耗量,增加缺项材料和消耗量。

单个柜子 10mm 平板玻璃净用量：$0.335 × (0.575+0.03) = 0.2\text{m}^2$

100m^2 柜子 10mm 平板玻璃消耗量：$0.2 ÷ [1.9 × (2.05+0.06)] × (1+18\%)$ $× 100 = 5.89\text{m}^2/100\text{m}^2$

⑤定额中没有铰链消耗量，增加缺项材料和消耗量。

单个柜子铰链净用量：4 块

100m^2 柜子铰链消耗量：$4 ÷ [1.9 × (2.05+0.06)] × (1+2\%) × 100 =$ 101.77 块 $/100\text{m}^2$

⑥设计未使用胶合板 3mm、9mm、12mm，应删除材料名称和消耗量。

B2-216$_{换}$ 定额单位：100m^2

需换算调整的部分：

①定额中没有 $30×40$mm 龙骨消耗量，增加缺项材料和消耗量。

    竖向龙骨长度：$(0.02+0.62+0.01+0.62) × 4 = 5.08$

    水平龙骨长度：$(0.58-0.335+0.575) × 6 = 4.92$

    100m^2 镜面装饰 $30×40$mm 龙骨消耗量：$(5.08+4.92) × 0.03 × 0.04 ÷$ $[(0.62+0.01+0.62) × 0.575] × (1+5\%) × 100 = 1.75\text{m}^3$

②定额中没有 9 厘板消耗量，增加缺项材料和消耗量。

100m^2 9 厘板消耗量：$100 × (1+10\%) = 1.1\text{m}^2$

③定额中为 6mm 镜面玻璃，设计为 5mm 镜面玻璃，应替换定额中材料名称和单价，消耗量不变。

④设计未使用不锈钢压条 $6.5\text{mm}×1.5\text{mm}$，应删除材料名称和消耗量。

B6-149$_{换}$ 定额单位：付

需换算调整的部分：

定额中没不锈钢挂衣杆的子目，套用相近子目，将定额中不锈钢窗帘杆材料名称和单价，替换为不锈钢挂衣杆的名称的单价。

B1-142$_{换}$ 定额单位：100m^2

需换算调整的部分：

①定额中为橡木夹板 3mm 饰面，设计为白橡木饰面板，应替换定额中材料名称和单价，消耗量不变。

②定额中 9mm 胶合板基层，设计为 1.8cm 大芯板，应替换定额中材料名称和单价，消耗量不变。

B6-133$_{换}$ 定额单位：100m^2

需换算调整的部分：

定额中为大理石板（综合），设计为中国黑石料，应替换定额中材料名称和单价，消耗量不变。

任务 5   油漆涂料裱糊工程、其他装饰工程量清单计价

任务要求：根据附件 5 的实训施工图，对综合实训二任务 5 已编制完成的油漆涂料裱糊工程和其他装饰工程量清单计算综合单价。人工、材料等资源

的单价，请参照当时当地的市场价格；各项取费标准请参照当地的有相关规定。

资料准备：（1）《建筑工程工程量清单计价规范》GB 50500—2013；

（2）《房屋建筑与装饰工程工程量计算规范》GB 50854—2013
（以下简称国标清单）；

（3）当时当地的计价办法，如《湖南省建设工程计价办法》；

（4）当时当地的装饰工程预算定额，如《湖南省建筑装饰装修工程消耗量标准》；

（5）当时当地的人工、材料、机械等资源的单价信息和各项取费标准；

（6）电脑机房或学生自带电脑（需安装工程计价软件）。

提交成果：（1）分部分项工程量清单计价表；

（2）综合单价分析表；

（3）定额工程量计算单。

涉及知识点：

（1）工程量清单中各分项工程的施工工艺、材料、构造的分析；

（2）工程量清单中各分项工程项目特征的解读；

（3）定额子目组价；

（4）定额工程量的计算规则；

（5）人工、材料、机械消耗量的计算；

（6）材料、机械单价的计算；

（7）人工费、取费人工费、材料费、机械费的计算；

（8）管理费、利润等各项费用的计算；

（9）综合单价的计算与意义；

（10）工程计价软件的操作。

主要步骤：

5.1.7　防水工程

1. 定额说明

1）防水工程适用于楼地面、墙基、墙身、构筑物、水池、水塔及室内厕所、浴室（图5-14）等防水，建筑物 ±0.00 以下防水、防潮工程按防水工程相应项目计算。

2．工程量计算规则

防水工程量按以下规定计算：

1）建筑物地面防水、防潮层，按主墙间净空面积计算，扣除凸出地面的构筑物、设备基础等所占的面积，不扣除柱、垛、间壁墙、烟囱及0.3m² 以内孔洞所占面积。与墙面连接处高度在300mm 以内者按展开面积计算，并入平面工程量内；超过 300mm 时，按立面防水层计算。

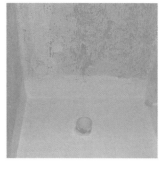

图 5-14　卫生间地面防水涂料

2）建筑物墙基防水、防潮层，外墙长度按中心线，内墙按净长乘以宽度以平方米计算。

3）构筑物及建筑物地下室防水层，按实铺面积计算，但不扣除0.3m² 以内的孔洞面积。平面与立面交接外的防水层，其上卷高度超过 300mm 时，按立面防水层计算。

4）防水卷材的附加层、接缝、收头、冷底子油等人工材料均已计入定额内，不另计算。

5）变形缝按延长米计算。

【案例5-34】根据【案例4-36】对清单套用定额子目组价，计算定额工程量，并对定额子目进行换算。

解：（1）根据清单项目特征，查找定额子目，对清单组价，列表如下（表5-56）。

分部分项工程清单组价表　　　　　　　　　　　　　表5-56

序号	项目编码	清单名称	工程量	定额组价项目（根据清单项目特征组价）			
				编号	名称	计量单位	工程量
1	010903002001	墙面涂膜防水	13.48m²	A8-131	涂膜防水 防水涂料 卫生间	100m²	0.1348
2	010904002001	楼（地）面涂膜防水	3.96m²	B6-93	涂膜防水 防水涂料 卫生间	100m²	0.0396

（2）计算定额工程量，并填入表 5-56：

A8-131（墙面）：　13.48÷100 = 0.1348

B6-93（地面）：　3.96÷100 = 0.0396

注：装饰工程定额中没有防水工程相关的定额子目，属于建筑工程定额第八章屋面及防水工程的内容。在土建时，卫生间已做了防水处理，在进行精装时，业主通常会对卫生间进行二次防水。目前用得最为普遍的卫生间防水材料为防水涂料。

（3）对定额子目进行分析，定额与设计基本一致，不用换算。

5.1.8　拆除工程

在房屋精装或二次装修时，由于建筑布局的不合理或者房屋功能的改变，通过拆除非承重墙，改变房间布局，以满足业主的功能和艺术等需求；在进行房屋翻新装修时，常常会将原装修层拆除；装饰工程定额中没有拆除相关的子目，均包含在修缮预算定额中。本节例题采用的是《湖南修缮预算定额》(2005)。

【案例 5-35】根据【案例 4-37】对清单套用定额子目组价，计算定额工程量，并对定额子目进行换算。

解：（1）根据清单项目特征，查找定额子目，对清单组价，列表如下（表 5-57）。

分部分项工程清单组价表　　　　　　　　　　　　　　　表5-57

序号	项目编码	清单名称	工程量	定额组价项目（根据清单项目特征组价）			
				编号	名称	计量单位	工程量
1	011601001001	砖砌体拆除	2.57m³	01-01045	眠砖墙 砂浆M2.5以下	10m³	0.257
2	011604001001	平面抹灰层拆除	49.42m²	01-01100	现浇及碎拼水磨石地面	10m²	4.942
3	011604002001	立面抹灰层拆除	72.4m²	01-01054	石灰砂浆	10m²	7.24
4	011605002001	立面块料拆除	35.26m²	01-01057	各种块料面砖	10m²	3.526

（2）计算定额工程量，并填入表 5-57：

01-01045：2.57÷10 = 0.257　　　01-01100：49.42÷10 = 4.942

01-01054：72.4÷10 = 7.24　　　01-01057：35.26÷10 = 3.526

（3）对定额子目进行分析，定额与设计基本一致，不用换算。

任务6　改造工程量清单计价

任务要求：根据附件 5 的实训施工图，对综合实训二任务 6 已编制完成的改造工程量清单计算综合单价。人工、材料等资源的单价，请参照当时当地的市场价格；各项取费标准请参照当地的有相关规定。

资料准备：（1）《建筑工程工程量清单计价规范》GB 50500—2013；

　　　　　　（2）《房屋建筑与装饰工程工程量计算规范》GB 50854—2013（以下简称国标清单）；

　　　　　　（3）当时当地的计价办法，如《湖南省建设工程计价办法》；

　　　　　　（4）当时当地的装饰工程预算定额，如《湖南省建筑装饰装修工程消耗量标准》、《湖南省建筑工程消耗量标准》、《湖南省房屋修缮定额》；

　　　　　　（5）当时当地的人工、材料、机械等资源的单价信息和各项取费标准；

　　　　　　（6）电脑机房或学生自带电脑（需安装工程计价软件）。

提交成果：（1）分部分项工程量清单计价表；

　　　　　　（2）综合单价分析表；

　　　　　　（3）定额工程量计算单。

涉及知识点：

　　　　　　（1）工程量清单中各分项工程的施工工艺、材料、构造的分析；

（2）工程量清单中各分项工程项目特征的解读；

（3）定额子目组价；

（4）定额工程量的计算规则；

（5）人工、材料、机械消耗量的计算；

（6）材料、机械单价的计算；

（7）人工费、取费人工费、材料费、机械费的计算；

（8）管理费、利润等各项费用的计算；

（9）综合单价的计算与意义；

（10）工程计价软件的操作。

主要步骤：

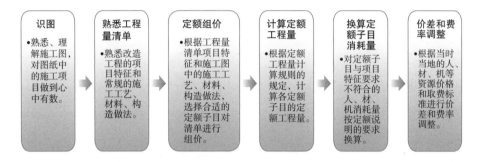

5.2 措施项目清单计价

招标人提出的措施项目清单是根据一般情况提出的，没有考虑不同投标人的特点，投标人报价时，应根据拟建工程的施工组织设计，调整措施项目的内容自行报价，可增加可减少。投标人没有计算或少计算费用，视为此费用已包括在其他费用内，额外的费用除招标文件和合同约定外，不予支付。

措施项目费的计算分为单价措施项目费和总价措施项目费。

5.2.1 单价措施项目费

单价措施项目费是投标人根据拟建工程的施工组织设计或施工方案，详细分析措施项目所包含的工程项目,根据所包含的分项工程（定额子目）进行组价，计算出各分项工程的定额工程量、综合单价，合计后计算出该措施项目的费用。

单价措施项目费的计算同分部分项工程费的计算方法是相同的，采用综合单价法计算，其计算过程和计算步骤与分部分项工程费的计算过程一致。

装饰工程中所涉及的单价措施项目主要有装饰脚手架及项目成品保护费、垂直运输及超市增加费。

一、装饰脚手架及项目成品保护费

1.定额说明

1）装饰装修脚手架包括满堂脚手架、装饰外脚手架、内墙面粉饰脚手架、安全过道、封闭式安全笆、斜挑式安全笆、满挂安全网。层高超过 3.6m 的墙面、天棚装饰计算相应的装饰脚手架。

2）项目成品保护费包括楼地面、楼梯、台阶、独立柱、内墙面饰面面层。

2．定额工程量计算规则

1）装饰装修脚手架

（1）满堂脚手架（图 5-15）所示，按实际塔设的水平投影面积计算，不扣除附墙柱、柱所占面积，其基本层高以 3.6m 以上至 5.2m 为准。凡超过 3.6m、在 5.2m 以内的天棚抹灰及装饰装修，应计算满堂脚手架基本层；层高超过 5.2m，每增加 1.2m 计算一个增加层，增加层的层数 =（层高 -5.2m）/ 1.2m，按四舍五入取整数。室内凡计算了满堂脚手架者，其内墙面装饰不再计算装饰架，只按每 100m² 墙面垂直投影面积增加改架工 1.28 工日。

图 5-15　天棚装饰搭满堂脚手架

（2）装饰装修外脚手架，按外墙的外边线长乘墙高以平方米计算，不扣除门窗洞口的面积。同一建筑物各面墙的高度不同，且不在同一步距内时，应分别计算工程量。项目中所指的檐口高度 5~45m 以内，系指建筑物自设计室外地坪面至外墙顶点或构筑物顶面的高度。

（3）利用主体外脚手架改变其步高作外墙面装饰架时，按每 100m² 外墙面垂直投影面积，增加改架工 1.28 工日；独立柱按柱周长增加 3.6m 乘柱高套用装饰装修外脚手架相应高度项目。

（4）内墙面装饰脚手架，均按内墙面垂直投影面积计算，不扣除门窗洞口的面积。

（5）封闭式安全笆按实际封闭的垂直投影面积计算。

（6）斜挑式安全笆按实际搭设的（长 × 宽）斜面面积计算。

（7）满挂安全网按实际满挂的垂直投影面积计算。

2）项目成品保护工程量计算规则按各章节相应子目规则执行。

【案例 5-36】根据【案例 4-38】对清单套用定额子目组价，计算定额工程量，并对定额子目进行换算。

解：（1）根据清单项目特征，查找定额子目，对清单组价，列表如下（表 5-58）。

单价措施项目清单组价表

表5-58

序号	项目编码	清单名称	工程量	定额组价项目（根据清单项目特征组价）			
				编号	名称	计量单位	工程量
1	011701002001	外脚手架	296.8m²	B7-2	装饰外脚手架（檐高在20m以内）	100m²	2.968

（2）计算定额工程量，并填入表5-58：

B7-2：296.8÷100 = 2.968

【案例5-37】根据【案例4-39】计算综合单价，工资单价120元／工日（指综合人工和机上人工，下同，不再注明），取费人工工资单价60元／工日，材料预算（市场）单价见附件4，附件4中未包含的材料按定额基期单价执行，管理费率26.48%，利润率为28.88%，按一般计税法计价。

解：（1）根据清单项目特征，查找定额子目，对清单组价，列表如下（表5-59）。

单价措施项目清单组价表

表5-59

序号	项目编码	清单名称	工程量	定额组价项目（根据清单项目特征组价）			
				编号	名称	计量单位	工程量
1	011701006001	满堂脚手架	228.15m²	B7-6	满堂脚手架 层高3.6～5.2m	100m²	2.2815
				(B7-7)×2	满堂脚手架 每增高1.2m	100m²	2.2815
2	011701003001	里脚手架（墙身）	364.8m²	改架工	按100m²墙面增加1.28工日改架工	100m²	3.648
3	011701003002	里脚手架（柱身）	20.48m²	B7-1	装饰外脚手架（檐高在10m以内）	100m²	0.4352

（2）计算定额工程量，并填入表5-59：

B7-6：228.15÷100 = 2.2815

B7-7：228.15÷100 = 2.2815 （7-5.2）÷1.2 = 1.5 = 2 超高2次

改架工：364.8÷100=3.648

B7-1：（0.8×4+3.6）×6.4÷100 = 0.4352

注：室内凡计算了满堂脚手架者，其内墙面装饰不再计算装饰架，只按每100m²墙面垂直投影面积增加改架工1.28工日；独立柱按柱周长增长增加3.6m×柱高套用装饰装修外脚手架相应高度项目。

（3）计算人工费、材料费、机械费（表5-60）。

清单项目人材机用量与单价表（投标报价）（一般计税法）

表5-60（a）

工程名称：装饰工程
清单编号：011701006001
清单名称：满堂脚手架

标段：
第1页 共3页
单位：m²
数量：228.15

序号	编码	名称（材料、机械规格型号）	单位	数量	基期价（元）	市场价（元）		合价（元）	备注
						含税	除税		
1	00003	综合人工（装饰）	工日	26.055	70.00	120.00	120.00	3126.57	
2	320067	回转扣件	kg	1.825	5.80	5.80	5.00	9.13	

序号	编码	名称（材料、机械规格型号）	单位	数量	基期价（元）	市场价（元）		合价（元）	备注
						含税	除税		
3	320028	对接扣件	kg	1.186	6.35	6.35	5.48	6.50	
4	320187	直角扣件	kg	4.882	5.00	5.00	4.31	21.04	
5	410365	脚手架底座	kg	0.684	4.80	4.80	4.14	2.83	
6	050212	竹脚手板（侧编）	m²	3.787	21.00	21.00	18.11	68.59	
7	110120	防锈漆	kg	2.304	12.00	12.00	10.35	23.85	
8	410289	焊接钢管	kg	12.32	4.83	4.83	4.17	51.37	
9	J4—6	载货汽车 装载质量6t 中	台班	0.091	452.34	491.70	467.12	42.63	
		本页合计						3352.51	
		累计						3352.51	

清单项目人材机用量与单价表（投标报价）（一般计税法）　　表5—60（b）

工程名称：装饰工程　　　　　　　　　　　　　　　　　　　　标段：　第2页　共3页

清单编号：011701003001　　　　　　　　　　　　　　　　　　单位：　m²

清单名称：里脚手架（墙身）　　　　　　　　　　　　　　　　　数量：　364.8

序号	编码	名称（材料、机械规格型号）	单位	数量	基期价（元）	市场价（元）		合价（元）	备注
						含税	除税		
1	00003	综合人工（装饰）	工日	4.669	70.00	120.00	120.00	560.33	
		本页合计						560.33	
		累计						560.33	

清单项目人材机用量与单价表（投标报价）（一般计税法）　　表5—60（c）

工程名称：装饰工程　　　　　　　　　　　　　　　　　　　　标段：　第3页　共3页

清单编号：011701003002　　　　　　　　　　　　　　　　　　单位：　m²

清单名称：里脚手架（柱身）　　　　　　　　　　　　　　　　　数量：　20.48

序号	编码	名称（材料、机械规格型号）	单位	数量	基期价（元）	市场价（元）		合价（元）	备注
						含税	除税		
1	00003	综合人工（装饰）	工日	1.993	70.00	120.00	120.00	239.19	
2	410002	安全网	m²	0.631	10.05	10.05	8.67	5.47	
3	410954	加工铁件	kg	0.283	4.61	4.61	3.98	1.13	
4	320067	回转扣件	kg	0.118	5.80	5.80	5.00	0.59	
5	320028	对接扣件	kg	0.696	6.35	6.35	5.48	3.82	
6	320187	直角扣件	kg	2.294	5.00	5.00	4.31	9.89	
7	410365	脚手架底座	kg	0.065	4.80	4.80	4.14	0.27	
8	050061	脚手架板	m²	0.50	41.00	41.00	35.37	17.70	
9	110120	防锈漆	kg	0.492	12.00	12.00	10.35	5.09	
10	410289	焊接钢管	kg	4.548	4.83	4.83	4.17	18.96	
11	J4—6	载货汽车 装载质量6t 中	台班	0.017	452.34	491.70	467.12	8.13	
		本页合计						310.23	
		累计						310.23	

（4）将人工费、材料费、机械费的人工填入综合单价分析表，计算管理费、利润、综合单价（表5-61）。

清单项目费用计算表（综合单价表）（投标报价）（一般计税法） 表5-61（a）

工程名称：装饰工程 　　　　　　　　　　　　　　　　　　　　　标段： 　　第1页 共3页
清单编号：011701006001 　　　　　　　　　　　　　　　　　　单位： 　　m²
清单名称：满堂脚手架 　　　　　　　　　　　　　　数量：228.15 综合单价：22.64

序号	工程内容	计费基础说明	费率（%）	金额（元）	备注
1	直接费用	1.1+1.2+1.3		3358.01	
1.1	人工费			3126.57	
1.1.1	其中：取费人工费			1563.28	
1.2	材料费			188.82	
1.3	机械费			42.63	
1.3.1	其中：取费机械费				
2	费用和利润	2.1+2.2+2.3		1320.84	
2.1	管理费	1.1.1或1.1.1+1.3.1	26.48	413.96	
2.2	利润	1.1.1或1.1.1+1.3.1	28.88	451.47	
2.3	规费	2.3.1+2.3.2+2.3.3+2.3.4+2.3.5		455.41	
2.3.1	工程排污费	1+2.1+2.2	0.40	16.89	
2.3.2	职工教育经费和工会经费	1.1	3.50	109.43	
2.3.3	住房公积金	1.1	6.00	187.59	
2.3.4	安全生产责任险	1+2.1+2.2	0.20	8.45	
2.3.5	社会保险费	1+2.1+2.2	3.15	133.04	
3	建安造价	1+2		4678.90	
4	销项税额	3项×税率	10.00	467.89	
5	附加税费	(3+4)项×费率	0.36	18.53	
	合计	3+4+5		5165.32	

清单项目费用计算表（综合单价表）（投标报价）（一般计税法） 表5-61（b）

工程名称：装饰工程 　　　　　　　　　　　　　　　　　　　　　标段： 　　第2页 共3页
清单编号：011701003001 　　　　　　　　　　　　　　　　　　单位： 　　m²
清单名称：里脚手架（墙身） 　　　　　　　　　　数量：364.80 综合单价：2.41

序号	工程内容	计费基础说明	费率（%）	金额（元）	备注
1	直接费用	1.1+1.2+1.3		560.33	
1.1	人工费			560.33	
1.1.1	其中：取费人工费			280.17	
1.2	材料费				
1.3	机械费				
1.3.1	其中：取费机械费				
2	费用和利润	2.1+2.2+2.3		235.16	
2.1	管理费	1.1.1或1.1.1+1.3.1	26.48	74.19	

序号	工程内容	计费基础说明	费率（%）	金额（元）	备注
2.2	利润	1.1.1或1.1.1+1.3.1	28.88	80.91	
2.3	规费	2.3.1+2.3.2+2.3.3+2.3.4+2.3.5		80.06	
2.3.1	工程排污费	1+2.1+2.2	0.40	2.86	
2.3.2	职工教育经费和工会经费	1.1	3.50	19.61	
2.3.3	住房公积金	1.1	6.00	33.62	
2.3.4	安全生产责任险	1+2.1+2.2	0.20	1.43	
2.3.5	社会保险费	1+2.1+2.2	3.15	22.54	
3	建安造价	1+2		795.37	
4	销项税额	3项×税率	10.00	79.55	
5	附加税费	（3+4）项×费率	0.36	3.15	
合计		3+4+5		878.07	

清单项目费用计算表（综合单价表）（投标报价）（一般计税法）　　表5-61（c）

工程名称：装饰工程　　　　　　　　　　　　　　　　　　标段：　　　第3页　共3页
清单编号：011701003002　　　　　　　　　　　　　　　单位：　　　m²
清单名称：里脚手架（柱身）　　　　　　　　　　　　　数量：20.48　综合单价：22.38

序号	工程内容	计费基础说明	费率（%）	金额（元）	备注
1	直接费用	1.1+1.2+1.3		312.12	
1.1	人工费			239.19	
1.1.1	其中：取费人工费			119.59	
1.2	材料费			64.80	
1.3	机械费			8.13	
1.3.1	其中：取费机械费				
2	费用和利润	2.1+2.2+2.3		103.12	
2.1	管理费	1.1.1或1.1.1+1.3.1	26.48	31.67	
2.2	利润	1.1.1或1.1.1+1.3.1	28.88	34.54	
2.3	规费	2.3.1+2.3.2+2.3.3+2.3.4+2.3.5		36.91	
2.3.1	工程排污费	1+2.1+2.2	0.40	1.51	
2.3.2	职工教育经费和工会经费	1.1	3.50	8.37	
2.3.3	住房公积金	1.1	6.00	14.35	
2.3.4	安全生产责任险	1+2.1+2.2	0.20	0.76	
2.3.5	社会保险费	1+2.1+2.2	3.15	11.92	
3	建安造价	1+2		415.24	
4	销项税额	3项×税率	10.00	41.52	
5	附加税费	（3+4）项×费率	0.36	1.64	
合计		3+4+5		458.40	

二、垂直运输及超高增加费

1. 定额说明

1）檐高是指设计室外地坪至檐口的高度。突出主体建筑物屋顶的电梯间、水箱间等大于顶层面积50%以上应分别计算建筑物高度。

2）檐口高度小于3.6m的单层建筑物以及垂直运输高度小于3.6m的地下室，不计算垂直运输机械费。

3）超高增加费适用于建筑物檐高20m以上的工程。

2. 定额工程量计算规则

1）垂直运输费按装饰装修楼层，包括垂直运输高度大于3.6m地下室的分部分项、措施项目中的人工消耗量计算。

2）增加费按檐口高度20m以上装饰装修工程的人工费、机械费，分别乘以人工、机械增加系数。

【案例5-38】根据【案例4-40】对措施项目清单进行计价，该工程人工费合计3876239元、机械费合计为876887元，工资单价120元／工日，取费工资单价：60元／工日，管理费率26.48%，利润率为28.88%，按一般计税法计价。

解：（1）根据清单项目特征，查找定额子目，对清单组价，列表如下（表5-62）。

单价措施项目清单组价表　　　　　　　　表5-62

序号	项目编码	清单名称	工程量	定额组价项目（根据清单项目特征组价）			
				编号	名称	计量单位	工程量
1	011704001001	超高施工增加	10920m²	B8-14	超高增加费 垂直运输高度（20～60m）	项	1

（2）计算定额工程量，并填入表5-62：

B8-14：　　　　1项

（3）计算应增加的人工费、机械费。

B8-14　　　　定额单位：项

人工费：　　　$3876239 \times (14 \div 20) \times 8.36\% = 226837.5$ 元

机械费：　　　$876887 \times (14 \div 20) \times 8.36\% = 51315.43$ 元

（查定额可知人工、机械降效增加系数：8.36%）

（4）将人工费、机械费填入综合单价分析表，计算管理费、利润、综合单价（表5-63）。

5.2.2　总价措施项目费

总价措施工程项目费一般以"项"为单位计算，是通计费基数乘以费率得出该措施项目费用。对于非竞争性的措施项目，如安全、文明施工费，应按照国家或省级、行业建设主管部门的规定费率计价，不得作为竞争性费用；对于竞争性的措施项目，可参照当地建设行政主管部门颁布的费用定额取相应费

单价措施项目综合单价分析表　　　　　　　　　　　　　　表5-63

清单编号：011704001001

清单名称：超高施工增加　　　　　　　　　　　　　　　　单位：　　　m²

　　　　　　　　　　　　　　　　　　　　　　　数量：10920.00　综合单价：36.98

序号	工程内容	计费基础说明	费率（%）	金额（元）	备注
1	直接费用	1.1+1.2+1.3		275587.16	
1.1	人工费			226837.50	
1.1.1	其中：取费人工费			113418.75	
1.2	材料费				
1.3	机械费			48749.66	乘以0.95除税
1.3.1	其中：取费机械费				
2	费用和利润	2.1+2.2+2.3		90222.15	
2.1	管理费	1.1.1或1.1.1+1.3.1	26.48	30033.29	
2.2	利润	1.1.1或1.1.1+1.3.1	28.88	32755.34	
2.3	规费	2.3.1+2.3.2+2.3.3+2.3.4+2.3.5		27433.53	
2.3.1	工程排污费	1+2.1+2.2	0.40	1353.50	
2.3.2	职工教育经费和工会经费	1.1	3.50	7939.31	
2.3.3	住房公积金	1.1	6.00	6805.13	
2.3.4	安全生产责任险	1+2.1+2.2	0.20	676.75	
2.3.5	社会保险费	1+2.1+2.2	3.15	10658.84	
3	建安造价	1+2		365809.31	
4	销项税额	3项×税率	10.00	36580.93	
5	附加税费	（3+4）项×费率	0.36	1448.60	
	合计	3+4+5		403838.85	

　　注：本章垂直运输适用于单独发包的装饰工程。新建工程的主体工程与装饰工程一同发包的工程其垂直运输费与主体工程一起按建筑工程定额中垂直运输工程相应规定计算。

　　本章超高增加费适用于新建工程的装饰工程、单独承包装饰的工程及二次装饰工程。

率计算，也可以根据企业自身的情况取定费率。

　　【案例5-39】已知安全文明施工费率为10.7025%（单独发包的装饰工程其安全文明施工费按75%计取）、冬雨季施工增加费率为0.16%，根据【案例5-19】（织物软雕吊顶）吊顶工程、【案例5-30】吊顶面油漆、【案例5-37】脚手架（这三道案例为同一工程），已经计算的分部分项工程费和措施项目费(包括改架工和柱面脚手架)，计算总价措施项目费，（安全文明施工费以取费人工费为计费基础；冬雨季施工增加费以人工费、材料费、机械费、企业管理费、利润五项费用之和为计费基础），按一般计税法计价。

　　解：(1) 根据总价措施项目清单和取费标准列表（表5-64）。

总价措施项目清单计费表　　　　　　　　　　　　　　表5-64

序号	项目编码	项目名称	计算基础	费率（%）	金额（元）
1	011707001001	安全文明施工费	取费人工费	10.7025	936.39
2	011707005001	冬雨季施工增加费	直接费+企业管理费+利润	0.16	99.60
		合计			1035.99

（2）计算总价措施项目费，并填入表5-64：

计费基础：取费人工费＝吊顶工程取费人工费＋油漆工程取费人工费＋单
价措施项目取费人工费＝（5601.67+809.83+39.00）+335.73+
（1563.28+280.17+119.59）＝8749.27元

直接费＋企业管理费＋利润＝吊顶工程＋油漆工程＋单价措
施项目＝（312.12+31.67+34.54+560.33+74.19+80.91+3358.01+
413.96+451.47）+（1633.54+88.9+96.96）+（744.36+10.33+
11.27+29996.92+214.44+233.88+20803.12+1483.32+1617.76）
＝62252.00元

任务7 措施项目（单价措施和总价措施）清单计价

任务要求：根据附件5的实训施工图，对综合实训二任务7已编制完
成的措施项目（单价措施和总价措施）清单计算综合单价。人工、材料等资
源的单价，请参照当时当地的市场价格；各项取费标准请参照当地的有相关
规定。

资料准备：（1）《建筑工程工程量清单计价规范》GB 50500—2013；

（2）《房屋建筑与装饰工程工程量计算规范》GB 50854—2013
（以下简称国标清单）；

（3）当时当地的计价办法，如《湖南省建设工程计价办法》；

（4）当时当地的装饰工程预算定额，如《湖南省建筑装饰装
修工程消耗量标准》；

（5）当时当地的人工、材料、机械等资源的单价信息和各项
取费标准；

（6）电脑机房或学生自带电脑（需安装工程计价软件）。

提交成果：（1）措施项目清单（单价措施和总价措施）计价表；

（2）综合单价分析表；

（3）定额工程量计算单。

涉及知识点：

（1）工程量清单中各分项工程的施工工艺、材料、构造的分析；

（2）工程量清单中单价措施项目特征的解读；

（3）定额子目组价；

（4）定额工程量的计算规则；

（5）人工、材料、机械消耗量的计算；

（6）材料、机械单价的计算；

（7）人工费、取费人工费、材料费、机械费的计算；

（8）管理费、利润等各项费用的计算；

（9）综合单价的计算与意义；

（10）工程计价软件的操作。

主要步骤：

5.3 其他项目清单计价

投标人根据前例对其他项目清单进行计价。

【**案例 5-40**】根据【案例 4-41】，计算其他项目费，按一般计税法计价，例表如下：

（1）其他项目清单汇总（表 5-65）

其他项目清单与计价汇总表（投标报价）（一般计税法）　　　　　　　　　表5-65

工程名称：××酒店室内装饰　　　　　　　　　　　　　　　　　　　标段：　　　第1页　共1页

序号	项目名称	金额（元）	结算金额（元）	备注
1	暂列金额	5000.00		明细详见表5-66
2	暂估价	4000.00		
2.1	材料（工程设备）暂估价	29328.84		明细详见表5-67
2.2	专业工程暂估价	4000.00		明细详见表5-68
3	计日工	6856.20		明细详见表5-69
4	总承包服务费	56.00		明细详见表5-70
5	索赔与现场签证			
6	1+2.2+3+4+5项合计	15912.20		1+2.2+3+4+5项合计
7	销项税额	1591.22		（6项）×10%
8	附加税费	63.01		（6+7项）×费率
9	合计	17566.43		（6+7+8）项合计

注：材料（工程设备）暂估单价及调价表在表5-67填报时按除税价填报；材料（工程设备）暂估单价计入直接费与清单项目综合单价，此处不汇总。

（2）暂列金额（表 5-66）

暂列金额明细表（一般计税法）　　　　　　　　　　　　　　　　　表5-66

工程名称：××酒店室内装饰　　　　　　　　　　　　　　　　　　　标段：　　　第1页　共1页

序号	项目名称	计量单位	暂列金额（元）	备注
1.1	图纸设计的变更	项	2000.00	
1.2	其他不可预见因素	项	3000.00	
	合计		5000.00	

注：1.此表由招标人填写，如不能详列，也可只列暂定金额总额，投标人应将上述暂列金额计入投标总价中；

　　2.检验试验费按直接费的0.5%～1.0%计取。

(3) 材料（工程设备）暂估单价表（表5-67）

材料（工程设备）暂估单价及调整表（一般计税法）　　　　表5-67

工程名称：××酒店室内装饰　　　　　　　　　　　　　　　　　　　　　标段：

序号	材料（工程设备）名称、规格、型号	计量单位	数量	暂估（元）		备注
			暂估	单价	合价	
1	透光软膜	m²	254.492	107.82	27439.33	
2	石膏板	m²	175.279	10.78	1889.51	
	合计				29328.84	

注：1.此表由招标人填写"暂估单价"，并在备注栏说明暂估价的材料、工程设备拟用在那些清单项目上，投标人应将上述材料、工程设备暂估单价计入工程量清单综合单价报价中；

2.采用一般计税法时按除税价填报；采用简易计税法时按含税价填报；

3.材料（工程设备）暂估单价计入直接费与清单项目综合单价，此处汇总后不再重复相加。

(4) 专业工程暂估价表（表5-68）

专业工程暂估价及结算价表（一般计税法）　　　　表5-68

工程名称：××酒店室内装饰　　　　　　　　　　　　　　　标段：　　第1页　共1页

序号	工程名称	工程内容	暂估金额（元）	结算金额（元）	差额±（元）	备注
1	消防工程	合同图纸中标明的以及工程规范和技术说明中规定的各系统，包括但不限于消火栓系统、消防水池供水系统、水喷淋系统、火灾自动报警系统及消防联动系统中的设备、管道、阀门、线缆等的供应、安装和调试工作	1500.00			不超过清单项目总造价的30%
2	灯具走线安装	灯具走线及安装	2500.00			
	合计		4000.00			

注：1.此表"暂估金额"由招标人填写，投标人应将"暂估金额"计入投标总价中。结算时按合同约定结算金额填写；

2.专业工程暂估价及结算价应包含费用和利润。

(5) 计日工（表5-69）

计日工表（一般计税法）　　　　表5-69

工程名称：××酒店室内装饰　　　　　　　　　　　　　　　标段：　　第1页　共1页

编号	项目名称	单位	暂定数量	实际数量	综合单价（元）	合价	
						暂定	实际
一	人工						
	综合人工	工日	30.00		200.00	6000.00	
	人工小计					6000.00	
二	材料						
1	18mm大芯板	m²	5.00		90.00	450.00	
3	水泥32.5	t	0.50		520.00	260.00	

编号	项目名称	单位	暂定数量	实际数量	综合单价（元）	合价	
						暂定	实际
	材料小计					710.00	
三	施工机械						
1	电锤450W	台班	2.00		10.10	20.20	
2	木工圆锯机 直径φ500mm 小	台班	3.00		42.00	126.00	
	施工机械小计					146.20	
	总计					6856.20	

注：1. 此表项目名称、暂定数量由招标人填写，编制招标控制价时，单价由招标人按有关计价规定确定；投标时，单价由投标人自主报价，按暂定数量计算合价计入投标总价中；结算时，按发承包双方确认的实际数量计算合价；
2. 计日工表综合单价应包含费用和利润。

（6）总承包服务费（表5-70）

总承包服务费计价表（一般计税法）　　　　　　　　表5-70

工程名称：××酒店室内装饰　　　　　　　　　　　标段：　　　第1页 共1页

序号	项目名称	项目价值（元）	服务内容	费率（%）	金额（元）
1	发包人发包专业工程服务费		1.按专业工程承包人的要求提供施工工作面并对施工现场进行统一管理，对竣工资料进行统一整理汇总；2.为专业工程承包人提供垂直运输机械和焊接电源接入点，并承担垂直运输费和电费。		56.00
1.1	消防工程、灯具走线安装	1050.00		2.00	21.00
1.2	发包人提供材料采保费	1750.00		2.00	35.00
	合计	—		—	56.00

注：发包人发包专业工程服务费可按发包工程直接费用的1.0%~2.0%计取；1050元和1750元分别为两个专业工程的直接费。

5.4　规费、税金清单计价

【案例5-41】根据【案例5-39】、【案例5-40】，按照现行湖南省计价办法计算规费和税金（表5-71），并计算工程造价，按一般计税法计价。

单位工程费用计算表（投标报价）（一般计税法）　　　　　表5-71

工程名称：××酒店室内装饰　标段：　单位工程名称：装饰工程　　　　第1页 共1页

序号	工程内容	计费基础说明	费率（%）	金额（元）	备注
1	直接费用	1.1+1.2+1.3		57408.42	
1.1	人工费			17498.54	
1.1.1	其中：取费人工费			8749.27	
1.2	材料费			39791.91	
1.3	机械费			117.97	
2	费用和利润	2.1+2.2+2.3+2.4		9915.25	
2.1	管理费	1.1.1	26.48	2316.81	
2.2	利润	1.1.1	28.88	2526.79	

序号	工程内容	计费基础说明	费率（%）	金额（元）	备注
2.3	总价措施项目费			1035.99	
2.3.1	其中：安全文明施工费		10.703	936.39	
2.4	规费	2.4.1+2.4.2+2.4.3+2.4.4+2.4.5		4035.66	
2.4.1	工程排污费	1+2.1+2.2+2.3	0.40	253.15	
2.4.2	职工教育经费和工会经费	1.1	3.50	612.45	
2.4.3	住房公积金	1.1	6.00	1049.91	
2.4.4	安全生产责任险	1+2.1+2.2+2.3	0.20	126.58	
2.4.5	社会保险费	1+2.1+2.2+2.3	3.15	1993.57	
3	建安费用	1+2		67323.67	
4	销项税额	3×税率	10.00	6732.37	
5	附加税费	(3+4)×费率	0.36	266.60	
6	其他项目费			17566.43	
	建安工程造价	3+4+5+6		91889.07	

注：1.采用一般计税法时，材料、机械台班单价均执行除税单价；

2.建安费用等于直接费用+费用和利润；

3.社会保险费包括养老保险费、失业保险费、医疗保险费、生育保险费和工伤保险费。

5.5 投标报价（或招标控制价）文件汇编

当投标人（或招标人）对分部分项工程、措施项目工程、其他项目工程清单计价完成之后，投标人（招标人或具有资质的委托人）需进行投标报价（或招标控制价）文件的汇编，将分散的资料数据汇编成完整的投标报价（或招标控制价）文件。招标工程量清单是招标文件的重要组成部分，是投标人（招标人或具有资质的委托人）编制投标报价（或招标控制价）的依据。

【案例5-42】根据【案例5-19】（织物软雕吊顶）吊顶工程、【案例5-30】吊顶面油漆、【案例5-37】脚手架、【案例5-39】（总价措施）、【案例5-40】（其他项目）、【案例5-41】（规费、税金），按照一般计税法计价，根据《建设工程工程量清单计价规范》（GB 50500—2013）中和湖南省计价办法的规定，编制投标报价文件。

<u>　　×× 酒店室内装饰　　</u>　　**工程**

投标总价

投　标　人：　<u>×× 装饰工程有限公司</u>

（单位盖章）

时　　间：　　2018 年 9 月 20 日

投标总价

招　标　人：　　　　　　　××酒店

工程名称：　　　　　　××酒店室内装饰工程

投标总价（小写）：　　　　　91889.07

　　　　（大写）：　　玖万壹仟捌佰捌拾玖元零角柒分

投　标　人：　　　　××装饰工程有限公司
　　　　　　　　　　　　（单位盖章）

法定代表人：
或其授权人：　　　　　　×××
　　　　　　　　　　　　（签字或者盖章）

编　制　人：　　　　　　×××
　　　　　　　　　　　　（造价人员签字盖专用章）

时　　间：　　　2018 年 9 月 20 日

1.工程概况：轻钢龙骨吊顶，大龙骨X方向长，沿Y方向中距1000mm布置，小龙骨Y方向长，沿X方向中距600mm布置，纸面石膏板吊顶刷白色乳胶漆。

　　建设规模：（略）

　　工程特征：（略）

　　计划工期：（略）

　　施工现场实际情况：（略）

　　自然地理条件：（略）

　　环境保护要求等：（略）

2.工程招标和专业工程发包范围：

本次招标范围为施工图纸范围内的装饰工程。

3.工程量清单计价编制依据：

(1)《建设工程工程量清单计价规范》GB 50500—2013、《房屋建筑与装饰工程工程量计算规范》GB 50854—2013；

(2) 国家或省级、行业建设主管部门颁发的计价定额和办法；

(3)《湖南省建设工程计价办法》（2014）以及《湖南省建筑装饰装修工程消耗量标准》（2014）；

(4) 招标文件、招标工程量清单及其补充通知、答疑纪要；

(5) 施工现场情况、地勘水文资料、工程特点；

(6) 拟定的施工组织设计或施工方案；

(7) 与建设项目相关的标准、规范等技术资料；

(8) 2018年3月××市发布的装饰工程材料指导价（第2期）；

(9) 其他相关资料。

4.工程质量、材料、施工等的特殊要求：（略）。

5.其他需求说明（除清单以外的计价成果文件、总造价、安全文明费、规费、税金、优良工程奖等）：

(1) 室内沙发、茶几、办公桌椅等家具，盆花、灯具等不包括在工程量清单内；

(2) 装饰前，地面、墙面、天棚面已由土建单位做水泥砂浆基层；

(3) 暂列金额5000元。

单位工程费用计算表（投标报价）（一般计税法）

工程名称：××酒店室内装饰　　标段：　　单位工程名称：装饰工程　　　　　　　第1页　共1页

序号	工程内容	计费基础说明	费率（%）	金额（元）	备注
1	直接费用	1.1+1.2+1.3		57408.42	
1.1	人工费			17498.54	
1.1.1	其中：取费人工费			8749.27	
1.2	材料费			39791.91	
1.3	机械费			117.97	
2	费用和利润	2.1+2.2+2.3+2.4		9915.25	
2.1	管理费	1.1.1	26.48	2316.81	
2.2	利润	1.1.1	28.88	2526.79	
2.3	总价措施项目费			1035.99	
2.3.1	其中：安全文明施工费		10.703	936.39	
2.4	规费	2.4.1+2.4.2+2.4.3+2.4.4+2.4.5		4035.66	
2.4.1	工程排污费	1+2.1+2.2+2.3	0.40	253.15	
2.4.2	职工教育经费和工会经费	1.1	3.50	612.45	
2.4.3	住房公积金	1.1	6.00	1049.91	
2.4.4	安全生产责任险	1+2.1+2.2+2.3	0.20	126.58	
2.4.5	社会保险费	1+2.1+2.2+2.3	3.15	1993.57	
3	建安费用	1+2		67323.67	
4	销项税额	3×税率	10.00	6732.37	
5	附加税费	（3+4）×费率	0.36	266.60	
6	其他项目费			17566.43	
	建安工程造价	3+4+5+6		91889.07	

注：1.采用一般计税法时，材料、机械台班单价均执行除税单价；

　　2.建安费用等于直接费用+费用和利润；

　　3.社会保险费包括养老保险费、失业保险费、医疗保险费、生育保险费和工伤保险费。

单位工程工程量清单与造价表（投标报价）（一般计税法）

工程名称：××酒店室内装饰　　标段：

序号	项目编码	项目名称	项目特征描述	计量单位	工程量	金额（元）				
						综合单价	合价	建安费用	其中 销项税额	附加税费
1	011302001001	吊顶天棚		m²	134.83	211.78	28553.89	25864.98	2586.49	102.42
	B3-172换	轻钢龙骨 吊挂式天棚 圆型	(1) 轻钢龙骨 大龙骨X方向长，沿Y方面中距1000mm，小龙骨Y方向长，沿X方向中距600mm	100m²	2.282	8373.98	19105.23	17306.09	1730.61	68.53
	B3-190	基层吊挂式天棚 圆型 石膏板		100m²	1.348	5334.24	7192.15	6514.86	651.49	25.80
	B3-286	嵌缝	(2) 纸面石膏板	100m²	1.348	1441.60	1943.71	1760.67	176.07	6.97
	B3-281换	天棚面层开灯光孔~如为圆形者	(3) 灯具，送风口开孔	10个	2.40	97.80	234.72	212.61	21.26	0.84
	B3-284	天棚面层开送风口	(4) 板缝贴 带嵌缝膏	10个	0.50	156.10	78.05	70.70	7.07	0.28
2	011302005001	织物软雕吊顶	(1) 轻钢龙骨：大龙骨X方向长，沿Y方面中距1000mm，小龙骨Y方向长，沿X方向中距600mm (2) 透光软膜	m²	90.89	385.53	35040.55	31740.77	3174.08	125.69
	B3-274换	织物软雕吊顶~换：透光软膜		100m²	0.909	38552.74	35040.59	31740.81	3174.08	125.69
3	011304002001	送风口、回风口	铝合金送风口600mm×600mm	个	5.00	177.09	885.47	802.08	80.21	3.18
	B3-279	铝合金 送风口		个	5.00	177.09	885.47	802.08	80.21	3.18
4	011406001001	抹灰面油漆	(1) 找补腻子	m²	134.83	15.98	2154.31	1951.44	195.14	7.73
	B5-197	刷乳胶漆 二遍	(2) 白色乳胶漆 两遍	100m²	1.348	1597.78	2154.29	1951.42	195.14	7.73
		本页合计					66634.22	60359.27	6035.93	239.02

注：本表用于分部分项工程和能计量的措施项目清单与计价。

单位工程工程量清单与造价表（投标报价）（一般计税法）

工程名称：××酒店室内装饰　标段：

序号	项目编码	项目名称	项目特征描述	计量单位	工程量	综合单价	合价	金额（元）	其中	
								建安费用	销项税额	附加税费
5	011701006001	满堂脚手架		m²	228.15	22.64	5165.32	4678.90	467.89	18.53
	B7-6	满堂脚手架 层高3.6~5.2m	(1) 层高：7m (2) 搭设方式和材质由施工方自主决定	100m²	2.282	1288.64	2940.03	2663.17	266.32	10.55
	B7-7×A2×B2×C2换	满堂脚手架 每增高1.2m~ 人工×2 材料×2 机械×2		100m²	2.282	975.34	2225.23	2015.68	201.57	7.98
6	011701003001	里脚手架（墙身）	(1) 层高：7m (2) 搭设方式和材质由施工方自主决定	m²	364.80	2.41	878.07	795.37	79.55	3.15
	BC0201	改架工		100m²	3.648	240.73	878.19	795.49	79.55	3.15
7	011701003002	里脚手架（柱身）	(1) 层高：7m (2) 搭设方式和材质由施工方自主决定	m²	20.48	22.38	458.40	415.24	41.52	1.64
	B7-1	装饰外脚手架 檐高在10m以内		100m²	0.435	1053.31	458.40	415.23	41.52	1.64
		本页合计					6501.79	5889.51	588.96	23.32
		累计					73136.02	66248.79	6624.88	262.35

注：本表用于分部分项工程和能计量计价的措施项目清单与计价。

清单项目直接费用预算表（投标报价）（一般计税法）

工程名称：××酒店室内装饰　　标段：

清单编码 0113020001001	名称	吊顶天棚	计量单位	m²	市场价 134.83	直接费用指标 154.29				
消耗量标准编号（项目名称）	项目名称	单位	数量	基期价 单价	基期价 小计	市场价 单价	市场价 小计	人工费	材料费	机械费
B3-172换	轻钢龙骨 吊挂式天棚 圆型	100m²	2.282	5386.63	12289.60	6217.18	14184.50	6776.06	7360.38	48.06
B3-190	基层吊挂式天棚 圆型 石膏板	100m²	1.348	2933.20	3954.83	3825.79	5158.31	3043.38	2114.93	
B3-286	嵌缝	100m²	1.348	576.60	777.43	935.07	1260.76	1184.35	76.41	
B3-281换	天棚面层开灯光孔~如为圆形者	10个	2.40	36.40	87.36	62.40	149.76	149.76		
B3-284	天棚面层开送风口	10个	0.50	58.10	29.05	99.60	49.80	49.80		
本页合计（元）							20803.12	11203.34	9551.72	48.06
累计（元）							20803.12	11203.34	9551.72	48.06

注：
1．清单直接费指标＝累计金额/数量；
2．采用一般计税法时，材料、机械台班单价均执行除税单价；安装工程材料费中已包含主材费和设备费用；
3．采用简易计税法时，材料、机械台班单价均执行含税单价；安装工程材料费中已包含主材费和设备费用；
4．本表用于分部分项工程和能计量的措施项目清单与计价。

工程名称：××酒店室内装饰　　　标段：

清单项目直接费用预算表（投标报价）（一般计税法）

清单编码	011302005001	名称	织物软雕吊顶	计量单位	m²	数量	90.89	直接费用指标	330.04
消耗量标准编号	项目名称	单位	数量	基期价		市场价		其中	
				单价	小计	单价	小计	人工费	材料费	机械费

消耗量标准编号	项目名称	单位	数量	单价	小计	单价	小计	人工费	材料费	机械费
B3-274换	织物软雕吊顶～换：透光软膜	100m²	0.909	31979.23	29065.92	33003.55	29996.92	1619.66	28358.12	19.15
本页合计（元）							29996.92	1619.66	28358.12	19.15
累计（元）							29996.92	1619.66	28358.12	19.15

注：1. 清单直接费用指标＝累计金额／数量；
　　2. 采用一般计税法时，材料、机械台班单价均执行除税单价；安装工程材料费中已包含主材费和设备费用；
　　3. 采用简易计税法时，材料、机械台班单价均执行含税单价；安装工程材料费中已包含主材费和设备费用；
　　4. 本表用于分部分项工程和能计量的措施项目清单与计价。

工程名称：××酒店室内装饰　　　标段：

清单项目直接费用预算表（投标报价）（一般计税法）

清单编码	011304002001	名称	送风口、回风口	计量单位	个	数量	5.00	直接费用指标	148.87
消耗量标准编号	项目名称	单位	数量	基期价		市场价		其中	
				单价	小计	单价	小计	人工费	材料费	机械费

消耗量标准编号	项目名称	单位	数量	单价	小计	单价	小计	人工费	材料费	机械费
B3-279	铝合金 送风口	个	5.00	159.10	795.50	148.87	744.36	78.0C	666.36	
本页合计（元）							744.36	78.0C	666.36	
累计（元）							744.36	78.0C	666.36	

注：1. 清单直接费用指标＝累计金额／数量；
　　2. 采用一般计税法时，材料、机械台班单价均执行除税单价；安装工程材料费中已包含主材费和设备费用；
　　3. 采用简易计税法时，材料、机械台班单价均执行含税单价；安装工程材料费中已包含主材费和设备费用；
　　4. 本表用于分部分项工程和能计量的措施项目清单与计价。

工程名称：××酒店室内装饰　　标段：

清单项目直接费用预算表（投标报价）（一般计税法）

清单编码	01140600001001		名称	抹灰面油漆		计量单位	m²	数量	134.83	直接费用指标	12.12

消耗量标准编号	项目名称	单位	数量	基期价		市场价		人工费	其中	
				单价	小计	单价	小计		材料费	机械费
B5-197	刷乳胶漆 抹灰面 二遍	100m²	1.348	1046.34	1410.78	1211.56	1633.54	671.45	962.09	
本页合计（元）							1633.54	671.45	962.09	
累计（元）							1633.54	671.45	962.09	

注：1. 清单直接费指标＝累计金额/数量；
2. 采用一般计税法时，材料、机械台班单价均执行除税单价；安装工程材料费中已包含主材费和设备费用；
3. 采用简易计税法时，材料、机械台班单价均执行含税单价；安装工程材料费中已包含主材费和设备费用；
4. 本表用于分部分项工程和能计量的措施项目清单与计价。

工程名称：××酒店室内装饰　　标段：

清单项目直接费用预算表（投标报价）（一般计税法）

清单编码	01170100060001		名称	满堂脚手架		计量单位	m²	数量	228.15	直接费用指标	14.72

消耗量标准编号	项目名称	单位	数量	基期价		市场价		人工费	其中	
				单价	小计	单价	小计		材料费	机械费
B7-6	满堂脚手架 层高3.6～5.2m	100m²	2.282	520.86	1188.35	838.66	1913.40	1774.09	117.99	21.31
B7-7×A2×B2×C2换	满堂脚手架 每增高1.2m～人工×2 材料×2 机械×2	100m²	2.282	389.77	889.27	633.19	1444.62	1352.47	70.83	21.31
本页合计（元）							3358.01	3126.57	188.82	42.63
累计（元）							3358.01	3126.57	188.82	42.63

注：1. 清单直接费指标＝累计金额/数量；
2. 采用一般计税法时，材料、机械台班单价均执行除税单价；安装工程材料费中已包含主材费和设备费用；
3. 采用简易计税法时，材料、机械台班单价均执行含税单价；安装工程材料费中已包含主材费和设备费用；
4. 本表用于分部分项工程和能计量的措施项目清单与计价。

清单项目直接费用预算表（投标报价）（一般计税法）

工程名称：××酒店室内装饰　　标段：

清单编码	项目名称	计量单位	数量	直接费用指标
011701003001	改架工	m²	1.54	364.80

| 消耗量标准编号 | 名称 | 里脚手架（墙身） | | 计量单位 | | 数量 | 市场价 | | | |
		单位	数量	单价（基期价）	小计	单价	小计	人工费	材料费	机械费
BC0201	里脚手架（墙身）	100m²	3.648	89.60	326.86	153.60	560.33	560.33		
本页合计（元）								560.33		
累计（元）								560.33		

注：1. 清单直接费用指标＝累计金额/数量；
2. 采用一般计税法时，材料、机械台班单价均执行除税单价；安装工程材料费中已包含主材费和设备费用；
3. 采用简易计税法时，材料、机械台班单价均执行含税单价；安装工程材料费中已包含主材费和设备费用；
4. 本表用于分部分项工程和能计量的措施项目清单与计价。

清单项目直接费用预算表（投标报价）（一般计税法）

工程名称：××酒店室内装饰　　标段：

清单编码	项目名称	计量单位	数量	直接费用指标
011701003002	装饰外脚手架 檐高在10m以内	m²	15.24	20.48

| 消耗量标准编号 | 名称 | 里脚手架（柱身） | | 计量单位 | | 数量 | 市场价 | | | |
		单位	数量	单价（基期价）	小计	单价	小计	人工费	材料费	机械费
B7-1	装饰外脚手架 檐高在10m以内	100m²	0.435	506.24	220.32	717.18	312.12	239.79	64.80	8.13
本页合计（元）								239.79	64.80	8.13
累计（元）								239.79	64.80	8.13

注：1. 清单直接费用指标＝累计金额/数量；
2. 采用一般计税法时，材料、机械台班单价均执行除税单价；安装工程材料费中已包含主材费和设备费用；
3. 采用简易计税法时，材料、机械台班单价均执行含税单价；安装工程材料费中已包含主材费和设备费用；
4. 本表用于分部分项工程和能计量的措施项目清单与计价。

工程名称：××酒店室内装饰　　　　　　　　　　　　　　标段：　　第1页　共7页
清单编号：011302001001　　　　　　　　　　　　　　　单位：　　m²
清单名称：吊顶天棚　　　　　　　　　　　　　　　　　　数量：　　134.83

| 序号 | 编码 | 名称（材料、机械规格型号） | 单位 | 数量 | 基期价（元） | 市场价（元） | | 合价（元） | 备注 |
						含税	除税		
1	00003	综合人工（装饰）	工日	93.361	70.00	120.00	120.00	11203.34	
2	080154	轻钢龙骨主接件	个	136.89	0.80	0.80	0.69	94.45	
3	080144	轻钢龙骨平面连接件	个	1733.94	0.30	0.30	0.26	450.82	
4	030094	紧固件	套	456.30	8.00	8.00	6.90	3148.47	
5	030001	38吊件	件	1026.675	0.26	0.26	0.22	225.87	
6	050018	大龙骨	m	263.513	3.13	3.13	2.70	711.49	
7	050209	中小龙骨	m	431.204	2.26	2.26	1.95	840.85	
8	010946	膨胀螺栓M8×55	套	456.30	0.40	0.40	0.35	159.71	
9	320054	合金钢钻头	个	2.282	20.00	20.00	17.25	39.36	
10	030049	吊杆	kg	342.225	5.00	5.00	4.31	1474.99	
11	080229	石膏板	m²	175.279	11.50	12.50	10.78	1889.51	
12	030224	自攻螺栓	个	5460.615	0.03	0.03	0.03	163.82	
13	410085	绷带	m	202.447	0.20	0.20	0.17	34.42	
14	110056	嵌缝膏	kg	48.498	0.95	0.95	0.82	39.77	
15	J7-114	电锤 520W 小	台班	5.704	8.99	8.87	8.43	48.06	
		本页合计						20524.92	
		累计						20524.92	

工程名称：××酒店室内装饰　　　　　　　　　　　　　　标段：　　第2页　共7页
清单编号：011302005001　　　　　　　　　　　　　　　单位：　　m²
清单名称：织物软雕吊顶　　　　　　　　　　　　　　　　数量：　　90.89

| 序号 | 编码 | 名称（材料、机械规格型号） | 单位 | 数量 | 基期价（元） | 市场价（元） | | 合价（元） | 备注 |
						含税	除税		
1	00003	综合人工（装饰）	工日	13.497	70.00	120.00	120.00	1619.66	
2	010377	镀锌铁丝	kg	2.727	5.75	5.75	4.96	13.52	
3	080168~1	透光软膜	m²	254.492	110.00	125.00	107.82	27439.33	
4	010946	膨胀螺栓M8×55	套	181.78	0.40	0.40	0.35	63.62	
5	320054	合金钢钻头	个	0.909	20.00	20.00	17.25	15.68	
6	J7-114	电锤 520W 小	台班	2.272	8.99	8.87	8.43	19.15	
		本页合计						29170.96	
		累计						29170.96	

清单项目人材机用量与单价表（投标报价）（一般计税法）

工程名称：××酒店室内装饰 标段： 第3页 共7页
清单编号：011304002001 单位： 个
清单名称：送风口、回风口 数量： 5

序号	编码	名称（材料、机械规格型号）	单位	数量	基期价（元）	市场价（元）		合价（元）	备注
						含税	除税		
1	00003	综合人工（装饰）	工日	0.65	70.00	120.00	120.00	78.00	
2	190006	铝合金送风口（成品）	个	5.00	150.00	150.00	129.39	646.95	
		本页合计						724.95	
		累计						724.95	

清单项目人材机用量与单价表（投标报价）（一般计税法）

工程名称：××酒店室内装饰 标段： 第4页 共7页
清单编号：011406001001 单位： m²
清单名称：抹灰面油漆 数量： 134.83

序号	编码	名称（材料、机械规格型号）	单位	数量	基期价（元）	市场价（元）		合价（元）	备注
						含税	除税		
1	00003	综合人工（装饰）	工日	5.595	70.00	120.00	120.00	671.45	
2	110184	乳胶漆	kg	31.847	32.00	34.00	29.33	934.07	
		本页合计						1605.52	
		累计						1605.52	

清单项目人材机用量与单价表（投标报价）（一般计税法）

工程名称：××酒店室内装饰 标段： 第5页 共7页
清单编号：011701006001 单位： m²
清单名称：满堂脚手架 数量： 228.15

序号	编码	名称（材料、机械规格型号）	单位	数量	基期价（元）	市场价（元）		合价（元）	备注
						含税	除税		
1	00003	综合人工（装饰）	工日	26.055	70.00	120.00	120.00	3126.57	
2	320067	回转扣件	kg	1.825	5.80	5.80	5.00	9.13	
3	320028	对接扣件	kg	1.186	6.35	6.35	5.48	6.50	
4	320187	直角扣件	kg	4.882	5.00	5.00	4.31	21.04	
5	410365	脚手架底座	kg	0.684	4.80	4.80	4.14	2.83	
6	050212	竹脚手板（侧编）	m²	3.787	21.00	21.00	18.11	68.59	
7	110120	防锈漆	kg	2.304	12.00	12.00	10.35	23.85	
8	410289	焊接钢管	kg	12.32	4.83	4.83	4.17	51.37	
9	J4-6	载货汽车 装载质量6t 中	台班	0.091	452.34	491.70	467.12	42.63	
		本页合计						3352.51	
		累计						3352.51	

工程名称：××酒店室内装饰　　　　　　　　　　　　　　　　　标段：　　　　第6页　共7页

清单编号：011701003001　　　　　　　　　　　　　　　　　　单位：　　　　m²

清单名称：里脚手架（墙身）　　　　　　　　　　　　　　　　　数量：　　　　364.8

序号	编码	名称（材料、机械规格型号）	单位	数量	基期价（元）	市场价（元）		合价（元）	备注
						含税	除税		
1	00003	综合人工（装饰）	工日	4.669	70.00	120.00	120.00	560.33	
		本页合计						560.33	
		累计						560.33	

清单项目人材机用量与单价表（投标报价）（一般计税法）

工程名称：××酒店室内装饰　　　　　　　　　　　　　　　　　标段：　　　　第7页　共7页

清单编号：011701003002　　　　　　　　　　　　　　　　　　单位：　　　　m²

清单名称：里脚手架（柱身）　　　　　　　　　　　　　　　　　数量：　　　　20.48

序号	编码	名称（材料、机械规格型号）	单位	数量	基期价（元）	市场价（元）		合价（元）	备注
						含税	除税		
1	00003	综合人工（装饰）	工日	1.993	70.00	120.00	120.00	239.19	
2	410002	安全网	m²	0.631	10.05	10.05	8.67	5.47	
3	410954	加工铁件	kg	0.283	4.61	4.61	3.98	1.13	
4	320067	回转扣件	kg	0.118	5.80	5.80	5.00	0.59	
5	320028	对接扣件	kg	0.696	6.35	6.35	5.48	3.82	
6	320187	直角扣件	kg	2.294	5.00	5.00	4.31	9.89	
7	410365	脚手架底座	kg	0.065	4.80	4.80	4.14	0.27	
8	050061	脚手架板	m²	0.50	41.00	41.00	35.37	17.70	
9	110120	防锈漆	kg	0.492	12.00	12.00	10.35	5.09	
10	410289	焊接钢管	kg	4.548	4.83	4.83	4.17	18.96	
11	J4—6	载货汽车 装载质量6t 中	台班	0.017	452.34	491.70	467.12	8.13	
		本页合计						310.23	
		累计						310.23	

清单项目费用计算表（综合单价表）（投标报价）（一般计税法）

工程名称：××酒店室内装饰　　　　　　　　　　　　　　　　　标段：　　　　第1页　共7页

清单编号：011302001001　　　　　　　　　　　　　　　　　　单位：　　　　m²

清单名称：吊顶天棚　　　　　　　　　　　　　　　　数量：　134.83　综合单价：　211.78

序号	工程内容	计费基础说明	费率（%）	金额（元）	备注
1	直接费用	1.1+1.2+1.3		20803.12	
1.1	人工费			11203.34	
1.1.1	其中：取费人工费			5601.67	
1.2	材料费			9551.72	
1.3	机械费			48.06	
1.3.1	其中：取费机械费				

序号	工程内容	计费基础说明	费率（%）	金额（元）	备注
2	费用和利润	2.1+2.2+2.3		5061.81	
2.1	管理费	1.1.1或1.1.1+1.3.1	26.48	1483.32	
2.2	利润	1.1.1或1.1.1+1.3.1	28.88	1617.76	
2.3	规费	2.3.1+2.3.2+2.3.3+2.3.4+2.3.5		1960.73	
2.3.1	工程排污费	1+2.1+2.2	0.40	95.62	
2.3.2	职工教育经费和工会经费	1.1	3.50	392.12	
2.3.3	住房公积金	1.1	6.00	672.20	
2.3.4	安全生产责任险	1+2.1+2.2	0.20	47.81	
2.3.5	社会保险费	1+2.1+2.2	3.15	752.98	
3	建安造价	1+2		25864.97	
4	销项税额	3项×税率	10.00	2586.49	
5	附加税费	(3+4)项×费率	0.36	102.42	
合计		3+4+5		28553.89	

清单项目费用计算表（综合单价表）（投标报价）（一般计税法）

工程名称：××酒店室内装饰　　　　　　　　　　　　标段：　第2页　共7页
清单编号：011302005001　　　　　　　　　　　　　单位：　m²
清单名称：织物软雕吊顶　　　　　　　　　数量：90.89　综合单价：385.53

序号	工程内容	计费基础说明	费率（%）	金额（元）	备注
1	直接费用	1.1+1.2+1.3		29996.92	
1.1	人工费			1619.66	
1.1.1	其中：取费人工费			809.83	
1.2	材料费			28358.12	
1.3	机械费			19.15	
1.3.1	其中：取费机械费				
2	费用和利润	2.1+2.2+2.3		1743.89	
2.1	管理费	1.1.1或1.1.1+1.3.1	26.48	214.44	
2.2	利润	1.1.1或1.1.1+1.3.1	28.88	233.88	
2.3	规费	2.3.1+2.3.2+2.3.3+2.3.4+2.3.5		1295.56	
2.3.1	工程排污费	1+2.1+2.2	0.40	121.78	
2.3.2	职工教育经费和工会经费	1.1	3.50	56.69	
2.3.3	住房公积金	1.1	6.00	97.18	
2.3.4	安全生产责任险	1+2.1+2.2	0.20	60.89	
2.3.5	社会保险费	1+2.1+2.2	3.15	959.02	
3	建安造价	1+2		31740.77	
4	销项税额	3项×税率	10.00	3174.08	
5	附加税费	(3+4)项×费率	0.36	125.69	
合计		3+4+5		35040.55	

清单项目费用计算表（综合单价表）（投标报价）（一般计税法）

工程名称：××酒店室内装饰 　　　　　　　　　　　　　标段：　　　　第3页　共7页
清单编号：011304002001 　　　　　　　　　　　　　　单位：　　　　个
清单名称：送风口、回风口 　　　　　　　　　　　　　数量：5.00　综合单价：177.09

序号	工程内容	计费基础说明	费率（%）	金额（元）	备注
1	直接费用	1.1+1.2+1.3		744.36	
1.1	人工费			78.00	
1.1.1	其中：取费人工费			39.00	
1.2	材料费			666.36	
1.3	机械费				
1.3.1	其中：取费机械费				
2	费用和利润	2.1+2.2+2.3		57.72	
2.1	管理费	1.1.1或1.1.1+1.3.1	26.48	10.33	
2.2	利润	1.1.1或1.1.1+1.3.1	28.88	11.27	
2.3	规费	2.3.1+2.3.2+2.3.3+2.3.4+2.3.5		36.13	
2.3.1	工程排污费	1+2.1+2.2	0.40	3.07	
2.3.2	职工教育经费和工会经费	1.1	3.50	2.73	
2.3.3	住房公积金	1.1	6.00	4.68	
2.3.4	安全生产责任险	1+2.1+2.2	0.20	1.53	
2.3.5	社会保险费	1+2.1+2.2	3.15	24.13	
3	建安造价	1+2		802.08	
4	销项税额	3项×税率	10.00	80.21	
5	附加税费	(3+4)项×费率	0.36	3.18	
	合计	3+4+5		885.47	

清单项目费用计算表（综合单价表）（投标报价）（一般计税法）

工程名称：××酒店室内装饰 　　　　　　　　　　　　　标段：　　　　第4页　共7页
清单编号：011406001001 　　　　　　　　　　　　　　单位：　　　　m²
清单名称：抹灰面油漆 　　　　　　　　　　　　　　　数量：134.83　综合单价：15.98

序号	工程内容	计费基础说明	费率（%）	金额（元）	备注
1	直接费用	1.1+1.2+1.3		1633.54	
1.1	人工费			671.45	
1.1.1	其中：取费人工费			335.73	
1.2	材料费			962.09	
1.3	机械费				
1.3.1	其中：取费机械费				
2	费用和利润	2.1+2.2+2.3		317.87	
2.1	管理费	1.1.1或1.1.1+1.3.1	26.48	88.90	
2.2	利润	1.1.1或1.1.1+1.3.1	28.88	96.96	
2.3	规费	2.3.1+2.3.2+2.3.3+2.3.4+2.3.5		132.02	
2.3.1	工程排污费	1+2.1+2.2	0.40	7.28	

序号	工程内容	计费基础说明	费率（%）	金额（元）	备注
2.3.2	职工教育经费和工会经费	1.1	3.50	23.50	
2.3.3	住房公积金	1.1	6.00	40.29	
2.3.4	安全生产责任险	1+2.1+2.2	0.20	3.64	
2.3.5	社会保险费	1+2.1+2.2	3.15	57.31	
3	建安造价	1+2		1951.44	
4	销项税额	3项×税率	10.00	195.14	
5	附加税费	(3+4) 项×费率	0.36	7.73	
	合计	3+4+5		2154.31	

清单项目费用计算表（综合单价表）（投标报价）（一般计税法）

工程名称：××酒店室内装饰　　　　　　　　　　　　　　标段：　　第5页　共7页
清单编号：011701006001　　　　　　　　　　　　　　　单位：　　m²
清单名称：满堂脚手架　　　　　　　　　　　数量：228.15　综合单价：22.64

序号	工程内容	计费基础说明	费率（%）	金额（元）	备注
1	直接费用	1.1+1.2+1.3		3358.01	
1.1	人工费			3126.57	
1.1.1	其中：取费人工费			1563.28	
1.2	材料费			188.82	
1.3	机械费			42.63	
1.3.1	其中：取费机械费				
2	费用和利润	2.1+2.2+2.3		1320.84	
2.1	管理费	1.1.1或1.1.1+1.3.1	26.48	413.96	
2.2	利润	1.1.1或1.1.1+1.3.1	28.88	451.47	
2.3	规费	2.3.1+2.3.2+2.3.3+2.3.4+2.3.5		455.41	
2.3.1	工程排污费	1+2.1+2.2	0.40	16.89	
2.3.2	职工教育经费和工会经费	1.1	3.50	109.43	
2.3.3	住房公积金	1.1	6.00	187.59	
2.3.4	安全生产责任险	1+2.1+2.2	0.20	8.45	
2.3.5	社会保险费	1+2.1+2.2	3.15	133.04	
3	建安造价	1+2		4678.90	
4	销项税额	3项×税率	10.00	467.89	
5	附加税费	(3+4) 项×费率	0.36	18.53	
	合计	3+4+5		5165.32	

工程名称：××酒店室内装饰　　　　　　　　　　　　　　　　标段：　　　第6页　共7页

清单编号：011701003001　　　　　　　　　　　　　　　　　单位：　　　m²

清单名称：里脚手架（墙身）　　　　　　　　　　　　数量：　364.80　综合单价：　2.41

序号	工程内容	计费基础说明	费率（%）	金额（元）	备注
1	直接费用	1.1+1.2+1.3		560.33	
1.1	人工费			560.33	
1.1.1	其中：取费人工费			280.17	
1.2	材料费				
1.3	机械费				
1.3.1	其中：取费机械费				
2	费用和利润	2.1+2.2+2.3		235.16	
2.1	管理费	1.1.1或1.1.1+1.3.1	26.48	74.19	
2.2	利润	1.1.1或1.1.1+1.3.1	28.88	80.91	
2.3	规费	2.3.1+2.3.2+2.3.3+2.3.4+2.3.5		80.06	
2.3.1	工程排污费	1+2.1+2.2	0.40	2.86	
2.3.2	职工教育经费和工会经费	1.1	3.50	19.61	
2.3.3	住房公积金	1.1	6.00	33.62	
2.3.4	安全生产责任险	1+2.1+2.2	0.20	1.43	
2.3.5	社会保险费	1+2.1+2.2	3.15	22.54	
3	建安造价	1+2		795.37	
4	销项税额	3项×税率	10.00	79.55	
5	附加税费	（3+4）项×费率	0.36	3.15	
	合计	3+4+5		878.07	

工程名称：××酒店室内装饰　　　　　　　　　　　　　　　　标段：　　　第7页　共7页

清单编号：011701003002　　　　　　　　　　　　　　　　　单位：　　　m²

清单名称：里脚手架（柱身）　　　　　　　　　　　　数量：　20.48　综合单价：　22.38

序号	工程内容	计费基础说明	费率（%）	金额（元）	备注
1	直接费用	1.1+1.2+1.3		312.12	
1.1	人工费			239.19	
1.1.1	其中：取费人工费			119.59	
1.2	材料费			64.80	
1.3	机械费			8.13	
1.3.1	其中：取费机械费				
2	费用和利润	2.1+2.2+2.3		103.12	
2.1	管理费	1.1.1或1.1.1+1.3.1	26.48	31.67	
2.2	利润	1.1.1或1.1.1+1.3.1	28.88	34.54	
2.3	规费	2.3.1+2.3.2+2.3.3+2.3.4+2.3.5		36.91	
2.3.1	工程排污费	1+2.1+2.2	0.40	1.51	

序号	工程内容	计费基础说明	费率（%）	金额（元）	备注
2.3.2	职工教育经费和工会经费	1.1	3.50	8.37	
2.3.3	住房公积金	1.1	6.00	14.35	
2.3.4	安全生产责任险	1+2.1+2.2	0.20	0.76	
2.3.5	社会保险费	1+2.1+2.2	3.15	11.92	
3	建安造价	1+2		415.24	
4	销项税额	3项×税率	10.00	41.52	
5	附加税费	（3+4）块×费率	0.36	1.64	
	合计	3+4+5		458.40	

总价措施项目清单计费表

工程名称：××酒店室内装饰　　　　　　　　　　　　　　　　标段：　　　　第1页　共1页

序号	项目编码	项目名称	计算基础	费率（%）	金额（元）	备注
1	011707001001	安全文明施工费	取费人工费	10.7025	936.39	
2	011707005001	冬雨季施工增加费	直接费+企业管理费+利润	0.16	99.60	
			合计		1035.99	

编制人（造价人员）：　　　　　　　　复核人（造价工程师）：

注：按施工方案计算的措施费，若无"计算基础"和"费率"的数值，也可只填"金额"数值，但应在备注栏说明施工方案的出处或计算方法。

其他项目清单与计价汇总表（投标报价）（一般计税法）

工程名称：××酒店室内装饰　　　　　　　　　　　　　　　　标段：　　　　第1页　共1页

序号	项目名称	金额（元）	结算金额（元）	备注
1	暂列金额	5000.00		明细详见F.3
2	暂估价	4000.00		
2.1	材料（工程设备）暂估价	29328.84		明细详见F.4
2.2	专业工程暂估价	4000.00		明细详见F.5
3	计日工	6856.20		明细详见F.6
4	总承包服务费	56.00		明细详见F.7
5	索赔与现场签证			明细详见F.8
6	1+2.2+3+4+5项合计	15912.20		1+2.2+3+4+5项合计
7	销项税额	1591.22		（6项）×10%
8	附加税费	63.01		（6+7项）×费率
9	合计	17566.43		（6+7+8）项合计

注：材料（工程设备）暂估单价及调价表在F.4填报时按除税价填报；材料（工程设备）暂估单价计入直接费与清单项目综合单价，此处不汇总。

暂列金额明细表（一般计税法）

工程名称：××酒店室内装饰　　　　　　　　　　　　　　　　标段：　　　第1页　共1页

序号	项目名称	计量单位	暂列金额（元）	备注
1.1	图纸设计的变更	项	2000.00	
1.2	其他不可预见因素	项	3000.00	
	合计		5000.00	

注：1.此表由招标人填写，如不能详列，也可只列暂定金额总额，投标人应将上述暂列金额计入投标总价中；
　　2.检验试验费按直接费的0.5%~1.0%计取。

材料（工程设备）暂估单价及调整表（一般计税法）

工程名称：××酒店室内装饰　　　　　　　　　　　　　　　　标段：　　　第1页　共1页

序号	材料（工程设备）名称、规格、型号	计量单位	数量		暂估（元）		确认（元）		差额±（元）		备注
			暂估	确认	单价	合价	单价	合价	单价	合价	
1	透光软膜	m²	254.492		107.82	27439.33					
2	石膏板	m²	175.279		10.78	1889.51					
	合计					29328.84					

注：1.此表由招标人填写"暂估单价"，并在备注栏说明暂估价的材料、工程设备拟用在那些清单项目上，投标人应将上述材料、工程设备暂估单价计入工程量清单综合单价报价中；
　　2.采用一般计税法时按除税价填报；采用简易计税法时按含税价填报；
　　3.材料（工程设备）暂估单价计入直接费与清单项目综合单价，此处汇总后不再重复相加。

专业工程暂估价及结算价表（一般计税法）

工程名称：××酒店室内装饰　　　　　　　　　　　　　　　　标段：　　　第1页　共1页

序号	工程名称	工程内容	暂估金额（元）	结算金额（元）	差额±（元）	备注
1	消防工程	合同图纸中标明的以及工程规范和技术说明中规定的各系统，包括但不限于消火栓系统、消防水池供水系统、水喷淋系统、火灾自动报警系统及消防联动系统中的设备、管道、阀门、线缆等的供应、安装和调试工作	1500.00			不超过清单项目总造价的30%
2	灯具走线安装	灯具走线及安装	2500.00			
	合计		4000.00			

注：1.此表"暂估金额"由招标人填写，投标人应将"暂估金额"计入投标总价中.结算时按合同约定结算金额填写；
　　2.专业工程暂估价及结算价应包含费用和利润。

计日工表（一般计税法）

工程名称：××酒店室内装饰　　　　　　　　　　　　　　　　　　　　　　标段：　　　第1页　共1页

编号	项目名称	单位	暂定数量	实际数量	综合单价（元）	合价	
						暂定	实际
一	人工						
	综合人工	工日	30.00		200.00	6000.00	
	人工小计					6000.00	
二	材料						
1	18mm大芯板	m²	5.00		90.00	450.00	
2	水泥32.5	t	0.50		520.00	260.00	
3							
4							
	材料小计					710.00	
三	施工机械						
1	电锤450W	台班	2.00		10.10	20.20	
2	木工圆锯机 直径φ500mm 小	台班	3.00		42.00	126.00	
3							
	施工机械小计					146.20	
	总计					6856.20	

注：1.此表项目名称、暂定数量由招标人填写，编制招标控制价时，单价由招标人按有关计价规定确定；投标时，单价由投标人自主报价，按暂定数量计算合价计入投标总价中；结算时，按发承包双方确认的实际数量计算合价；
2.计日工表综合单价应包含费用和利润。

总承包服务费计价表（一般计税法）

工程名称：××酒店室内装饰　　　　　　　　　　　　　　　　　　　　　　标段：　　　第1页　共1页

序号	项目名称	项目价值（元）	服务内容	费率（%）	金额（元）
1	发包人发包专业工程服务费		1.按专业工程承包人的要求提供施工工作面并对施工现场进行统一管理，对竣工资料进行统一整理汇总；2.为专业工程承包人提供垂直运输机械和焊接电源接入点，并承担垂直运输费和电费。		56.00
1.1	消防工程、灯具走线安装	1050.00		2.00	21.00
1.2	发包人提供材料采保费	1750.00		2.00	35.00
	合计	—	—	—	56.00

注：发包人发包专业工程服务费可按发包工程直接费用的1.0%～2.0%计取，1050元和1750元分别为两个专业工程的直接费。

人工、主要材料（工程设备）、机械用量汇总与单价表（一般计税法）

工程名称：××酒店室内装饰　　　　标段：湘潭市2018年第2期市场价

序号	编码	名称（材料、机械规格型号）	单位	数量	基期价（元）	市场价（元）		合价（元）	备注
						含税	除税		
1	00003	综合人工（装饰）	工日	145.821	70.00	120.00	120.00	17498.54	
2	010377	镀锌铁丝	kg	2.727	5.75	5.75	4.96	15.68	
3	010946	膨胀螺栓M8×55	套	638.08	0.40	0.40	0.35	255.23	
4	030001	38吊件	件	1026.675	0.26	0.26	0.22	266.94	
5	030049	吊杆	kg	342.225	5.00	5.00	4.31	1711.13	
6	030094	紧固件	套	456.30	8.00	8.00	6.90	3650.40	
7	030224	自攻螺栓	个	5460.615	0.03	0.03	0.03	163.82	
8	050018	大龙骨	m	263.513	3.13	3.13	2.70	824.80	
9	050061	脚手架板	m²	0.50	41.00	41.00	35.37	20.52	
10	050209	中小龙骨	m	431.204	2.26	2.26	1.95	974.52	
11	050212	竹脚手板（侧编）	m²	3.787	21.00	21.00	18.11	79.53	
12	080144	轻钢龙骨平面连接件	个	1733.94	0.30	0.30	0.26	520.18	
13	080154	轻钢龙骨主接件	个	136.89	0.80	0.80	0.69	109.51	
14	080168~1	透光软膜	m²	254.492	110.00	125.00	107.82	31811.50	
15	080229	石膏板	m²	175.279	11.50	12.50	10.78	2190.99	
16	110056	嵌缝膏	kg	48.498	0.95	0.95	0.82	46.07	
17	110120	防锈漆	kg	2.796	12.00	12.00	10.35	33.55	
18	110184	乳胶漆	kg	31.847	32.00	34.00	29.33	1082.79	
19	190006	铝合金送风口（成品）	个	5.00	150.00	150.00	129.39	750.00	
20	320028	对接扣件	kg	1.883	6.35	6.35	5.48	11.96	
21	320054	合金钢钻头	个	3.19	20.00	20.00	17.25	63.81	
22	320067	回转扣件	kg	1.943	5.80	5.80	5.00	11.27	
		本页小计						62092.74	

注：1.招标控制价、投标报价、竣工结算通用表；

2.单位工程、单项工程、建设项目通用表；

3.采用一般计税法时，市场价含税、除税栏均需填写，采用简易计税法时，市场价填写含税栏；

4.本表合价栏按市场含税价填报；合价等于市场价（含税）×数量；

5.发包人提供材料和工程设备及承包人提供材料和工程设备均按含税单价填报。

工程名称：××酒店室内装饰　　　　　标段：湘潭市2018年第2期市场价　　　　　第2页　共2页

序号	编码	名称（材料、机械规格型号）	单位	数量	基期价（元）	市场价（元）		合价（元）	备注
						含税	除税		
23	320187	直角扣件	kg	7.176	5.00	5.00	4.31	35.88	
24	410002	安全网	m²	0.631	10.05	10.05	8.67	6.34	
25	410085	绷带	m	202.447	0.20	0.20	0.17	40.49	
26	410289	焊接钢管	kg	16.868	4.83	4.83	4.17	81.47	
27	410305	脚手架底座	kg	0.75	4.80	4.80	4.14	3.60	
28	410954	加工铁件	kg	0.283	4.61	4.61	3.98	1.30	
29	J4-6	载货汽车 装载质量6t 中	台班	0.109	452.34	491.70	467.12	53.43	
30	J7-114	电锤 520W 小	台班	7.976	8.99	8.87	8.43	70.75	
		本页小计						293.26	
		合计						62386.00	

注：1. 招标控制价、投标报价、竣工结算通用表；

　　2. 单位工程、单项工程、建设项目通用表；

　　3. 采用一般计税法时，市场价含税、除税栏均需填写；采用简易计税法时，市场价填写含税栏；

　　4. 本表合价栏按市场含税价填报；合价等于市场价（含税）×数量；

　　5. 发包人提供材料和工程设备及承包人提供材料和工程设备均按含税单价填报。

任务8　编制投标报价文件

任务要求：根据附件5的实训施工图，对综合实训二任务8已编制完成的招标工程量清单计算其他项目费；将综合实训三任务1～任务7的计价成果整理汇总，最终编制成完整的投标报价文件。人工、材料等资源的单价，请参照当时当地的市场价格；各项取费标准请参照当地的有关规定。

资料准备：（1）《建筑工程工程量清单计价规范》GB 50500—2013；

　　　　　　（2）《房屋建筑与装饰工程工程量计算规范》GB 50854—2013（以下简称国标清单）；

　　　　　　（3）当时当地的计价办法，如《湖南省建设工程计价办法》；

　　　　　　（4）当时当地的装饰工程预算定额，如《湖南省建筑装饰装修工程消耗量标准》、《湖南省建筑工程消耗量标准》、《湖南省房屋修缮定额》；

　　　　　　（5）当时当地的人工、材料、机械等资源的单价信息和各项取费标准；

　　　　　　（6）电脑机房或学生自带电脑（需安装工程计价软件）。

提交成果：同案例5-42。

涉及知识点：

　　　　　　（1）工程量清单中各分项工程、单价措施的施工工艺、材料、构造的分析；

　　　　　　（2）工程量清单中分项工程、单价措施项目特征的解读；

（3）定额子目组价；

（4）定额工程量的计算规则；

（5）人工、材料、机械消耗量的计算；

（6）材料、机械单价的计算；

（7）人工费、取费人工费、材料费、机械费的计算；

（8）管理费、利润等各项费用的计算；

（9）综合单价的计算与意义；

（10）其他项目费的计算与意义；

（11）价差和费率的调整；

（12）投标报价文件的构成；

（13）工程计价软件的操作。

主要步骤：

附录 1 装饰装修工程常用配合比表

编号	类别	名称	粗净砂 (m³)	细净砂 (m³)	水泥32.5 (kg)	白水泥 (kg)	水 (m³)	108胶 (kg)	石灰膏 (m³)	石膏粉 (kg)	白石子 (kg)	彩色石子 (kg)	无机铝盐防水剂 (kg)	纸筋 (kg)	麻刀 (kg)	石英砂 (kg)	豆石 (m³)	石屑 (m³)
P10-1	水泥砂浆	1:1	0.76		765		0.3											
P10-2		1:1.5	0.96		644		0.3											
P10-3		1:2	1.11		557		0.3											
P10-4		1:2.5	1.22		490		0.3											
P10-5		1:3	1.22		408		0.3											
P10-6		1:4	1.22		306		0.3											
P10-7		1:1加108胶	0.76		765		0.25	51										
P10-8	素水泥浆	1:0.42			1517		0.52											
P10-9		1:0.6			1240		0.6											
P10-10	水泥108胶浆	1:0.175:0.2			1526		0.3	267										
P10-11	素白水泥浆	1:0.42				1517	0.52											
P10-12		1:0.6				1240	0.6											
P10-13	白水泥108胶浆	1:0.175:0.2				1526	0.3	267										
P10-14	石灰砂浆	1:2.5	1.22				0.6		0.41									
P10-15		1:3	1.22				0.6		0.34									
P10-16		1:4	1.22				0.6		0.26									
P10-17	石灰细砂浆	1:0.1		0.13			0.45		0.97									
P10-18	混合砂浆	1:0.5:3	1.11		371		0.6		0.15									
P10-19		1:0.5:4	1.22		306		0.6		0.13									
P10-20		1:0.5:4加108胶0.1	1.22		306		0.6	30	0.13									
P10-21		1:0.5:5	1.22		245		0.6		0.1									

续表

编号	名称		粗净砂(m³)	细净砂(m³)	水泥32.5(kg)	白水泥(kg)	水(m³)	108胶(kg)	石灰膏(m³)	石膏粉(kg)	白石子(kg)	彩色石子(kg)	无机铝盐防水剂(kg)	纸筋(kg)	麻刀(kg)	石英砂(kg)	豆石(m³)	石屑(m³)
P10—22	混合砂浆	1:1:2	0.76		382		0.6		0.32									
P10—23		0.5:1:3	1.11		185		0.6		0.31									
P10—24		1:0.2:2	1.01		510		0.6		0.08									
P10—25		1:0.3:3	1.18		388		0.6		0.1									
P10—26		1:0.5:1	0.58		583		0.6		0.24									
P10—27		1:0.5:2	0.9		453		0.6		0.19									
P10—28		1:1:4	1.11		278		0.6		0.23									
P10—29		1:1:6	1.22		204		0.6		0.17									
P10—30		1:2:1	0.34		340		0.6		0.56									
P10—31		1:3:9	1.17		130		0.6		0.32									
P10—32		1:1:1	0.47		471		0.6		0.39									
P10—33	水泥白石子浆	1:1			1418		0.3				935							
P10—34		1:1.25			1135		0.3				1072							
P10—35		1:1.5			945		0.3				1189							
P10—36		1:2			709		0.3				1376							
P10—37		1:2.5			567		0.3				1519							
P10—38		1:3			473		0.3				1600							
P10—39	白水泥白石子浆	1:1				1418	0.3				935							
P10—40		1:1.25				1135	0.3				1072							
P10—41		1:1.5				945	0.3				1189							
P10—42		1:2				709	0.3				1376							
P10—43		1:2.5				567	0.3				1519							
P10—44		1:3				473	0.3				1600							

编号	名称	粗净砂 (m³)	细净砂 (m³)	水泥32.5 (kg)	白水泥 (kg)	水 (m³)	108胶 (kg)	石灰膏 (m³)	石膏粉 (kg)	白石子 (kg)	彩色石子 (kg)	无机铝盐防水剂 (kg)	纸筋 (kg)	麻刀 (kg)	石英砂 (kg)	豆石 (m³)	石屑 (m³)
P10-45	白水泥色石子浆 1:1				1418	0.3					935						
P10-46	1:1.25				1135	0.3					1072						
P10-47	1:1.5				945	0.3					1189						
P10-48	1:2				709	0.3					1376						
P10-49	1:2.5				567	0.3					1519						
P10-50	1:3				473	0.3					1600						
P10-51	素石膏浆 1:0.42					0.54			1302								
P10-52	1:0.46					0.56			1238								
P10-53	石膏砂浆(重量比) 1:1	0.57				0.37			734								
P10-54	1:2	0.89				0.36			573								
P10-55	1:2.5	0.99				0.36			520								
P10-56	无机铝盐防水砂浆(重量比)1:2.5:0.35:0.07	1.11		557		0.3						39					
P10-57	无机铝盐防水素浆(重量比)1:2.2:0.1			430		0.85						43					
P10-58	108胶水泥腻子(重量比)1:0.175:0.4			1175		0.46	206										
P10-59	纸筋石灰浆					0.5		1.01					48.5				
P10-60	麻刀石灰浆					0.5		1.01						12.12			
P10-61	石灰麻刀砂浆1:3			1.22		0.6		0.34						16.6			
P10-62	108胶混合砂浆1:0.5:2			453		0.58	33	0.19									
P10-63	水泥石英混合砂浆1:0.2:1.5	0.9		816		0.3		0.1							1165		
P10-64	水泥石灰纸筋砂浆 1:0.5:2	0.9		453		0.6		0.19					8				
P10-65	1:0.3:0.3	0.25		824		0.6		0.21					8.34				

编号	名称	粗净砂 (m³)	细净砂 (m³)	水泥32.5 (kg)	白水泥(kg)	水 (m³)	108胶 (kg)	石灰膏 (m³)	石膏粉(kg)	白石子(kg)	彩色石子(kg)	无机铝盐防水剂(kg)	纸筋 (kg)	麻刀 (kg)	石英砂 (kg)	豆石 (m³)	石屑 (m³)
P10—66	水泥石纸筋浆 1:0.5			816		0.6		0.34					13.76				
P10—67	1:0.15			1064		0.6		0.13					5.38				
P10—68	1:0.05			1166		0.6		0.05					1.97				
P10—69	水泥石灰麻刀砂浆 1:0.5:4	1.22		306		0.6		0.13						16.6			
P10—70	1:3:5	0.87		175		0.6		0.44						16.6			
P10—71	水泥豆石浆 1:1.5			945		0.3										0.76	
P10—72	1:2			709		0.3										0.88	
P10—73	1:2.5			567		0.3										0.96	
P10—74	水泥石屑浆 1:1.5			945		0.3											0.77
P10—75	1:2			709		0.3											0.89
P10—76	1:2.5			567		0.3											0.98

附录 2 装饰装修工程常用机械台班费用构成表

编号	名称	单位	折旧费（元）	经常修理费（元）	大修理费（元）	安拆费及场外运费（元）	机械管理费（元）	其他材料费（元）	机上人工（工日）	电（kW·h）	汽油（kg）	柴油（kg）
J3-17	汽车式起重机 提升质量5t 中	台班	87.08	65.7	31.74		3.69	3.32	1		23.3	
J4-6	载货汽车 装载质量6t 中	台班	47.66	41.57	7.41		1.93	10.87	1			33.24
J5-4	电动卷扬机 单筒快速 牵引力20kN 小	台班	4.89	5.87	2.2	4.69	0.35		1	67.1		
J5-23	单笼施工电梯提升质量1t 提升高度75m 中	台班	102.98	42.18	21.09		3.33		1	45.66		
J5-24	单笼施工电梯提升质量1t 提升高度100m 中	台班	113.05	46.32	23.16		3.65		1	45.66		
J5-25	单笼施工电梯 提升质量1t 提升高度130m 中	台班	126.2	51.7	25.85		4.08		1	59.36		
J5-26	双笼施工电梯 提升质量2×1t 提升高度100m 中	台班	141.1	57.8	28.9		4.56		2	81.86		
J5-27	双笼施工电梯 提升质量2×1t 提升高度200m 大	台班	155.85	63.18	31.59		5.01		2	159.94		
J6-6	双锥反转出料混凝土搅拌机 出料容量350L 小	台班	14.68	6.34	2.4	5.47	0.58		1	43.52		
J6-16	灰浆搅拌机 拌筒容量200L 小	台班	3.78	3.32	0.83	5.47	0.27		1	8.61		
J7-1	钢筋调直机 直径φ14mm 小	台班	15.99	5.27	2.15	3.08	0.53			11.9		
J7-2	钢筋切断机 直径φ40mm 小	台班	8.26	4.93	1.11	3.08	0.35			32.1		
J7-12	木工圆锯机 直径φ500mm 小	台班	3.58	0.97	0.45	2.05	0.14			24		
J7-13	木工圆锯机 直径φ600mm 小	台班	5.67	1.55	0.72	2.05	0.2			33.2		
J7-18	木工压刨床 刨削宽度 单面600mm 小	台班	8.85	4.65	1.71		0.3			28.6		
J7-21	木工压刨床 刨削宽度 四面300mm 中	台班	34.73	15.08	6.73		1.13			66		
J7-24	木工裁口机 宽度 多面400mm 小	台班	6.89	3.83	1.28		0.24			36		
J7-71	管子切断机 直径φ60mm 小	台班	5.79	4.06	1.45	2.37	0.27			4.8		
J7-105	砂轮切割机 砂轮直径500mm 小	台班	12.5	9.94	7.02	0.46	0.6			30		
J7-114	电锤520W 小	台班	1.81	3.88		1.76	0.15			1.4		
J9-2	交流电弧焊机容量32kV·A 小	台班	4	2.43	0.73	6.56	0.27		1	96.53		

编号	名称	单位	折旧费（元）	经常修理费（元）	大修理费（元）	安拆费及场外运费（元）	机械管理费（元）	其他材料费（元）	机上人工（工日）	电（kW·h）	汽油（kg）	柴油（kg）
J9-3	交流电弧焊机 容量42kV·A 小	台班	4.17	2.53	0.76	6.56	0.28		1	142.3		
J9-6	直流电弧焊机 功率10kW 小	台班	4.26	3.12	0.78	6.56	0.29		1	36.2		
J10-10	电动空气压缩机 排气量0.3m³/min 小	台班	1.88	2.1	0.44	9.9	0.29		1	16.1		
J10-12	电动空气压缩机 排气量1m³/min 小	台班	3.16	3.54	0.74	9.9	0.35		1	40.3		
J11-38	液压注浆泵 HYB50/50-1型 中	台班	52.51	8.27	8.61	8.2	1.55		1	15.63		
J12-19	平面水磨石机 功率3kW 小	台班	3.59	5.36	0.63	2.57	0.24			14		
J12-130	电动打磨机 小	台班	18	2.19	2.25	3.08	0.2			13		
J12-132	手提钻	台班	6.87	2.32			0.2			3.2		
J12-133	石料切割机 小	台班	2.06	3.88		1.76	0.19			2.82		
J12-134	抛光机 小	台班	2.06	5.52		1.76	0.19			2.82		
J12-135	制作安装综合机械（适应于铝合金门窗制作安装）小	台班	114.68	21.55	8.4					183.94		

附录3 原材料、半成品、成品损耗率表

序号	材料名称	适用范围	损耗率（%）	序号	材料名称	适用范围	损耗率（%）
1	普通水泥		2	40	面砖	零星项目	6
2	白水泥		3	41	广场砖	拼图案	4
3	砂		3	42	广场砖	不拼图案	6
4	白石子	干黏石	5	43	镭射玻璃	墙、柱面	3
5	水泥砂浆	天棚、梁、柱、零星	2.5	44	镭射玻璃	地面	2
6	水泥砂浆	墙面及墙裙	2	45	橡胶板		2
7	水泥砂浆	地面、屋面	1	46	塑料板		2
8	素水泥浆		1	47	塑料卷材	包括搭接	2
9	混合水泥浆	天棚	3	48	地毯		10
10	混合砂浆	墙面及柱	2	49	地毯胶垫	包括搭接	10
11	石灰砂浆	天棚	1.5	50	木地板安装	包括成品项目	5
12	石灰砂浆	墙面及柱	1	51	木材		5
13	水泥石子浆	水刷石	3	52	防静电地板		2
14	水泥石子浆	水磨石	2	53	金属型材、条管板	需锯裁	6
15	瓷片	墙、地、柱面	3.5	54	金属型材、条管板	不需锯裁	2
16	瓷片	零星项目	6	55	玻璃	制作	18
17	石料块料	地面、墙面	2	56	玻璃	安装	3
18	石料块料	成品	1	57	特种玻璃	成品安装	3
19	石料块料	柱、零星项目	6	58	陶瓷锦砖	地面、墙、柱	1.5
20	石料块料	成品图案	1	59	陶瓷锦砖	零星项目	4
21	石料块料	现场做图案	2	60	陶瓷锦砖	台阶	4
22	瓷质地面砖	400cm²以内　地面	2	61	玻璃马赛克	墙、柱面	1.5
23	瓷质地面砖	3600cm²以内　地面	2.5	62	玻璃马赛克	零星项目	4
24	瓷质地面砖	6400cm²以内　地面	4	63	钢板网		5
25	瓷质地面砖	6400cm²以外　地面	4	64	石膏板		5
26	瓷质地面砖	踢脚线	2	65	竹片		5
27	瓷质地面砖	楼梯	6	66	人造革		10
28	瓷质地面砖	台阶	6	67	丝绒面料、饰面板	对花	12
29	瓷质地面砖	零星项目	6	68	胶合板、饰面板	基层	5
30	缸砖	地面	1.5	69	胶合板、饰面板	面层（不锯裁）	5
31	缸砖	楼梯	6	70	胶合板、饰面板	面层（锯裁）	10
32	缸砖	台阶	6	71	胶合板、饰面板	曲线形	15
33	缸砖	零星项目	6	72	胶合板、饰面板	弧线形	30
34	瓷板	墙面	3.5	73	各种装饰线条		6
35	瓷板	零星项目	6	74	水质涂料、油漆	手刷	5
36	面砖	墙面	2	75	水质涂料、油漆	机喷	10
37	面砖	周长800mm以内	3.5	76	各种五金配件	成品	2
38	面砖	周长3200mm以内	4	77	各种五金配件	需加工	5
39	面砖	柱	6	78	各种辅助材料	以上未列的	5

附录4 主要材料预算（市场）单价一览表

序号	名称（材料、机械规格型号）	单位	基期价(元)	市场价(元)		除税综合税率
				含税	除税	
1	白水泥	kg	0.69	0.75	0.65	15.93%
2	玻璃胶350g	支	8.00	13.00	11.21	15.93%
3	粗净砂	m³	140.41	229.28	221.10	3.70%
4	水泥 32.5级	kg	0.39	0.51	0.44	15.93%
5	平板玻璃 5mm	m²	22.00	28.00	24.15	15.93%
6	平板玻璃 6mm	m²	28.00	38.00	32.78	15.93%
7	陶瓷砖（踢脚线）	m²	31.00	35.00	30.19	15.93%
8	仿古砖（踢脚线）	m²	31.00	35.00	30.19	15.93%
9	釉面砖 300mm×400mm	m²	45.00	65.00	56.07	15.93%
10	透光软膜	m²	110.00	125.00	107.82	15.93%
11	石膏板	m²	11.50	12.50	10.78	15.93%
12	铝合金固定窗（不含玻璃）	m²	190.00	160.00	138.01	15.93%
13	铝合金平开窗（不含玻璃）	m²	240.00	251.00	216.51	15.93%
14	铝合金平开门（不含玻璃）	m²	175.00	220.00	189.77	15.93%
15	铝合金推拉窗（不含玻璃）	m²	260.00	280.00	241.53	15.93%
16	铝合金推拉门（不含玻璃）	m²	200.00	255.00	219.96	15.93%
17	木质防火门（成品）	m²	320.00	350.00	301.91	15.93%
18	乳胶漆	kg	32.00	34.00	29.33	15.93%
19	水	m³	4.38	3.90	3.55	10.00%

附录5　×××多媒体报告厅装修施工图

×××多媒体报告厅装修施工图

图纸目录

序号	图号	图纸名称
001	PM-01	多媒体报告厅平面布置图
002	PM-02	多媒体报告厅原始结构图
003	PM-03	地面布置图
004	PM-04	天棚吊顶布置图
005	LM-01	多媒体报告厅A立面图
006	LM-02	多媒体报告厅B立面图
007	LM-03	多媒体报告厅C立面图
008	LM-04	多媒体报告厅D立面图
009	XT-01	天棚吊顶剖面示意图

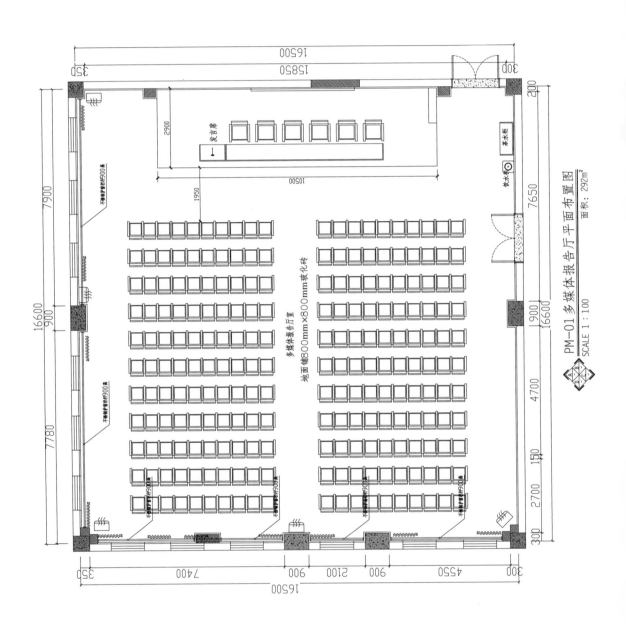

PM-01 多媒体报告厅平面布置图

SCALE 1 : 100 面积：292m²

发言席

茶水柜

饮水机

多媒体报告厅室

地面铺800mm×800mm瓷化砖

不锈钢护栏约900高

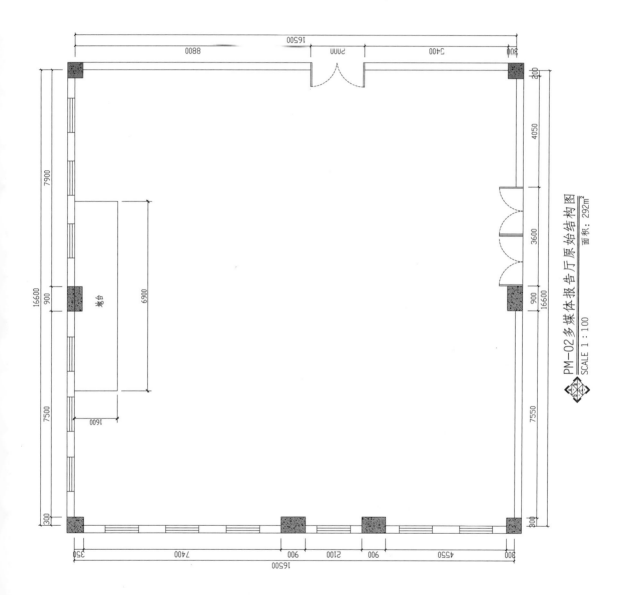

PM-02 多媒体报告厅原始结构图
SCALE 1 : 100　面积：292m²

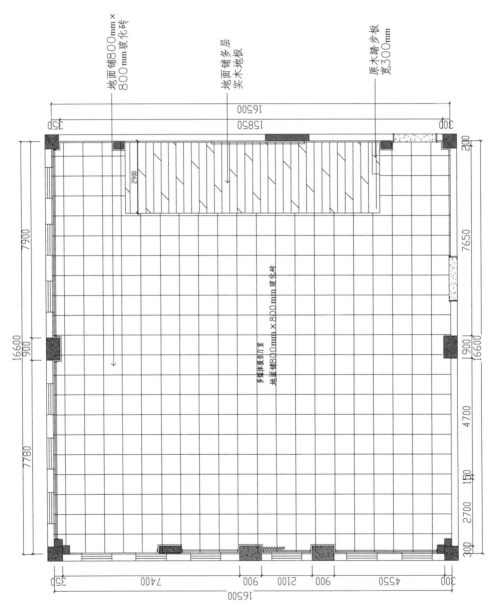

地面铺800mm×800mm玻化砖

地面铺多层实木地板

原木踏步板宽300mm

多媒体报告室
地面铺800mm×800mm玻化砖

PM-03 地面布置图
SCALE 1 : 100

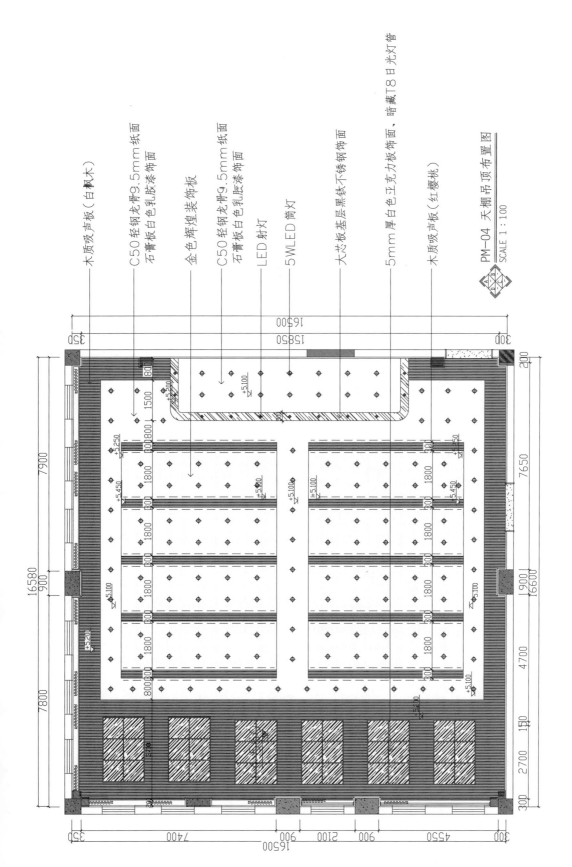

木质吸声板（白枫木）

C50轻钢龙骨9.5mm纸面石膏板白色乳胶漆饰面

金色辉煌装饰板

C50轻钢龙骨9.5mm纸面石膏板白色乳胶漆饰面

LED射灯

5WLED筒灯

大芯板基层黑镜不锈钢饰面

5mm厚白色亚克力板饰面，暗藏T8日光灯管

木质吸声板（红樱桃）

PM-04 天棚吊顶布置图
SCALE 1 : 100

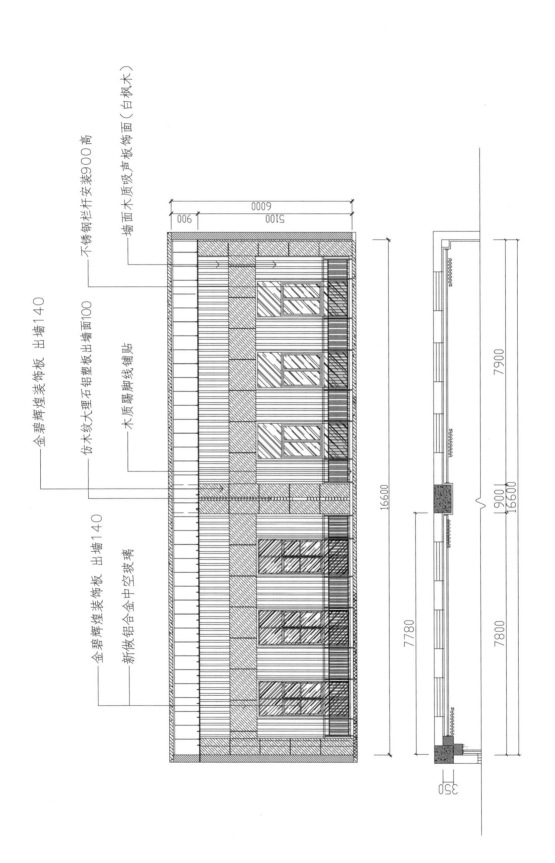

墙面木质吸声板饰面（白枫木）

不锈钢栏杆安装900高

金碧辉煌装饰板 出墙140

仿木纹大理石铝塑板出墙面100

木质踢脚线铺贴

金碧辉煌装饰板 出墙140

新做铝合金中空玻璃

6000

900 5100

16600

7780 7900

7800 900 16600

350

LM—01 Ⓐ 多媒体报告厅A立面图
PM-07 SCALE 1：80

PATH

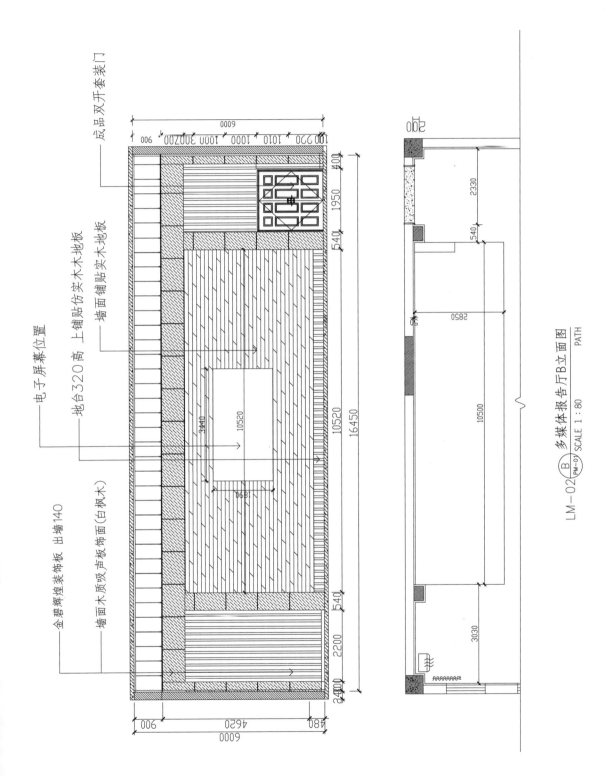

成品双开套装门

地台320高 上铺贴仿实木地板

墙面铺贴实木地板

电子屏幕位置

金碧辉煌装饰板 出墙140

墙面木质吸声板饰面(白枫木)

LM—02 B PM-DY 多媒体报告厅B立面图 SCALE 1：80 PATH

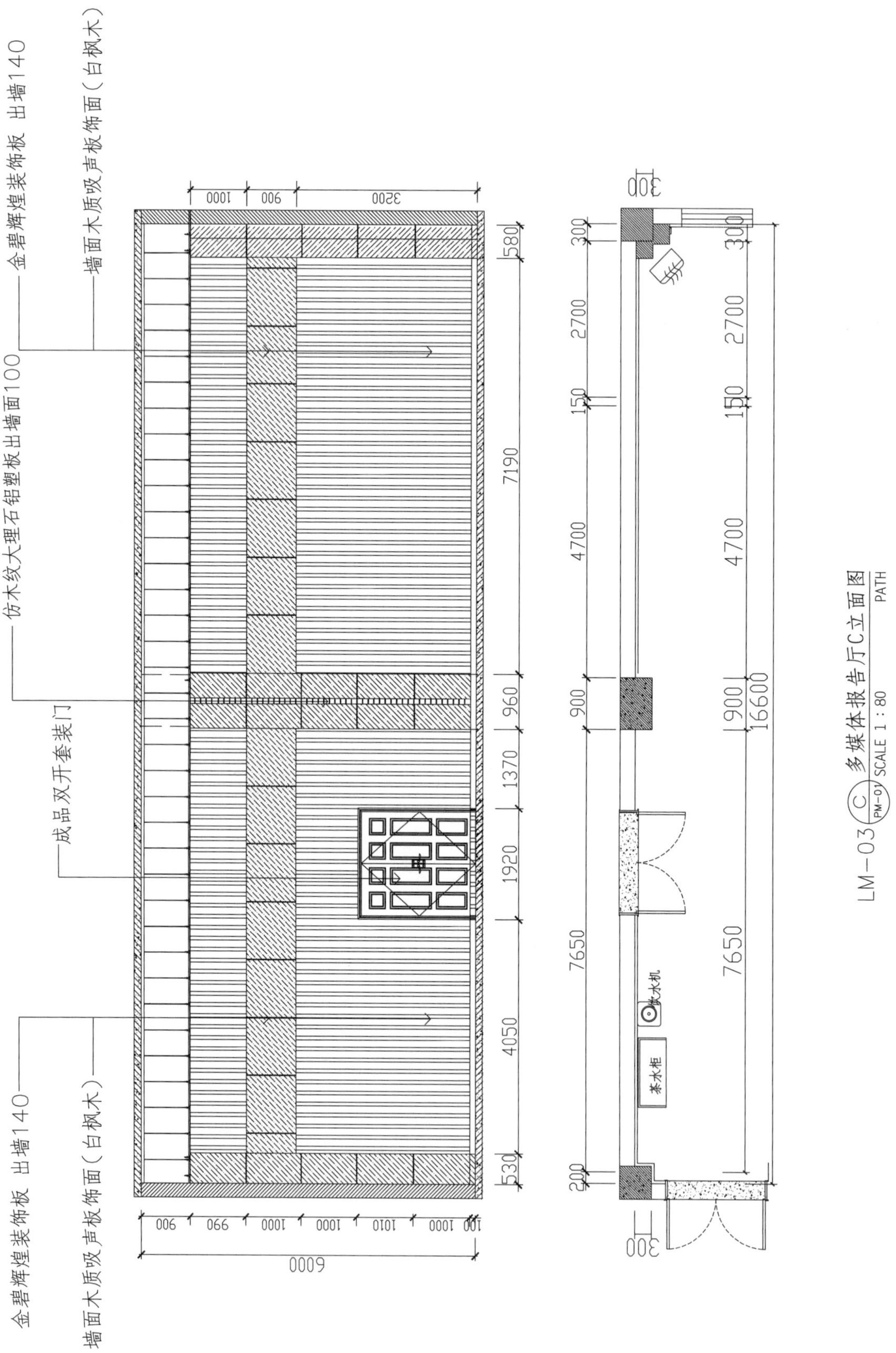

金碧辉煌装饰板 出墙140
墙面木质吸声板饰面（白枫木）
仿木纹大理石铝塑板出墙面100
成品双开套装门
金碧辉煌装饰板 出墙140
墙面木质吸声板饰面（白枫木）
1000
900
3200
580
7190
960
1370
1920
4050
530
900
990
1000
1000
1010
1000
100
6000
300
300
2700
2700
150
150
4700
4700
900
900
16600
7650
7650
200
300
饮水机
茶水柜
LM-03 C PM-01 多媒体报告厅C立面图
SCALE 1 : 80
PATH

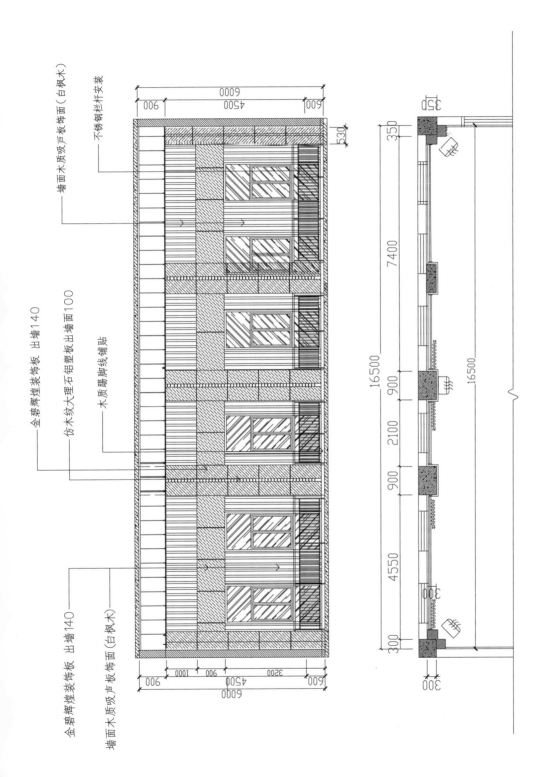

墙面木质吸声板饰面（白枫木）

不锈钢栏杆安装

金碧辉煌装饰板 出墙140

仿木纹大理石铝塑板出墙面100

木质踢脚线铺贴

金碧辉煌装饰板 出墙140

墙面木质吸声板饰面（白枫木）

多媒体报告厅D立面图
LM-04 D PM-01 PATH
SCALE 1：80

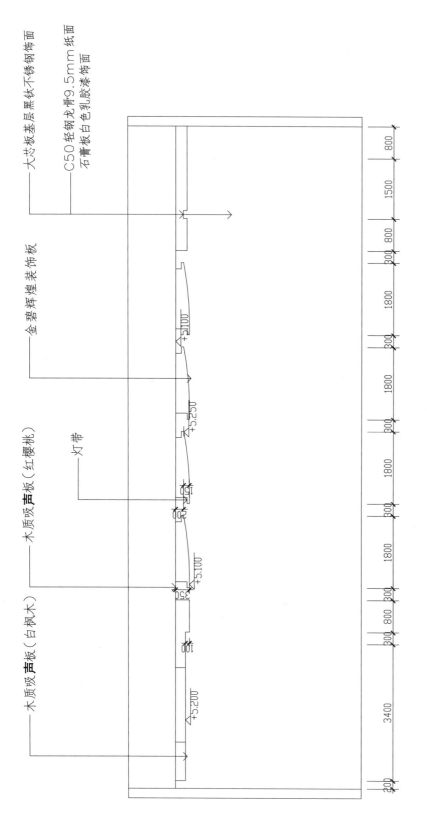

XT-01 天棚吊顶剖面示意图

大芯板基层黑钛不锈钢饰面

C50轻钢龙骨9.5mm纸面

石膏板白色乳胶漆饰面

金碧辉煌装饰板

灯带

木质吸声板（红樱桃）

木质吸声板（白枫木）

参考文献

[1] 中华人民共和国住房和城乡建设部，中华人民共和国国家质量监督检验检疫总局 . 建设工程工程量清单计价规范：GB 50500—2013[S]. 北京：中国计划出版社，2013.

[2] 中华人民共和国住房和城乡建设部 . 房屋建筑与装饰工程工程量计算规范：GB 50854—2013[S]. 北京：中国计划出版社，2013.

[3] 湖南省建设工程造价管理总站 . 湖南省建筑装饰装修工程消耗量标准 [S]. 长沙：湖南科学技术出版社，2014.

[4] 湖南省建设工程造价管理总站 . 湖南省建筑工程消耗量标准（下册）[S]. 长沙：湖南科学技术出版社，2014.

[5] 湖南省建设工程造价管理总站 . 湖南省建设工程计价办法 [S]. 长沙：湖南科学技术出版社，2014.

[6] 张翠竹 . 装饰工程计量与计价 [M]. 长沙：中南大学出版社，2015.

[7] 张翠竹 . 工程量清单计价在精装工程中的应用研究 [M]. 长沙：中南大学出版社，2016.

[8] 纪传印 . 装饰工程计量与计价 [M]. 重庆：重庆大学出版社，2015.

[9] 易红霞 . 建筑工程计量与计价 [M]. 长沙：中南大学出版社，2015.

[10] 刘静 . 装饰装修工程量计算 [M]. 北京：中国建筑工业出版社，2010.

[11] 全国造价工程师执业资格考试培训教材编审委员会 . 工程造价计价与控制 [M]. 北京：中国计划出版社，2014.